现代分离方法

（第二版）

主　编　陈怀侠　陈　浩
副主编　汪圣尧　李胜清　丁　星
　　　　金　冰　董少卿　徐　骁

科学出版社
北　京

内 容 简 介

本书内容分为分离科学概论、分离方法和分离分析方法三篇，共 12 章。其中，分离科学概论包括绪论和分子间的相互作用。分离方法从经典分离方法开始，重点介绍各类现代分离方法，如萃取分离法、制备色谱法、膜分离和其他分离方法。分离分析方法主要介绍毛细管气相色谱法、超高效液相色谱法、毛细管电泳法、毛细管电色谱法、超临界流体色谱法、离子色谱法，以及多维色谱法、微径柱高效液相色谱法和手性色谱法等。本书从分离方法、纯化制备方法和分离分析方法三个层次阐述现代分离方法的内容，重点介绍各种方法的原理、仪器、特点和应用。

本书可作为高等学校化学及生物、环境、材料、食品、化工等专业本科生和研究生相关课程的教材或参考书，也可以供相关科研工作者参考。

图书在版编目（CIP）数据

现代分离方法 / 陈怀侠，陈浩主编. -- 2 版. -- 北京 : 科学出版社，2025. 6. -- ISBN 978-7-03-082428-8

Ⅰ. Q1

中国国家版本馆 CIP 数据核字第 2025PA9910 号

责任编辑：丁 里 李丽娇 / 责任校对：杨 赛
责任印制：张 伟 / 封面设计：有道文化

科 学 出 版 社 出版
北京东黄城根北街 16 号
邮政编码：100717
http://www.sciencep.com
北京中石油彩色印刷有限责任公司印刷
科学出版社发行 各地新华书店经销
*
2020 年 10 月第 一 版 开本：787 × 1092 1/16
2025 年 6 月第 二 版 印张：12 1/2
2025 年 6 月第三次印刷 字数：325 000

定价：79.00 元

（如有印装质量问题，我社负责调换）

第二版前言

本书第一版自2020年出版以来，被一些高校本科生和研究生广泛使用，取得了良好的教学效果。鉴于近年来分离科学学科发展迅速和高等教育教学改革逐步深入，以及兄弟院校在使用教材过程中提出了一些宝贵意见，编者对第一版进行了修订。

现代分离方法主要包括分离方法和分离分析方法。第一版知识框架科学合理、兼顾基础与前沿、强化思维与观念、内容丰富、逻辑清晰，重点介绍了分离方法的原理、仪器设备、方法特点和实际应用等，突出仪器和应用，特色鲜明，实用性强。因此，编者在保持第一版教材特色和内容框架体系、各章节主要内容及其顺序不变的情况下，进行如下修订：

(1) 扩大了教材编写队伍。第二版增加了上海交通大学、华中农业大学、南京农业大学、山东农业大学和武汉纺织大学 5 所高校授课教师共同参与改编工作，丰富了现代分离方法的部分教学内容。

(2) 编者制作了与本书内容配套的“现代分离方法”在线课程(慕课)，并已在“学堂在线”等平台上线。第二版添加了该慕课中的部分视频，读者扫描书中的二维码即可观看学习，使教材从纯文字形式转变为文字与视频相结合的新形态教材，加强读者对书中部分重点、难点内容的理解与掌握。

(3) 在参阅相关文献的基础上，第二版适当增加了分离科学的部分前沿内容，修订和补充了部分案例，使书中各分离方法或分离分析方法的应用对象尽量覆盖化学、生物、环境、食品和材料等学科，以方便不同专业学生学习，体现了分离科学与生命科学、环境科学、材料科学、工程技术及信息技术等交叉融合及广泛应用。同时，编者还对第一版中的部分格式、语句表达、已经改进提升的分离方法与技术等内容或问题进行了全面的修订或更新。

本书由湖北大学陈怀侠教授(修订第 3、7 章)和华中农业大学陈浩教授(修订第 1 章)担任主编，上海交通大学汪圣尧副教授(修订第 6 章)、华中农业大学李胜清教授(修订第 10 章)、华中农业大学丁星副教授(修订第 5 章)、南京农业大学金冰副教授(修订第 9、11 章)、山东农业大学董少卿博士(修订第 4、8 章)和武汉纺织大学徐骁博士(修订第 2、12 章)担任副主编，全书由陈怀侠教授和陈浩教授统稿。

在本书的修订过程中参考了相关的教材和文献资料，在此向这些教材和资料的作者表示衷心的感谢。

由于编者水平有限，书中难免出现不足或疏漏之处，希望读者批评指正。

编　者

2024 年 10 月

第一版前言

现代分离方法对于解决自然科学众多基础和前沿问题十分重要。分离是解决实际复杂化学问题的关键步骤，是化学学科研究和应用最广的领域之一，许多化学创新和发明都离不开分离方法。因此，现代分离方法是分析化学及相关专业研究生重要的专业基础课程和专业核心课程，也是化学及相关专业本科生的重要选修课程。

编者长期从事现代分离科学与方法的教学和科研工作，积累了丰富的教学经验和授课素材。在参考相关教材及期刊文献的基础上，结合当前分离科学的发展前沿构建教材体系，编写了本书，旨在让学生通过对本书的学习，达到熟悉现代分离方法、启发科研灵感和开阔科研思路，以及解决科研和生产中的复杂化学问题的目的。

本书内容分为分离科学概论、分离方法和分离分析方法三篇，共12章。第一篇分离科学概论有 2 章内容，从分离科学的发展历史开始，介绍分离方法的重要性、方法分类、方法评价和发展趋势等，总结了分子间相互作用的相关内容。第二篇分离方法有 5 章内容，在回顾经典分离方法的基础上，从传统的液液萃取延伸到现代液相微萃取、固相萃取、分散固相萃取、磁固相萃取、固相微萃取、微波和超声辅助萃取、超临界流体萃取、加速溶剂萃取、双水相萃取和胶团萃取，特别介绍了各种现代制备色谱方法，如制备薄层色谱法、加压液相色谱法、逆流色谱法、模拟移动床色谱法和制备气相色谱法等，以及膜分离、磁分离、泡沫分离、场流分离、分子蒸馏、分子印迹分离、超分子分离和电化学分离方法等。第三篇分离分析方法有 5 章内容，在学习了气相色谱法和高效液相色谱法基本知识的基础上，介绍毛细管气相色谱法、超高效液相色谱法、毛细管电泳法、毛细管电色谱法、超临界流体色谱法、离子色谱法、多维色谱法、微径柱高效液相色谱法和手性色谱法等。有些方法兼具分离或纯化及分离分析两种应用特性，以其主要特性进行分类，在这些方法的应用中再加以说明。

在本书的编写过程中，编者针对学生的学科基础、知识体系和需求，结合本学科的特点，在知识体系的构建、教材内容的取舍和知识深度的把握等方面进行了深入的思考，开展了大量的工作。本书的特点是：

(1) 强化思维和观念。无论是高年级本科生还是分析化学及相关专业研究生，对分离科学的了解十分有限，甚至在自身专业知识体系中没有分离科学的概念，严重影响科研创新。本书从三个层次建立分离科学知识体系，培养学生以分离方法解决复杂化学问题的思维方式。

(2) 兼顾基础和前沿。为避免知识的脱节，本书从分子间相互作用和经典分离方法开始，引入各种现代分离方法和现代分离分析方法，强化了基础，学习了新方法、新仪器和新应用，熟悉了前沿发展，降低了学习难度。

(3) 突出仪器和应用。知识的实用性是本书编写的宗旨，在每种方法的介绍中，不只是简单介绍方法的原理，更重要的是描述仪器构成、方法的特点及应用等，展示方法内容的系统性和实用性。

感谢湖北大学研究生院教材建设项目和湖北大学化学国家特色专业建设项目、化学湖北省重点学科建设项目、化学生物学国家理科人才培养基地建设项目的经费资助。在本书的编写过程中参考了相关的教材和资料，在此向这些教材和资料的作者表示衷心的感谢。同时，也感谢湖北大学化学化工学院各位领导和科学出版社对本书出版工作的关心和支持。

在本书的编写过程中，编者投入了很多精力和时间，开展了大量的整理和修改工作。但由于编者水平有限，书中难免出现不足或疏漏之处，请读者批评指正。

编　者
2019 年 8 月

目　　录

第一篇

分离科学概论

第1章　绪　　论

分离科学是一门涉及化学、物理、生物和数学等多学科的交叉学科，而自然科学的发展及工农业生产都离不开分离科学的贡献，如药物研发、农产品改良、新元素的发现、新材料研制和饮用水的净化、石化产品生产、“三废”处理等。物质的分离是科学研究和工农业生产的关键步骤。因此，现代分离方法是从事相关科研和生产的工作者必须掌握的基本知识。

1.1　分离科学的研究内容

分离科学(separation science)是研究从混合物中分离、富集或纯化某一种或某些组分以获得相对纯物质的规律及其应用的一门学科。分离科学研究的内容主要有两个方面：一是分离理论，即以热力学和动力学原理分别从分离体系的功和热的转换关系，物质输运的方向和限度，以及分离过程的速度和效率等，研究分离体系的化学平衡、相平衡和分配平衡，以获得分离过程的共同规律；二是研究依托不同分离原理的分离方法、仪器和应用。考虑到教材内容的实用性和应用性，本书主要涉及第二方面的内容。

分离纯化只是一个相对的概念，任何物质都不可能百分之百分离纯化。例如，电子工业中使用的所谓高纯硅，纯度可以达到99.9999%，但还是存在0.0001%的杂质。

分离的对象可以是合成产物，也可以是天然产物。同时，可以根据实际需要，选择合适的方法从复杂的混合物中分离出一种物质，也可以分离出性质相近的一类或多类物质。例如，从中药中提取纯化单一组分的化学标准品，用于进一步的药理学和毒理学研究，就是单一组分的分离纯化；而石油行业的轻油和重油的分离生产，就是组分分离的过程。

伴随着自然科学的发展，分离科学也迅速发展。当前，分离科学已成为一门独立的新学科。例如，国外部分高校成立了分离科学系或分离科学专业，而且国内外也出版发行了许多分离科学刊物，如 *Journal of Separation Science*、*Journal of Chromatography A*、*Journal of Chromatography B*、*Journal of Chromatography and Relative Technology*、*Chromatographia* 和 *Electrophoresis* 等，以及时发表分离科学的最新研究成果。

为了更好地理解分离科学，需要明确几个基本概念。

1. 分离

分离(separation)是指利用混合物中各组分的物理或化学性质上的差异，以合适的方法或仪器，使各组分分配至不同的空间区域或者在不同的时间依次分配至同一空间区域的过程。分离的主要目的是去除复杂样品中共存组分对目标物分析的干扰，以提高分析的选择性和灵敏度；通过分离纯化获得目标物的纯品，进行结构分析或作为标准品；去除有毒有害物质等。

2. 富集

富集(enrichment)是指增加目标物在一定空间区域浓度的过程。富集需要借助分离的手段，即分离与富集往往同时实现，分离不一定有富集效果，但是富集必定有分离过程。而且，富集主要是提高痕量组分的浓度，以提高分析的灵敏度。

3. 浓缩

浓缩(concentration)是指部分溶剂蒸发，使得所有溶质浓度同等程度提高。浓缩是溶质与溶剂分离的过程，溶质之间没有分离，而且溶质之间的相对含量不变，这是浓缩与富集的区别。浓缩主要是提高微量组分的浓度。

4. 纯化

纯化(purification)是指通过分离操作，去除杂质而提高目标物纯度的过程。纯化往往是针对复杂样品中的常量组分，依托同一分离方法反复操作，或者集中分离方法组合而对目标组分进行分离纯化。纯化效果可以用目标物的纯度(purity)表示，而纯度往往只是主组分含量高低或所含杂质多少的概念。这里需要指出的是，纯是相对的，不纯是绝对的。纯化产物的用途不同，其对纯度的要求也不同。而且，目标物的纯度越高，其纯化的成本越高。

富集、浓缩和纯化的比较见表 1-1。

表 1-1　富集、浓缩和纯化的比较

方法	组分含量(摩尔分数)/%	对象
富集	＜10	痕量组分
浓缩	10～90	微量组分
纯化	＞90	常量组分

分离方法的主要特点有：

(1) 对象繁多。几乎所有的天然物质和合成物质都可以进行分离。

(2) 目的各异。分离后可以实现组分的制备、定性定量分析检测、去除有毒有害物质等。

(3) 规模不同。可以分别实现实验室的微克级、克级或工业上的千克级大规模分离。

(4) 方法多样。根据实际的分离需要，可以选择经典的过滤、溶剂萃取、离心、重结晶、蒸馏等方法，也可以选择现代的微萃取、双水相萃取、超临界流体萃取等。

(5) 应用广泛。分离几乎应用于所有学科的理论研究和工农业生产中，解决了自然科学的众多问题，如生物、医药、石油、化工、环境、食品和地矿等。

(6) 技术融入。现代分离方法融入了各类相关的最新科技成果，如激光技术、电子技术、芯片技术、微生物发酵、仿生技术、新材料和计算机技术及人工智能等，建立了现代分离科学的新原理、新方法和新技术，从而解决了更多生物学、医学、药学、材料学和化学等学科领域的前沿问题，也得到了更加广泛的应用。

扫一扫　视频 1.1　分离科学的研究内容

1.2 分离科学的重要性

分离就是将复杂事物简单化的过程，是解决众多自然科学问题的有效手段，在自然科学发展中起着十分重要的作用。

1. 分离科学加速了自然科学的发展

现代科学的发展都离不开分离科学，分离科学帮助解决了众多复杂的科学问题。例如，生物学中的基因工程就是基因拼接技术或 DNA 重组技术，即把一种生物的某些基因提取出来加以修饰和改造，放到另一种生物细胞中，定向改变生物的遗传性状；新药研制需要进行天然或合成药物的分离纯化，进而开展药理学、药效学和毒理学研究；新材料研制过程需要进行原料和产物的分离纯化，进而进行材料的表征和性能研究。因此，分离是自然学科研究的关键步骤。

2. 分离科学是工农业生产的重要基础

分离技术往往伴随着工农业生产的全部过程，提高了产品的品质，也提高了人们的生活质量，如钢铁生产中的铁渣分离、从海水中提取食盐和海水淡化、工业废水处理、药物中间体的制备及纯化、酱油脱盐等。

3. 分离方法提高了分析方法的应用性

分离是各种分析技术应用的前提，分离使分析方法的选择性提高，富集使分析方法的灵敏度提高。因此，复杂样品经过分离或富集再进行分析，可以有效提高分析方法的应用性，从而可以根据实际需要，建立实际复杂样品中痕量或超痕量组分的分离分析方法。例如，环境水体中新型微污染物存在浓度水平为 $\mu g \cdot L^{-1}$ 或 $ng \cdot L^{-1}$，甚至更低，水样经过固相萃取等分离方法，有效分离富集这些污染物后，就可以进行液相色谱-串联质谱(LC-MS/MS)分析。

扫一扫 视频 1.2 分离科学的重要性

1.3 分离方法的分类

分离对象极其广泛，分离方法也各种各样，但大部分分离方法一般是把一个复杂的混合物分离为两个部分，或者利用组分在两相之间的分配将不同的组分分离在两相空间区域中。可以根据物质性质等将分离方法进行分类。

1. 根据被分离物质的性质分类

根据物质的物理性质、化学性质或生物学性质的不同，可以将分离方法分为以下三种。

1) 物理分离法

物理分离法是依托物质的力学(质量、尺寸、密度和表面张力等)、热力学(吸附、熔点、沸点、蒸气压、溶解度和分配系数等)、电磁(电荷、淌度、电导率和介电常数等)和输送(分子扩散系数)等性质差异建立的分离方法，如蒸馏、吸附分离、离心分离和电磁分离等。

2) 化学分离法

化学分离法是依托物质的化学性质(反应平衡常数、电极电势和反应速率常数等)差异而建立的分离方法，如沉淀分离、溶剂萃取和色谱分离等。

3) 生物分离法

生物分离法是依托物质的生物学性质差异而建立的分离方法，如免疫亲和层析、亲和色谱和生物膜萃取等。

2. 根据被分离对象分类

根据被分离的对象，可以将分离方法分为无机物分离、有机物分离和蛋白质分离等。

3. 根据分离过程本质分类

根据分离过程的本质，可以将分离方法分为平衡分离过程和速率分离过程。

1) 平衡分离过程

平衡分离过程是通过外加能量或分离剂使原均相混合体系形成新的相界面，各组分在处于相平衡的两相中达到分配平衡，建立界面间组分的平衡关系，从而实现组分的分离，如溶剂萃取、精馏、升华、结晶、吸附、超临界萃取和离子交换等。

2) 速率分离过程

速率分离过程是以一定的推动力(如浓度差、压力差、温度差或电位差等)或选择性透过膜，利用各组分扩散速率的差异进行分离，如电渗析、电泳、透析、泡沫分离和反渗透等。

4. 根据分离手段分类

分离方法可以根据不同的分离手段进行分类，这是最基本和最常用的分类方法，如沉淀分离法、蒸馏法、重结晶法、溶剂萃取法、离子交换法、色谱分离法和膜分离法等。

无论是经典分离方法还是现代分离方法，都大致分为两类：一类是只进行组分的分离，如沉淀、蒸馏、萃取和重结晶等；另一类是分离分析方法，在分离的基础上直接完成分析，如气相色谱法、液相色谱法、毛细管电泳法和离子色谱法等。

在实际工作中，可以根据不同的要求进行分离方法的选择。分离方法的选择一般根据样品本身的特性、对分离和分析的要求、分离方法的成本与效率，以及实际工作人员的操作习惯和可供使用的设备等因素综合考虑。

扫一扫　视频 1.3　分离方法的分类

1.4　分离方法的评价

分离效率是评价分离方法的重要参数，包括回收率、分离因子、富集倍数、准确度和重现性，以及分离成本和污染性、破坏性等。这里主要介绍最常用的回收率、分离因子和富集倍数等重要参数。

1. 回收率

回收率(recovery，R)是评价分离效率最基础和最重要的指标，其数据大小直接反映被分离组分在分离过程中损失量的多少，代表分离方法的准确性，即可靠性。

回收率 R 的定义式如下：

$$R = \frac{Q}{Q_0} \times 100\% \tag{1-1}$$

也可以用回收因子表示：

$$R = \frac{Q}{Q_0} \tag{1-2}$$

式中，Q_0 和 Q 分别为分离前后被分离组分的量。

在分离过程中通常存在平衡、挥发、分解、器皿黏附等作用，所以对回收率的要求是：1%以上的常量组分分离回收率应大于 99%，而痕量组分的分离回收率应大于 90%或 95%。

回收率的测定通常采用标准加入法或标准样品法。

标准加入法是在空白样品中准确加入已知量的目标化合物标准品，经过分离分析，根据加标量和分析结果计算分离方法的回收率。如果不是空白样品，即样品中含有被分离化合物，则需要先测定其含量，再加标，然后进行分离分析，从分析结果中扣除样品中原有的含量，计算分离方法的回收率。

标准样品法是用标准试样进行分离分析，计算出该分离方法对于待分离组分的回收率。标准试样是指与待分离样品具有相同或相似基体组成，并且被分离的组分含量已知的样品(可以直接购买或用不同方法准确测定)。

2. 分离因子

分离因子(separation factor，S)表示两种组分被分离的程度。如果 A 是待分离组分，B 是共存组分，则 A 对 B 的分离因子定义为

$$S_{\mathrm{A,B}} = \frac{R_{\mathrm{A}}}{R_{\mathrm{B}}} = \frac{Q_{\mathrm{A}} / Q_{\mathrm{B}}}{Q_{0,\mathrm{A}} / Q_{0,\mathrm{B}}} \tag{1-3}$$

显然，分离因子越大，表示分离效果越好。

3. 富集倍数

富集倍数(enrichment factor，EF)是评价分离富集效率的重要指标，而富集就是提高单位体积中目标组分浓度的过程。有关富集倍数的计算，不同的情况下有不同的公式，其最基本的计算式为

$$\mathrm{EF} = \frac{c}{c_0} \tag{1-4}$$

式中，c_0 和 c 分别为富集前后被富集组分的浓度。

富集的对象往往是微量和痕量组分，富集倍数越大，代表富集效果越好。对富集倍数大小的要求要根据组分含量和分析方法灵敏度高低而定，通常为数十倍、数百倍，甚至数万倍、数十万倍。当然，对于高灵敏度和高选择性的分析方法，无须对样品进行富集。但是基本的样品

分离前处理过程不可省略，这是对分析仪器，特别是高端仪器的基本维护工作。

扫一扫 视频 1.4 分离方法的评价

1.5 分离科学的发展趋势

分离方法和技术几乎渗透到自然科学的各个领域，帮助和促进了科学研究及工农业生产的发展和进步。与众多自然科学发展历史一样，分离科学的发展也经历了从作坊到技术，再到成为一门独立学科的历程，目前已成为发展最为迅速的学科之一。

1. 分离科学的发展历史

分离科学起源于数千年前远古时代的生活和生产经验，开始于手工作坊，是自然科学中发展最早的学科之一，如炼铜冶铁、天然植物有效成分提取、枯树枝净化水和酿酒制糖等。

19 世纪末至 20 世纪初，分离操作过程逐步成为分离技术，一些理论和方法逐步成熟，如相变规律、结晶现象和色谱技术、离子交换分离技术等。

20 世纪 30 年代以后，分离理论得以完善，分离方法层出不穷，如色谱塔板理论和速率理论、非线性色谱理论的建立，以及微萃取技术、高效毛细管电泳技术和毛细管气相色谱技术等，使得分离技术成为一门独立的学科，进而成为分离科学。而且，各种分离方法的联用和仪器联用，以及计算机的应用等大大提高了分离效率，增强了现代分离科学在众多自然学科领域的应用能力，解决了许多科学问题和生产问题。

2. 分离科学的发展方向

现代科技的进步和工农业的发展对分离科学的要求越来越多，更需要加快理论研究，以热力学和动力学理论深层次探索分离过程的规律，为分离方法的建立和选择提供理论依据，拓展分离方法在各自然科学领域的应用，解决更深层次的科学问题。

21 世纪分离科学的发展主要体现在以下几个方面：

(1) 完善分离理论，建立分离方法的数学模型。依托分离方法之间的内在关系和规律，完善分离科学的理论，用计算机模拟分离过程，建立数学模型，进行分离方法的描述和快速选择，提高分离方法的应用性。

(2) 融入现代科学技术，建立新方法。包括光、电等物理技术，以及新的化学技术、生物技术、自动化技术、新材料和人工智能技术等。

(3) 关注 21 世纪的热点问题。特别是环境、食品、生物、能源和材料等领域的痕量和超痕量组分分析、原位分析、无损分析、表面分析、活体分析和组学研究，以及高纯度产品、无污染分离处理等。

(4) 分离方法和技术的联用，提高分离效率。利用不同分离方法的优点，克服各自的缺点，将不同的分离方法进行联用，提高分离能力。

(5) 拓展色谱技术的应用性。色谱技术是现代分离科学中应用性最广的分离技术之一，可以同时实现定性定量的分离分析，特别是对性质相近的物质的分离分析。而且，色谱与质谱、红外光谱、核磁共振波谱等技术联用，具有强大的结构分析能力。色谱分离技术将在生物、食品、环境和材料等领域的前沿研究中发挥重要的作用。

扫一扫　视频 1.5　分离科学的发展趋势

思　考　题

1. 列举一个日常生活中与分离科学相关的事例，并说明分离科学的重要性。
2. 讨论分离、浓缩与富集三者之间的关系。
3. 分离方法有哪些类型?
4. 如何测定分离方法的回收率?
5. 试述回收率、分离因子和富集倍数之间的区别和联系。
6. 如何评价分离方法?
7. 结合自身的科研经历或实验内容，谈谈分离过程的重要性。
8. 查阅相关文献，综述分离方法的发展现状与发展趋势。

第 2 章　分子间的相互作用

20 世纪初，在原子结构理论的基础上建立了化学键的电子理论并逐步完善。现代化学键理论核心就是共价键，共价键理论在 20 世纪的化学学科发展中起着十分重要的作用。“20 世纪是共价键的世纪，21 世纪就是非共价键的世纪”，21 世纪化学学科的发展促使人们关注非共价键领域的科学问题。非共价键包括离子键、金属键和分子间作用力等。其中，分子间作用力(这里包括静电力)是物质分离的基础。

分子间的相互作用是由物质的结构确定的，广义的分子间的相互作用主要包括范德华力、氢键、静电力、电荷转移相互作用、疏水作用、芳环堆积作用和卤键等，又称为分子间弱相互作用或次级键。

分子间的相互作用是介于物质的物理作用和化学作用之间的一种作用力，它们的区别见表 2-1。

表 2-1　分子间的相互作用与物理作用、化学作用的区别

作用类别	物理作用	分子间作用	化学作用
新物质产生	无	无或化合物不稳定	有
作用能/($kJ \cdot mol^{-1}$)	0～15	5～40	200～400
方向性	无	氢键有，其他无	有
饱和性	无	氢键有，其他无	有

扫一扫　视频 2.1　分子间的相互作用简介

2.1　范 德 华 力

范德华力(van der Waals force)是存在于中性分子或原子之间的电性吸引力。其来源或分类有三种，即永久偶极相互作用的取向力、诱导偶极相互作用的诱导力和色散力。

1. 取向力

取向力(orientational force)是指极性分子之间的固有偶极(或永久偶极)之间的静电引力。1912 年，葛生(Keeson)首先提出取向力的概念，因此也称为葛生力。固有偶极是指极性分子固有的正、负电荷中心不重叠，一直存在偶极矩。两个具有固有偶极矩的极性分子相互接近时，同极相斥，异极相吸，使得分子之间发生相对转动，按一定方向排列。当分子之间达到一定距离后，排斥和吸引处于相对平衡，体系能量达到最小值。

极性分子 i 和 j 之间的取向力大小可以用两者之间的平均作用势能表示：

$$\overline{U}_{ij} = -\frac{2}{3kT(4\pi\varepsilon_0)^2} \times \frac{\mu_i^2 \mu_j^2}{r^6} \tag{2-1}$$

式中，μ_i 和 μ_j 分别为极性分子 i 和 j 的永久偶极矩；k 为玻尔兹曼常量；r 为分子间距离；T 为热力学温度；ε_0 为真空介电常数。可见，取向力与分子的永久偶极矩平方成正比，与热力学温度成反比，与分子间距离的 6 次方成反比，取向力是一种短程力。

取向力的本质是静电作用，只存在于极性分子之间。并且对大多数极性分子而言，取向力只是范德华力中很小的一部分。

2. 诱导力

诱导力(induction force)是指在极性分子的固有偶极诱导下，相邻的分子会产生诱导偶极，分子之间就产生了诱导偶极与固有偶极之间的电性引力。诱导偶极是指极性分子偶极所产生的电场使得相邻非极性分子的核外电子云排布发生变化，正、负电荷中心不重叠，产生了临时偶极矩。极性分子会诱导非极性分子产生诱导偶极矩，也会诱导极性分子产生诱导偶极矩，只是对于极性分子，诱导偶极矩比永久偶极矩小很多。

诱导偶极矩 μ' 的大小与外电场强度 E 有关：

$$\mu' = \alpha E \tag{2-2}$$

式中，α 为被诱导分子的极化率。可见，被诱导分子的极化率越大，诱导偶极矩也越大。

分子 i 受邻近极性分子 j 的诱导而产生的平均诱导能可以表示为

$$\overline{U}_{ij} = -\frac{\alpha_i \mu_j^2}{(4\pi\varepsilon_0)^2 r^6} \tag{2-3}$$

可见，诱导力是一种短程力，其大小与极性分子的偶极矩、受诱导分子的极化率和分子间距离有关。极性分子的偶极矩越大，其产生的电场越强，对非极性分子的诱导作用就越显著，产生的诱导力也就越大。同时，被诱导分子的极化率也越大，就越容易在极性分子的电场作用下产生诱导偶极，从而增强诱导力。然而，当分子间距离增大时，诱导力迅速减弱。这是因为随着距离的增大，极性分子电场对非极性分子的影响逐渐减弱，导致诱导偶极的产生变得困难，从而降低了诱导力的大小。

实际上，分子 i 的诱导偶极也会同时对极性分子 j 产生诱导，此时的平均诱导能表示为

$$\overline{U}_{ij} = -\frac{\alpha_i \mu_j^2 + \alpha_j \mu_i^2}{(4\pi\varepsilon_0)^2 r^6} \tag{2-4}$$

3. 色散力

色散力(dispersion force)是指无永久偶极矩的中性分子之间相互靠拢时产生的一种弱吸引力。色散力是由德裔美国物理学家伦敦(London)于 1930 年根据近代量子力学方法证明的。色散力是所有类型分子之间共存的吸引力，是范德华力最重要的部分，其作用原理见图 2-1。

非极性分子 i 和 j 处于随机地不停地运动状态中，其外层电子也在随机地不停地运动中。在某一瞬间，分子 i 的电子随机运动产生核周围的电子分布不对称，即产生了瞬时偶极矩，从而诱导相邻分子 j 的瞬时偶极矩，后者又反过来增强分子 i 的瞬时偶极矩。于是，分子 i 和 j 之间因为静电作用而相互吸引，产生了非极性分子间的色散力。

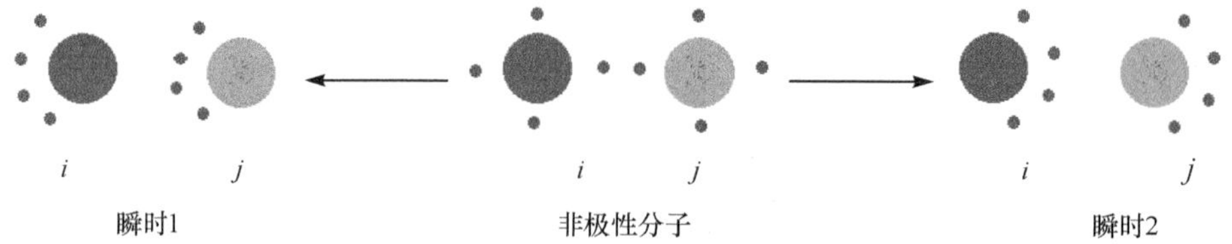

图 2-1 色散力的作用原理

色散相互作用的势能表示为

$$(U_{ij})_{\mathrm{CD}} = -\frac{3}{2}\times\frac{\alpha_i\alpha_j}{r^6}\times\frac{I_iI_j}{I_i+I_j} \tag{2-5}$$

式中，I_i 和 I_j 分别为分子 i 和 j 的第一电离能；α_i 和 α_j 分别为分子 i 和 j 的极化率；r 为分子间距离。可见，色散力与分子间距离 r 的 6 次方成反比，因此色散力属于短程力。因为各类分子的电离能相当(880～1100 $\mathrm{kJ\cdot mol^{-1}}$)，所以色散力的大小主要取决于分子的极化率，即化学键的性质。

色散力的主要特点有：

(1) 色散力普遍存在于各类化合物中，是构成总吸引能的主要部分，包括极性和非极性分子。当然，非极性分子间的作用主要是色散力，由此可以解释一些非极性化合物的存在形态。例如，常温常压下，已烷为液态，碘为固态，稀有气体也可以是液态等。

(2) 色散力没有方向性和饱和性。从式(2-5)可见，分子的极化率是非矢量，所以色散力没有方向性和饱和性。

(3) 色散力是许多分离方法的基础和理论依据，如用氯仿从水溶液中萃取 I_2，反相液相色谱法分离不同极性的化合物等。

对范德华力的小结：范德华力有取向力、诱导力和色散力，都是短程力。极性分子之间三种作用力都存在，极性分子与非极性分子之间存在诱导力和色散力，非极性分子之间只存在色散力。对大多数分子来说，色散力是主要的范德华力。

扫一扫 视频 2.2 范德华力

2.2 氢 键

氢键(hydrogen bond)是指与电负性较大的原子 X 形成共价键的 H 原子会吸引另一个电负性较大的原子 Y，并与 Y 形成较弱的作用力。

氢键可以表示为—X—H···Y，这里电负性大的原子 X 和 Y 通常是 O、F 和 N 原子，如醇类、胺类等化合物的分子之间易形成氢键。

氢键的本质也是静电作用，其形成机理如下：与 H 原子形成共价键的 X 原子电负性较大时，会强烈吸引 H 原子的核外电子云，使 H 原子几乎成为裸质子形式。而 H 核的半径约为 0.03 nm，非常小，又带有一个正电荷，于是与电负性较大的 Y 原子之间存在较强的静电作用，形成氢键。

氢键的强弱与 X 原子和 Y 原子的电负性及半径有关。X 原子和 Y 原子的电负性越大，形成的氢键越强；X 原子和 Y 原子的半径越小，形成的氢键越强。F 原子电负性最大，原子半径较小，所以—F—H···F 中的氢键最强。

氢键既可以存在于分子内也可以存在于分子间，具有较高的选择性。氢键的形成具有一定的饱和性和方向性，即 H 原子与 Y 原子的相互作用需要满足一定的角度条件。同时，每个 H 原子通常只能与有限数量的 Y 原子形成氢键，表现出饱和性。

氢键是一些分离方法的基础，如有些分子印迹分离法中分子印迹材料的制备及分子印迹过程、反相液相色谱的洗脱过程、环糊精和冠醚等，以及极性有机小分子之间的超分子作用等都是基于氢键的形成。

2.3　静　电　力

静电力(electrostatic force)又称为库仑力(Coulomb force)，是指带电荷的分子或离子之间的作用力。对于电量分别为 q_i 和 q_j 的分子或离子，其静电力大小可以用库仑定律描述：

$$F = \frac{q_i q_j}{4\pi\varepsilon_0 r^2} \tag{2-6}$$

式中，F 为分子间的静电力；q_i 和 q_j 为分子或离子的电量。可见，静电力与分子间距离 r 平方成反比，相对而言静电力属于长程力。

静电作用在分离中十分常见，是许多分离过程的主要作用力类型，如离子交换分离、离子交换色谱、离子色谱中的离子交换反应、离子对色谱中离子对的形成、溶剂萃取中离子缔合物的形成、毛细管电泳中电渗现象的发生等。

2.4　电荷转移相互作用

电荷转移相互作用(charge-transfer interaction)是指电子给予体和电子接受体的路易斯(Lewis)酸碱分子之间的相互作用。电荷转移相互作用相当于路易斯酸碱反应，这种反应得到的配合物称为电荷转移配合物。

电子接受体 A(路易斯酸)和电子给予体 B(路易斯碱)之间的相互作用过程可以表示为

$$A + B \rightleftharpoons (A\cdots B) \rightleftharpoons A^{-}\cdots B^{+}$$

当 A 和 B 靠近时，最初产生一般的分子间作用 A···B，因为电子接受体 A 有能量足够低的空轨道，电子给予体 B 有能量较高的已占分子轨道，所以电荷从 B 转移至 A，发生电荷转移作用，形成接近离子键状态的电荷转移配合物 $A^{-}\cdots B^{+}$。

基于软硬酸碱理论，电荷转移相互作用的选择性也是遵循软软结合或硬硬结合的原则，如 Cu^{+}-烯烃、Ag^{+}-芳香化合物。

电荷转移配合物在分离中的应用较为广泛，借助独特的电子转移特性和分子间相互作用，其在金属离子萃取、有机污染物处理、药物成分分离及稀有元素萃取等多个领域展现出强大的分离能力。

扫一扫　视频 2.3　氢键、静电力和电荷转移相互作用

2.5　疏 水 作 用

疏水作用(hydrophobic interaction)是指非极性化合物的分子(或化合物的非极性基团)在水溶剂中躲避水分子而相互聚集的现象，又称为憎水相互作用。这种作用的本质源于非极性分子或基团与水分子之间的排斥，以及非极性分子或基团之间的相互吸引。

水是许多化学反应和分离过程的常用溶剂，在水溶液中，有溶剂与水分子间的相互作用、溶质分子之间的相互作用，也有溶质分子与水分子之间的相互作用。极性化合物易溶于水，即具有亲水性，这类化合物与水分子之间的作用称为亲水相互作用。而非极性化合物(或化合物的非极性基团)难溶于水，与水分子之间存在相互排斥的作用，这种性质称为该类化合物(或基团)的疏水性。疏水作用的强度比范德华力大一两个数量级，其作用距离可以达到 10～100 nm(其他分子间作用力的距离约 5 nm)。

疏水作用涉及非极性化合物分子(或非极性基团)与水分子之间的排斥，以及非极性化合物分子(或非极性基团)之间的吸引等作用过程，在分子间作用中比较常见。需要指出的是，当前对于疏水作用的定义和起因或本质还没有统一的定论，有待进一步研究完善。

疏水作用也应用于分离技术中。例如，在疏水层析法中，利用不同物质对疏水基团的亲和力差异进行分离。在生物化学和蛋白质纯化领域，通过改变洗脱液的盐浓度和 pH 等条件，可以实现对目标蛋白质的特异性捕获和释放。

2.6　芳环堆积作用

芳环堆积(aromatic stacking)作用是指芳香化合物分子之间因特殊的空间排布而产生的分子间的弱相互作用，又称为 π-π 堆积作用。芳环堆积作用存在于相对富电子和缺电子的两个芳香环之间，存在三种堆积构型，见图 2-2。

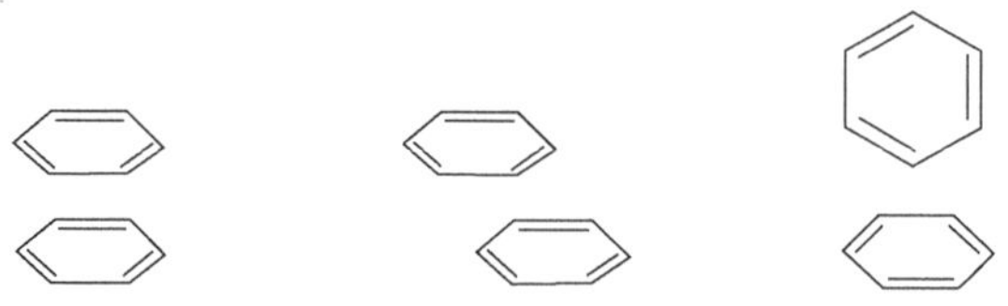

图 2-2　苯环的三种堆积构型

1990 年，亨特(Hunter)提出了 π-π 堆积作用的夹心“三明治”静电模型，即居中的芳环原子所在平面带正电，包裹该正电芳环平面的上下 π 电子云带负电。因此，在芳环堆积作用的三种构型中，完全相对的两个芳环面面堆积时因有强烈的排斥作用而不常见，常见的是错位堆积和点面堆积两种构型。芳环堆积作用机理比较复杂，有待通过量子计算和分子模拟等方式进一步研究，其作用本质应该是静电作用和范德华力的共同作用，其作用能为 1～50 $kJ \cdot mol^{-1}$，通常为 10 $kJ \cdot mol^{-1}$ 左右或更小。

芳环堆积作用的强弱受到多种因素的影响，包括芳环的大小、形状、电荷分布及溶剂环境等。例如，较大的芳环往往具有更强的堆积能力，因为它们能够提供更多的 π 电子云重叠面积。此外，溶剂的极性也会影响芳环堆积作用的强度。在非极性溶剂中，溶剂分子对芳环电子云的干扰较小，芳环堆积作用通常更强。

芳环堆积作用涉及分离科学的分子识别和超分子自组装等领域。

2.7 卤　　键

卤键(halogen bond)是指存在于卤素原子和具有孤对电子的原子间弱的非共价相互作用，是一种与氢键类似的分子间弱相互作用。卤键作用远比氢键作用复杂得多。目前，实验和理论研究已经证实了卤键的存在，主要存在于固态和气态，也可能存在于液体中。

卤键可以表示为—D···X—Y，D 为路易斯碱(N、O、S 或 π 电子体系)，电子供体，是卤键受体；X 为路易斯酸(F、Cl、Br 或 I)，电子受体，是卤键供体；Y 为 C、N 或卤素原子等。当 D 为卤素时，称为卤-卤作用。

卤键的形成主要依赖于卤素原子的特殊性质。卤素原子具有较大的电负性和较小的原子半径，使得其最外层电子云密度较高，从而在卤素原子的正电性区域(σ-hole)形成一个亲电中心。这个亲电中心能够吸引具有孤对电子的原子或分子(路易斯碱)，形成卤键。

卤键作用比氢键作用强。例如，氢键中最强的 F—H···F 键键能为 28.0 $kJ \cdot mol^{-1}$。而卤键中最弱的 Cl···Cl 键键能可达到 180 $kJ \cdot mol^{-1}$。由此可以解释 $I_2 \cdots I^-$的稳定性。

卤键应用于分离科学的分子识别、超分子自组装和手性拆分等领域，在分离介质制备和分离方法设计中起着独特的作用。

扫一扫　视频 2.4　疏水作用、芳环堆积作用和卤键

思 考 题

1. 在分离过程中，常见的分子间作用力有哪些类型？
2. 阐述范德华力的几种类型，并举例说明各种类型在自己熟悉的分离方法中的作用。
3. 用分子间的相互作用阐述碘遇淀粉变色的机理。
4. 举例说明氢键、静电力和电荷转移相互作用在分离方法中的应用。

第二篇

分 离 方 法

第 3 章 经典分离方法

在科学研究中，解决实际复杂问题的基本策略是先简化问题，再逐步还原，进而解决问题。对于实际复杂样品，共存成分会干扰目标物的结构分析、定性定量测定及性能研究，需要采用样品的预(前)处理方法对目标组分和共存组分进行分离、富集或纯化，再根据具体情况，选择合适的分析方法进行结构分析、定性定量测定或性能测试。

预处理是复杂样品分析的关键步骤，该过程可以有效提高分析方法的选择性、灵敏度、重现性和可靠性。广义上的样品预处理包括样品的溶解和分解等形态或价态的转化，以及目标物的分离或富集。本章主要介绍常用的经典分离方法，包括沉淀分离法、结晶与重结晶、挥发和蒸馏分离法、离子交换分离法、色谱分离法和电泳分离法等。萃取分离法和膜分离法发展快速、应用广泛，分别见第 4 章和第 6 章。

3.1 沉淀分离法

沉淀分离(precipitation separation)法是依据溶度积原理，利用沉淀反应将被测组分和干扰组分分离的方法。该方法的原理是依据化合物溶解度的不同，通过控制溶液的条件而实现分离，因此对沉淀反应的要求是沉淀产物的溶解度小、沉淀物纯度高。

沉淀分离法的特点是原理简单、操作方便，适合大批试样分离，在实验室及工业生产中应用广泛，但有些组分分离效率不高，沉淀剂可能会影响后续分析，而且需要过滤和洗涤等步骤，比较费时。

沉淀分离法在无机组分分离中应用较多，主要用于金属离子的分离。根据沉淀剂的不同，金属离子的沉淀分离法分为无机沉淀剂分离法、有机沉淀剂分离法和共沉淀分离富集法。

3.1.1 无机沉淀剂分离法

无机沉淀剂是应用较早的沉淀剂，种类较多，沉淀反应类型也比较多。常用的无机沉淀剂有 $NaOH$、NH_3 和 H_2S 等。一般来说，金属离子与无机沉淀剂形成的是颗粒较小的无定形沉淀物，易吸附杂质，而且不易过滤和洗涤，选择性较差，灵敏度较低。

1. 氢氧化物沉淀分离

在常见的金属离子中，除了碱金属和碱土金属离子外，大多数金属离子都能形成氢氧化物沉淀，但沉淀物的溶解度差别较大。因此，可以控制溶液的酸度使金属离子选择性地沉淀，达到金属离子相互分离的目的。

氢氧化钠和氨水是形成氢氧化物沉淀的无机沉淀剂，能够通过调节和控制溶液的酸度形成金属离子的氢氧化物沉淀，实现金属离子的相互分离。

1) 氢氧化钠

应用氢氧化钠溶液控制溶液的 $pH \geqslant 12$，可以使两性金属元素和非两性金属元素分离。其中，两性金属元素以含氧酸根阴离子形式溶解在溶液中，而非两性金属元素形成氢氧化物沉淀。

能够用氢氧化钠溶液定量沉淀的金属离子有 Fe^{3+}、Cu^{2+}、Mg^{2+}、Ag^{+}、Cd^{2+}、Hg^{2+}、Bi^{3+}、Mn^{2+}、Co^{2+}、Ni^{2+}和 Ti^{4+}等；只能部分沉淀的金属离子有 Ca^{2+}、Sr^{2+}、Ba^{2+}等。

因为氢氧化物易形成胶体沉淀，吸附现象严重而产生共沉淀问题，所以氢氧化物沉淀法的选择性不理想。均相沉淀法以及在小体积、高浓度、热溶液中进行沉淀分离可以减少共沉淀的发生，加入合适的掩蔽剂也可以提高分离的选择性。

2) 氨性缓冲溶液

在 pH 为 8～9 的氨性缓冲溶液中，高价金属离子沉淀能够与部分低价金属离子分离。而且 Cu^{2+}、Zn^{2+}、Ag^{+}、Ni^{2+}、Cd^{2+}和 Co^{2+}生成配离子溶解在溶液中，Ca^{2+}、Mg^{2+}和 Ba^{2+}的氢氧化物溶解度大，也留在溶液中。氨性缓冲溶液沉淀分离的特点是氢氧化物胶体因为大量电解质的存在而凝聚沉降，铵盐在较低温度下易挥发除去，而且 NH_4^+ 可以减少沉淀物对其他金属离子的吸附。

能够用氨性缓冲溶液定量沉淀的金属离子有 Fe^{3+}、Be^{2+}、Cr^{3+}、Bi^{3+}、Hg^{2+}和 Al^{3+}等；只能部分沉淀的金属离子有 Mn^{2+}、Fe^{2+}和 Pb^{2+}等。

2. 硫化物沉淀分离

硫化物沉淀分离已经形成了成熟的系统分离法，主要应用于元素的鉴定分析。有 40 多种金属离子可以生成硫化物沉淀，而金属离子硫化物沉淀的溶解度相差较大，可以通过控制溶液的酸度，即控制硫离子的浓度实现金属离子的分离。传统的硫化物沉淀分离鉴定法是利用组试剂将常见的 24 种无机金属阳离子(加上 NH_4^+)分成五组，然后组内再分离，就可以分别鉴定各种离子。

为了更好地实现分离，通常使用缓冲溶液控制溶液的酸度。例如，在一氯乙酸缓冲溶液($pH\approx2$)中通入 H_2S，Zn^{2+}生成 ZnS 沉淀，从而与 Fe^{3+}、Co^{2+}、Ni^{2+}、Mn^{2+}分离。

硫化物沉淀物为胶体，共沉淀和后沉淀严重，分离效果不理想，H_2S 气体具有恶臭气味且有毒，因此硫化物沉淀分离法的应用越来越少。

此外，利用硫酸盐沉淀、卤化物沉淀和磷酸盐沉淀也可以实现不同金属离子的有效分离。

3.1.2　有机沉淀剂分离法

与无机沉淀剂相比，有机沉淀剂的种类多，还可以根据需要进行基团修饰，而且选择性和灵敏度高，沉淀物晶形好，溶解度较小，易于过滤和洗涤，很少有共沉淀和后沉淀现象，分离效率高，应用广泛。当然，有机沉淀剂也有缺点，如沉淀剂水溶性差，易包夹、易悬浮于溶液表面或附着于器皿内壁上等。

按照沉淀反应机理不同，有机沉淀剂分为螯合物沉淀剂、离子缔合物沉淀剂和三元配合物沉淀剂。有机沉淀剂的沉淀物难溶于水，易溶于有机溶剂，适用于萃取分离。其中，三元配合物沉淀反应的选择性和灵敏度较高，组成稳定，分子量较大，特别适用于重量分析，应用广泛。

螯合物沉淀剂能够与金属离子在水溶液中形成难溶于水的螯合物。例如，氨性溶液中，丁二酮肟在酒石酸的存在下与 Ni^{2+}生成鲜红色的螯合物，选择性很高。当 pH 为 7～8 时，用水杨醛肟沉淀 Zn^{2+}，用于 Zn^{2+}的分离。在 pH 为 5 的 HAc-NaAc 缓冲溶液中，8-羟基喹啉与

Fe^{3+}、Al^{3+}生成螯合物沉淀，从而实现与低价金属离子的分离。

离子缔合物沉淀剂在水溶液中先解离为阳离子或阴离子，再与带相反电荷的离子反应生成难溶于水的中性离子缔合物沉淀。例如，氯化四苯砷在水溶液中以阳离子$(C_6H_5)As^+$形式存在，与含氧酸根 MnO_4^- 或金属配阴离子 $HgCl_4^{2-}$ 反应生成离子缔合物沉淀。

三元配合物沉淀剂是指金属离子与两种不同的配位剂形成的配合物。三元混合配位反应灵敏度高、选择性好，产物组成稳定、摩尔质量大。例如，Pd^{2+}与 Cl^-及 1,10-邻二氮菲生成三元配合物沉淀。

3.1.3　共沉淀分离富集法

共沉淀是指目标物沉淀的同时，溶液中其他原本可溶或溶解度较大的组分因为表面吸附、包夹、混晶或形成固溶体而共同沉淀的现象。共沉淀往往是影响沉淀纯度的干扰因素，或者会造成微量组分或痕量组分的吸附损失。但利用共沉淀的选择性，可以实现微量或痕量组分的分离和富集，即共沉淀分离富集法。

共沉淀分离分为两步，首先在待测溶液中加入某种试剂，与沉淀剂生成共沉淀物(载体)，同时被测组分发生共沉淀而定量析出；然后将沉淀分离，溶解在少量溶剂中，实现分离和富集。对载体的要求是溶解度小、沉淀速度快、能够定量将被测微量组分共沉淀、不干扰被测组分的分析，而且易溶于酸或其他溶剂。

共沉淀分离富集法有很多，通常使用的共沉淀剂有无机共沉淀剂和有机共沉淀剂。

无机共沉淀剂主要是利用载体对微量或痕量组分的表面吸附(氢氧化物或硫化物)或形成混晶(硫酸盐或氯化物)而实现分离富集，如以 $Fe(OH)_3$ 为载体共沉淀分离富集水溶液中微量砷，以 CuS 为载体共沉淀分离富集环境水样中的 Hg^{2+}，利用 $BaSO_4$-$PbSO_4$ 共沉淀分离富集水溶液中的 Pb^{2+}等。为了提升沉淀物的吸附作用，一般选择比表面积大的凝胶状沉淀为共沉淀载体，沉淀快速，吸附量大，如 $Fe(OH)_3$、$Al(OH)_3$ 和 $Mn(OH)_2$ 等无定形沉淀比较常用。

有机共沉淀剂是利用胶体凝聚作用、离子缔合或惰性共沉淀实现分离富集。与无机共沉淀剂相比，有机共沉淀剂种类较多，选择性高，易于用强酸、强氧化剂或灼烧除去，大体积的用量有利于微量或痕量组分的共沉淀，因此分离效果更好，特别适合痕量组分的分离富集和分析测定。例如，在钨酸胶体溶液中，带正电荷的辛可宁与带负电荷的钨酸胶体凝聚而沉淀；甲基紫在酸性溶液中带正电荷，可以将与 Cl^-形成配阴离子的 Hg^{2+}形成离子缔合物而被共沉淀，实现 Hg^{2+}的分离富集；丁二酮肟与痕量 Ni^{2+}生成的螯合物不能沉淀下来，加入不溶于水的丁二酮肟二烷酯，在水溶液中析出时，就可以将痕量 Ni^{2+}-丁二酮肟螯合物共沉淀，同时丁二酮肟二烷酯与 Ni^{2+}或 Ni^{2+}-丁二酮肟螯合物不存在化学反应，称为惰性共沉淀剂。

此外，大分子蛋白质的沉淀分离也可以根据实验要求选择不同的方法，主要有酸沉淀、重金属盐沉淀、盐诱导沉淀和有机溶剂沉淀等，其沉淀机理是破坏水化膜或中和蛋白质所带的电荷。

扫一扫　视频 3.1　沉淀分离法

3.2　结晶与重结晶

1. 结晶

结晶(crystallization)是指溶液中的溶质形成晶体的过程，是一种传统的分离技术，历史悠久。其分离原理是利用同一溶剂中不同物质溶解度的不同而实现物质的分离纯化。结晶是化工、制药和轻工等工业生产中重要且常用的分离精制方法和技术。

结晶的方法有蒸发结晶和降温结晶，前者是通过溶剂的蒸发或汽化，减少溶剂使溶质由不饱和到饱和而析出晶体，适用于溶解度随温度变化不大的物质，如海水制盐；后者是先加热溶液，蒸发浓缩为饱和溶液，再降低温度而析出晶体，适用于溶解度随着温度下降而明显减小的物质，如 KNO_3 的分离纯化。

2. 重结晶

重结晶(recrystallization)是指再结晶，即经过结晶产生的晶体重新溶解于适当的溶剂中或熔融，再次加热蒸发和冷却，又从溶液或熔体中结晶的过程。重结晶是一种基础的分离纯化方法，原理简单，操作方便，应用广泛。

重结晶主要是依据结晶物质和杂质在不同溶剂和不同温度下的溶解度不同而实现二次结晶，以获得更高纯度的晶体或改变晶体结晶使晶粒细化以改变其性能。重结晶是纯化固体物质常用的重要方法，适用于溶解度随温度变化较大的化合物。

在进行重结晶操作时，溶剂的选择十分重要。一般从以下几点考虑选择理想的溶剂：

(1) 不与组分发生反应。

(2) 温度的变化对组分在该溶剂中的溶解度影响大，而在该溶剂中共存的杂质组分溶解度非常大或非常小。

(3) 易挥发。

(4) 组分在该溶剂中结晶良好。

(5) 便宜且毒性小。

扫一扫　视频 3.2　结晶与重结晶

3.3　挥发和蒸馏分离法

挥发(volatilization)法是利用化合物挥发性差异进行分离的方法。可以定量将被测组分挥发分离出来，也可以通过挥发除去干扰组分。挥发法既可以分离主要组分，也可以分离痕量组分。

挥发法是指将气体或挥发性组分从固体或液体样品中转变为气相的过程，包括蒸发、蒸馏、升华、气体的发生和驱气等，又称为气态分离法。其中，蒸馏主要用于组分的分离提纯或制备，其他挥发法主要应用于基质分离或痕量组分分离等。

1. 无机物的挥发分离

易挥发的无机物不多，一般是经过化学反应将目标物转化为易挥发的化合物，再挥发分离，因此该分离方法的选择性高。例如，测定水样中 F^-时，为了消除水样中 Fe^{3+}和 Al^{3+}的干扰，可加入浓 H_2SO_4，并加热至 180℃，被测组分 F^-以 HF 的形式挥发后，用水吸收测定；测定土壤样品中的铵态氮时，首先加入 NaOH 溶液并加热，使 NH_3 挥发，再用硼酸吸收 NH_3 进行测定，可消除样品基质干扰。

2. 有机物的蒸馏分离

蒸馏(distillation)法是有机分析中常用的分离方法。蒸馏法有多种类型，如普通蒸馏法、水蒸气蒸馏法、减压和真空蒸馏法、亚沸蒸馏法等。当化合物挥发性或热稳定性不够理想时，可以通过化学反应使目标物生成具有挥发性和热稳定性的衍生物，进行挥发和蒸馏分离。

蒸馏的原理是基于混合物中各组分的挥发性不同，即相同温度下各组分的饱和蒸气压不同而进行分离。蒸馏法的特点是直接获得目标组分，操作简单，应用广泛，但是该方法耗能比较大。

蒸馏法可以从不同角度进行分类：

(1) 根据蒸馏方式的不同，蒸馏法分为简单蒸馏、平衡蒸馏、精馏和特殊精馏等。其中，简单蒸馏和平衡蒸馏适合于混合物中各组分挥发性相差很大且对分离要求不高的情况，这是最常用和最简单的蒸馏方法。精馏适合于各组分的挥发性相差不大且对分离效果要求较高的混合物分离，这是工业生产过程中应用最广的蒸馏分离方法。如果各组分挥发性相当或易形成共沸液，可以选择特殊精馏方法。

(2) 按照压力不同，蒸馏法分为常压蒸馏、减压蒸馏和加压蒸馏等。一般来说，各组分的沸点为室温至 150℃时，可以选择常压蒸馏而实现分离。各组分的沸点低于室温时，可以选择加压蒸馏进行分离。而各组分的沸点较高或者高温下易分解或易发生聚合等化学反应时，需要选择减压蒸馏的方法。

另外，升华法是指在物质熔点以下加热时，化合物不经过液态而直接从固态转变为气态的过程，之后遇冷又会凝华，其原理是利用固体混合物的蒸气压不同而实现分离，是纯化固体物质的方法，如碘和萘的纯化等。升华法操作简便，产品纯度高，但应用局限性大，化合物损失也比较大。

此外，冷冻干燥法(或冻干法)是指在真空中冷冻样品，让水分升华而实现分离。该方法主要应用于生物组织中水分和水中痕量杂质的分离。

扫一扫　视频 3.3　挥发和蒸馏分离法

3.4　离子交换分离法

离子交换分离(ion exchange separation)法是利用固相的离子交换剂与溶液中的离子发生交换反应而进行分离的方法，是一种固液分离方法。

离子交换分离法是发展最早的分离方法之一。19 世纪中叶就有人发现了泡沸石的离子交换作用。之后，随着离子交换理论的逐步成熟和完善，各种离子交换分离方法得以建立和应用。直至今日，离子交换树脂有数千种之多，离子交换分离法已经成为在冶金、化工、医药、食品和环境等领域广泛应用的重要分离技术。

离子交换分离法的特点是：

(1) 分离效率高，设备简单。可以分离带相反电荷的离子，也可以分离带相同电荷的离子。

(2) 应用广泛。应用于许多微量组分的分离和富集，也可以用于制备高纯化合物，以及纯化蛋白质和核酸等生物大分子。

(3) 耗时。操作烦琐，分离周期长，在分析化学中主要用于难分离组分的分离。

3.4.1　离子交换剂的种类

离子交换剂是离子交换分离法的分离介质，种类较多，主要分为无机离子交换剂和有机离子交换剂两类。

无机离子交换剂主要有天然的黏土、沸石和合成的分子筛、杂多酸盐、水合金属氧化物等。天然的无机离子交换剂交换容量小、机械强度差，应用少；合成的无机离子交换剂的机械性能和交换容量有所改进，但依然不能满足广泛的应用。

相对而言，有机离子交换剂应用广泛，这是一类具有网状高分子聚合物结构特征的离子交换树脂，难溶于水、酸和碱，对热、氧化物、还原剂、有机溶剂和其他化学试剂有较好的稳定性。有机离子交换剂按照离子交换基团的不同进行如下分类。

1. 阳离子交换树脂

阳离子交换树脂的离子交换基团是强酸型的磺酸基、弱酸型的羧基和酚羟基等酸性基团，能够交换阳离子。其中，强酸型阳离子交换树脂应用广泛，如含有—SO_3H 基团的强酸型阳离子交换树脂在酸性、中性和碱性溶液中均可使用。这类树脂分为聚苯乙烯型和酚醛型两种，前者稳定性好、交换反应快速，既可以分离无机阳离子，也可以分离有机阳离子。弱酸型阳离子交换树脂对 H^+亲和力强，不适合在酸性溶液中使用，如 R—COOH 树脂的适宜使用酸度为 pH＞4；R—OH 树脂的适宜使用酸度为 pH＞9.5。弱酸型阳离子交换树脂选择性高，容易用酸洗脱，常用于分离不同强度的有机碱。

2. 阴离子交换树脂

阴离子交换树脂的离子交换基团是强碱型的季铵基 $R_4N^+Cl^-$(R=—CH_3、—CH_2CH_3)和弱碱型的伯胺(—NH_2)、仲胺(—NHR)和叔胺(—NR_2)等碱性基团，能够交换阴离子。其中，强碱型阴离子交换树脂中有活泼的季铵基离子交换基团，分为苯乙烯型和二乙烯型两种，在酸性、中性和碱性溶液中均可使用，可以分离强酸根阴离子和弱酸根阴离子，应用广泛。弱碱型阴离子交换树脂是指具有伯、仲、叔胺基的离子交换树脂，该树脂在水溶液中溶胀而发生水合反应，都带有 OH^-，该基团可以被组分的阴离子交换而实现分离。弱碱型阴离子交换树脂的交换能力受酸度影响大，不适合在碱性溶液中使用。

3. 螯合型离子交换树脂

螯合型离子交换树脂中引入了能够与金属离子螯合的活性配位基团，离子交换的同时伴随着螯合反应，分离的选择性更高，对无机离子的分离和富集效率高。例如，国产 401 树脂是一种常用的螯合树脂。

实际上，要达到定量分离的目的，单独用高选择性的离子交换树脂进行分离往往达不到要求，此时可以在化合物溶液中加入恰当的配位剂，使待分离组分先生成一定价态的配合物离子，再进行离子交换分离，就可以实现定量分离。当然，该类树脂的缺点是制备难、成本高，以及交换容量不理想。

4. 纤维交换树脂

纤维交换树脂是对天然纤维素进行羟基酯化、磷酸化、羧基化改性后制备的阳离子交换剂，或者胺化改性制备的阴离子交换剂。这类树脂的主要结构特征是开放式长链化合物，表面积大，空隙宽松且交换速度快，稳定性好，易于洗脱，分离效率高，主要应用于分离提纯蛋白质、多肽、氨基酸和激素等，也用于分离汞、铅、锌和镉等无机离子。

此外，离子交换树脂还有氧化还原树脂、大孔树脂和萃取树脂等特殊树脂，可以根据具体的要求进行选用。

3.4.2　离子交换剂的性质

离子交换树脂是由碳链和苯环构成的骨架并联结成网状高分子聚合物结构，起离子交换作用的活性基团位于网络骨架的空隙中。树脂的网络骨架热稳定性和化学稳定性很好，酸、碱、一些有机溶剂和一般的弱氧化剂都不会破坏这些骨架。骨架网络上的活性基团是离子交换的主要位点，活性基团不同，树脂种类不同。通常用交联度、交换容量和溶胀度等参数描述离子交换树脂的性质。

1. 交联度

离子交换树脂的制备过程中，将链状分子相互联结形成网络结构的过程称为交联，如以二乙烯苯制备长链聚苯乙烯立体网状结构树脂时，二乙烯苯称为交联剂，交联剂在树脂总量中的质量分数称为交联度。

交联度是离子交换树脂的重要性质之一，直接影响网状结构的紧密度、孔径大小、交换速度和选择性。交联度小，则离子交换树脂的水溶胀性好、网眼大、交换反应速度快，但机械强度和分离选择性差。相反，交联度大，则离子交换树脂的网眼小、离子交换的选择性好、机械强度高，但水溶胀性差、离子交换速度慢。一般来说，离子交换树脂的交联度选择 4%～14%为宜。

2. 交换容量

离子交换树脂的交换容量是指每克干树脂能交换离子的物质的量(mmol)，其大小主要取决于树脂网状结构上活性基团的数目，是衡量离子交换树脂交换能力的尺度，其数据可以用实验方法测定。一般来说，工业上使用的强酸型阳离子交换树脂和强碱型阴离子交换树脂的交换容量为 3～6 $mmol \cdot g^{-1}$，而一些弱酸型阳离子交换树脂和弱碱型阴离子交换树脂的交换容量达到 6～15 $mmol \cdot g^{-1}$。实际上，离子交换色谱中固定相的交换容量不足 1 $mmol \cdot g^{-1}$。

3. 溶胀度

溶胀度是指溶液中的干树脂吸水造成体积膨胀的程度，其大小通常用每克干树脂溶胀后的体积(mL)表示。

溶胀度除了与树脂的结构、交联度有关，还与溶液的酸度、离子强度等因素有关。通常，溶胀度随着交联度的增加而减小。交联度越小，溶液酸度和离子强度的影响越大。

为了提高交换容量和分离效果，离子交换树脂通常要在使用前进行溶胀操作。这是因为离子交换树脂在一定离子强度的缓冲溶液中充分溶胀后，树脂颗粒的网孔会增大，而且孔径稳定。

3.4.3 离子交换亲和力

离子在离子交换树脂上的交换能力称为这种离子交换树脂对该离子的亲和力，体现了离子交换过程中的快慢和难易程度。在离子交换的过程中，主要的分离机理是带异性电荷的粒子之间的静电作用，因此离子交换亲和力与水合离子半径、电荷及离子的极化程度等因素有关。水合离子半径越小、电荷越高、离子的极化程度越大，其亲和力就越大，这就体现出离子交换树脂的选择性。

实验证明，常温下的稀溶液中，离子交换树脂对不同离子的亲和力存在如下规律。

1. 阳离子交换树脂

强酸型阳离子交换树脂对于不同离子的亲和力顺序如下：

(1) 对不同价态离子，价态越高，亲和力越大，如

$$Na^+ < Ca^{2+} < Al^{3+} < Th^{4+}$$

(2) 价态相同，水合离子半径越小，亲和力越大，如

$$Li^+ < H^+ < Na^+ < NH_4^+ < K^+ < Rb^+ < Cs^+ < Ag^+ < Tl^+$$

$$UO_2^{2+} < Mg^{2+} < Zn^{2+} < Co^{2+} < Cu^{2+} < Cd^{2+} < Ni^{2+} < Ca^{2+} < Sr^{2+} < Pb^{2+} < Ba^{2+}$$

对于弱酸型阳离子交换树脂，H^+的亲和力大于其他阳离子，而其他阳离子的亲和力顺序与强酸型阳离子交换树脂相似。

2. 阴离子交换树脂

强碱型阴离子交换树脂对于常见阴离子亲和力的大小顺序如下：

$$F^- < OH^- < CH_3COO^- < HCOO^- < Cl^- < NO_2^- < CN^- < Br^- <$$

$$C_2O_4^{2-} < NO_3^- < HSO_4^- < I^- < CrO_4^{2-} < SO_4^{2-} < \text{柠檬酸根}$$

弱碱型阴离子交换树脂对于常见阴离子亲和力的大小顺序如下：

$$F^- < Cl^- < Br^- < I^- < CH_3COO^- < MoO_4^{2-} < PO_4^{3-} < AsO_4^{3-} < NO_3^- < \text{酒石酸根} < CrO_4^{2-} < SO_4^{2-} < OH^-$$

实际上，影响亲和力大小及顺序的因素有很多，如温度、离子浓度、辅助配体、溶剂和离子交换树脂的型号等。

3.4.4 离子交换分离操作方法

1. 树脂的选择与处理

1) 树脂的选择

树脂的类型和粒度可以根据实际分离对象和共存情况进行选择。例如，测定某些阴离子，

而共存阳离子有干扰，需要选用强酸型阳离子交换树脂，将共存的阳离子交换除去，待测的阴离子留在溶液中，再进行测定。如果共存阳离子对待测阳离子有干扰，可以先将待测阳离子转化为配阴离子，再用离子交换法进行分离。

在分离的过程中，可以根据待分离的离子含量范围选择合适粒度的树脂。常规制备分离通常选用 10～100 目；用于一般分析的离子交换分离选用 80～100 目；分离常量组分时选用 100～200 目；分离微量组分时选用 200～400 目。

2) 树脂的处理

装柱前，需要对商品树脂进行研磨、过筛、浸泡和净化，以除去杂质，防止树脂吸收水分溶胀而堵塞分离柱。

一般的树脂处理过程是先用水浸泡 12 h，让树脂溶胀，避免干燥的树脂在交换柱内吸收水分溶胀而堵塞柱子。之后就是树脂的转型，如强酸型阳离子交换树脂需要用 4 mol · L^{-1} HCl 溶液浸泡 1～2 d，以溶解各类杂质，再用蒸馏水洗至中性，交换基团转化为 RSO_3H(H^+型)。对于强碱型阴离子交换树脂，需要用 NaOH 浸泡 1～2 d，再用蒸馏水洗至中性，交换基团转化为 $RN^+(CH_3)_3OH^-$(OH^-型)。

2. 装柱

离子交换柱通常是玻璃柱。首先在离子交换柱的下端均匀铺上一层玻璃纤维，以防止树脂流出。加入少量蒸馏水后，倒入带水的树脂，使树脂均匀下沉形成交换层，高度约为交换柱高的 90%，在柱子的上端也均匀铺上一层玻璃纤维，防止添加试液时树脂被冲起。离子交换柱装柱完成后，可以用蒸馏水冲洗，关紧活塞，备用。

需要注意的是，在装柱和离子交换过程中，一定要让树脂一直浸泡在溶液的液面下，避免空气混入而发生沟流现象，否则将造成离子交换及洗脱不完全，严重影响分离效果。

3. 交换

将待分离试液从上端缓慢注入离子交换柱中，并以一定的流速自上而下流经柱子进行离子的交换。当上层树脂被交换，下层树脂未被交换时，部分被交换的中间树脂称为交界层，见图 3-1(a)。随着交换的进行，被交换的树脂层越来越厚，交界层逐渐下移，直至到达交换柱底部为止，见图 3-1(b)。此时，如果从交换柱上端继续添加试液，流出液中开始出现未被交换的离子，此时称为交换过程的始漏点，被交换到交换柱上离子的量(mmol)称为该条件下的始漏量或流穿点，即上样超过始漏量时，该离子就会从交换柱中流出。

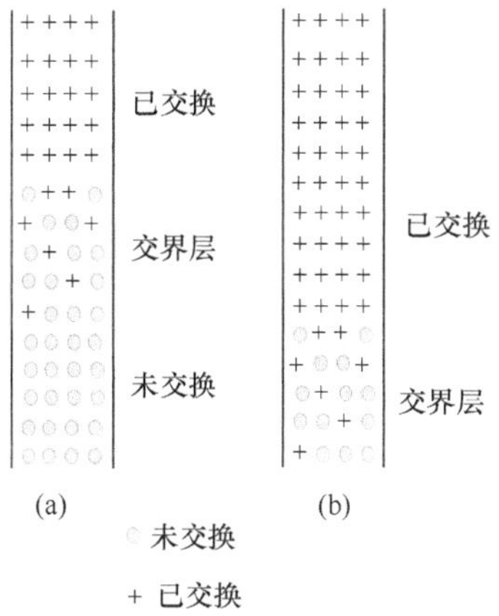

图 3-1　离子交换过程

离子交换柱的总交换容量是指交换柱中树脂的质量(g)乘以树脂的交换容量。当达到始漏点时，离子交换柱上还存在交界层，还有未被交换的树脂，所以交换柱的总交换容量大于始漏量。

为了提高离子交换树脂的利用率，即获得较大的始漏量，往往选择小颗粒树脂、细长交换柱，以及慢流速和较高温度等。需要注意的是，太细小的颗粒会造成流速太慢，从而影响分离速度。

4. 洗涤

离子交换分离完成后，需要对分离柱进行洗涤，其目的是除去残留在分离柱内的不被交换的离子。洗涤液通常用水或适当的酸溶液，以充分清洗且避免有些离子的水解沉淀。

5. 洗脱

经过洗涤的离子交换分离柱需要用洗脱剂或淋洗剂再把离子从树脂中置换下来，称为洗脱或淋洗，是离子交换过程的逆过程。

通常用 HCl 溶液淋洗阳离子交换树脂，用 H^+逐步置换待分离的离子，随着 HCl 溶液的不断加入，流出液中待分离的离子浓度从小到大再减小直至全部流出。此时，树脂转换为 H^+型。

对于阴离子交换树脂，通常用 NaOH 或 NaCl 溶液进行洗脱，树脂转换为 OH^-型或 Cl^-型。

以流出液中待分离离子浓度(纵坐标)对洗脱液体积(横坐标)作图，得到洗脱曲线(淋洗曲线)。在洗脱过程中，收集从待分离离子出现至全部流出这一段的流出液，就可以进行待分离离子的分析测定。

当多种离子同时交换保留在离子交换分离柱上时，洗脱过程也就是一种分离过程。与树脂亲和力小的离子先被洗脱出来，亲和力大的离子洗脱慢，后被洗脱出来，实现多种离子的分离。

6. 树脂再生

将经过离子交换和洗脱过程后的树脂恢复到离子交换前的形式称为树脂的再生。大部分树脂的洗脱过程就是树脂的再生过程，再用去离子水洗涤后就可以重复使用。

如果需要进行离子交换树脂转型，就需要对树脂进行再生。通常，阳离子交换树脂使用 $3\ mol \cdot L^{-1}$ HCl 溶液处理为 H^+型；而阴离子交换树脂使用 NaOH 溶液进行处理，转化为 OH^-型。

3.4.5　离子交换分离法的应用

离子交换分离法具有树脂可选、分离效率高和树脂可以再生反复使用等特点，广泛应用于物质的分离和富集，以及高纯物质制备等领域。

1. 去离子水的制备

自来水中多种阴、阳离子共存，离子交换分离法是制备去离子水的有效方法。通常是将强酸型阳离子交换树脂处理为 H^+型，强碱型阴离子交换树脂处理为 OH^-型，并将两种交换柱进行串联，即复柱法。自来水依次通过两种分离柱，就得到去离子水。用复柱法纯化水时，会发生交换产物的逆反应，使得水纯度不高。如果在串联的阴、阳离子交换柱后再串联一个混合柱(阴、阳离子交换树脂按交换容量 1∶1 混合装柱)，实现阴、阳离子交换树脂的多级串联，即混合柱法，可以得到纯度更高的去离子水。混合柱法消除了逆反应，但是树脂的再生操作比较复杂。

2. 离子的分离

用离子交换分离法可以进行干扰离子的分离，不同价态离子的分离，性质相近元素的分离和阴、阳离子的分离等。

例如，用重量法测定SO_4^{2-}时，通常以$BaSO_4$为沉淀形式，此时Fe^{3+}和Ca^{2+}等阳离子会发生共沉淀，产生分析误差。可以在加沉淀剂之前，先用阳离子交换树脂除去试液中的Fe^{3+}和Ca^{2+}等干扰离子，即干扰离子吸附保留在阳离子交换树脂上，然后在流出液中加入沉淀剂，进行SO_4^{2-}的测定。

3. 微量组分的富集

分离富集是提高分析方法灵敏度的有效措施。离子交换分离法是分离富集微量组分的有效方法。例如，用阳离子交换柱对数升水样中微量K^+、Na^+、Ca^{2+}、Mg^{2+}、Cl^-和SO_4^{2-}等进行吸附，再用数毫升或数十毫升稀盐酸洗脱阳离子，用数毫升或数十毫升稀氨水洗脱阴离子，富集倍数可以达到数十倍或上百倍，就可以很方便地在流出液中进行待测离子的直接分析。

扫一扫　视频 3.4　离子交换分离法

3.5　色谱分离法

色谱(chromatography)分离法又称为色谱法、层析法、色层分离法或色层法，是指混合物中各组分因为结构不同而在流动相和固定相中分配能力(溶解分配、吸附、离子交换或体积排阻等)有差异，即分配系数不同，当流动相推动组分进入固定相并不断前行时，组分在固定相和流动相中进行连续的多次分配，相当于多级分离，使得各组分以不同的速度移动，即混合物中的各组分在固定相中的保留时间不同，在柱尾实现分离。因此，色谱法是一种物理化学分离法。

色谱分离法始于 1906 年，俄国植物学家茨维特(Tswett)将叶绿素的石油醚溶液倾入装有碳酸钙颗粒的柱子中[图 3-2(a)]，用石油醚淋洗后发现，植物汁液中的各种色素因为碳酸钙的吸附力不同而在柱尾得以分离，呈现不同的颜色谱带[图 3-2(b)]，该分离方法由此得名。经过 100 多年的发展，色谱法早就不再局限于有色物质的分离，几乎可以应用于所有无机物和有机物、小分子和大分子化合物，已经成为现代分离科学中最重要、应用最广的分离方法，在许多学科的前沿领域研究中发挥着十分重要的作用。

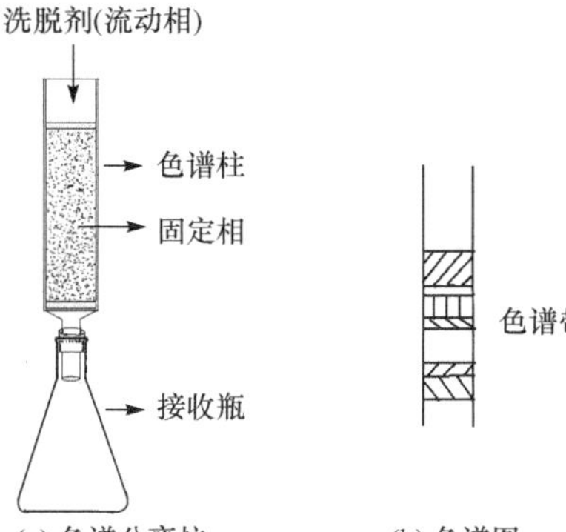

(a) 色谱分离柱　(b) 色谱图

图 3-2　色谱分离

依据方法的发展历程，色谱法分为经典色谱法(或常规色谱法)和现代色谱法。经典色谱法是指气相色谱和高效液相色谱等现代色谱法产生之前的常压液相色谱技术，包括柱色谱、纸色谱和薄层色谱等。

3.5.1　柱色谱

1. 柱色谱的基本原理

柱色谱(column chromatography)是指把固定相填充在玻璃或其他材质的柱管中，制成色谱柱，试液从色谱柱上端加入，用流动相进行淋洗，各组分因为结构不同而与固定相、流动相的作用力(吸附、分配、离子交换或体积排阻作用等)不同，在经过色谱柱的过程中，与固定相作用力弱的组分先被淋洗出来，作用力强的组分后被淋洗出来，从而实现混合物的分离。

柱色谱的主要原理是吸附、分配、离子交换或体积排阻作用，如硅胶、活性炭或氧化铝为固定相时，主要是基于吸附作用进行组分的分离；改性硅胶或键合硅胶为固定相时，主要作用机理是分配；离子交换树脂为固定相时，分离过程主要是基于离子静电作用而进行组分的交换；凝胶为固定相时，主要依托体积排阻作用。

柱色谱常用的固定相有硅胶、氧化铝、活性炭、聚酰胺、大孔吸附树脂、凝胶和离子交换树脂等。其中，最常用的是硅胶，特别是改性硅胶和键合硅胶具有良好的色谱热力学和动力学性能，是当前柱色谱最重要的吸附剂。

柱色谱分为常压、加压和减压等模式。其中，常压柱色谱分离效率高，但分离时间长；加压柱色谱分离快速，适合于有机化合物的分离。

2. 柱色谱实验过程

柱色谱一般使用玻璃、不锈钢或塑料材质的柱管，其直径与长度比为 1∶10～1∶60，管柱底部填充少量脱脂棉或玻璃纤维，防止吸附剂泄漏。

1) 装柱

根据样品的组成和性质，选择一定粒径的固定相和一定规格的色谱柱，用干法或湿法装柱。

干法装柱是将处理好的吸附剂用漏斗缓慢灌流入色谱柱内，装柱过程中可以轻轻敲打色谱柱外壁，使吸附剂填充均匀。装柱结束后，在柱内的吸附剂表面放置少量脱脂棉或玻璃纤维，旋开下端活塞，从色谱柱上口缓缓加入洗脱剂，使吸附剂润湿并注意观察吸附剂不要被洗脱剂冲起，而且色谱柱内不要有气泡。柱内容易出现气泡而引起色谱过程中的沟流现象是干法装柱的缺点。

湿法装柱是先在色谱柱内倾入洗脱剂，在旋开下端活塞的同时，将吸附剂缓慢倾入色谱柱内，一边慢慢加入吸附剂，一边轻轻敲打色谱柱外壁，使吸附剂填充均匀并且随时排除气泡。湿法装柱的特点是吸附剂紧实，而且没有气泡。

2) 上样及洗脱

用少量溶剂溶解样品后上样，选择常压或加压柱色谱，用合适的洗脱剂进行洗脱分离，收集各组分。

溶解样品时需要注意两点：一是尽量选择与洗脱剂极性相似的溶剂溶解试样，以尽量避免影响层析展开；二是尽量配制浓度较大的试液，就可以选择较小体积的试液进行上样，利于展开分离。

上样过程中应尽量小心和轻慢，以免扰动吸附剂而影响分离效果。

洗脱过程也需要小心添加洗脱剂，不要冲动吸附剂，并控制洗脱剂的流速为 0.5～2 $mL \cdot min^{-1}$，以保持色谱柱内的液面高度。

为了提高柱色谱分离的分辨率，可以采用梯度洗脱方式对化合物进行洗脱。

3) 测定或浓缩

色谱柱分离后，可以根据不同的需要进行处理。可以将不同组分洗脱后直接进行分析测定；或将洗脱液用旋转蒸发仪进行浓缩，干燥后得到纯品；也可以将吸附剂从色谱柱内整体推出，按展开的各组分所在位置分段切开，再分别洗脱测定或纯化。

3. 柱色谱的应用

柱色谱既可以分离或制备少量试样，也可以处理大量试样，在有机合成、中药活性成分提取等科学研究和化工、制药等工业生产中应用广泛。

3.5.2　纸色谱

1. 纸色谱的基本原理

纸色谱(paper chromatography，PC)是指在层析纸上进行分离的色谱分离方法，又称为纸层析。

纸色谱分离主要是基于液液分配的原理。层析纸是一种惰性载体，其中的纤维素吸着20%～25%水分，其中约 6%的水分是以氢键与纤维素上的羟基结合，不会随着有机溶剂展开而流动，这部分水分就是纸色谱的固定相。流动相是与水互不相溶或丙醇、丙酮、甲醇等与水混溶的有机溶剂展开剂。实际上，纸色谱的分离原理十分复杂，既存在液液分配过程，也存在层析纸纤维对溶质的吸附作用，以及溶质与纸纤维之间的离子交换作用等。

如图 3-3 所示，当在层析纸一端量取的恰当位置上点样后，将层析纸放入层析筒或展开槽中(样品斑点不能浸入展开剂)，利用毛细作用，展开剂自下而上不断上升，经过试样点时，被分离组分在固定相和流动相中进行分配和再分配。各组分的分子结构不同，分配比大小不同，上升展开的速度就不同，当展开剂到达一定高度时，取出层析纸，各组分在层析纸上实现了分离。在层析纸上，有色化合物直接呈现出组分的色斑，如图 3-4 中的 A 和 B。对于无色化合物，可以用氨熏、碘蒸气熏，也可以喷雾显色剂溶液而呈现出组分的色斑，常用的显色剂有 $FeCl_3$ 水溶液、茚三酮正丁醇溶液等。如果组分具有荧光性质，也可以在紫外灯下观察组分的荧光斑点，进行定性分析。

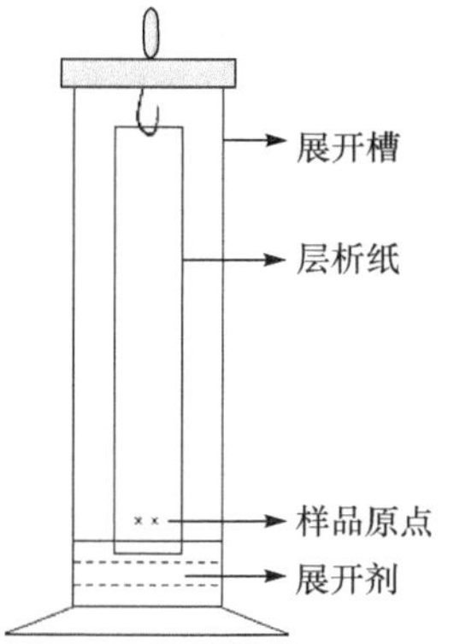

图 3-3　纸层析示意图

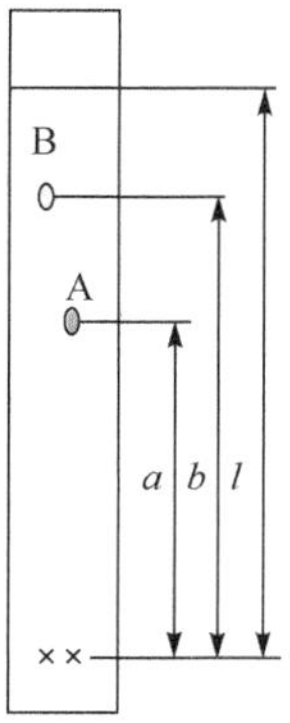

图 3-4　比移值的计算

纸色谱分离法中，通常用比移值 R_f 进行定性分析，其定义是组分迁移距离与展开剂迁移距离的比值：

$$R_f=\frac{\text{组分迁移距离}}{\text{展开剂迁移距离}} \tag{3-1}$$

如图 3-4 所示，组分 A 的比移值 $R_f=\dfrac{a}{l}$，组分 B 的比移值 $R_f=\dfrac{b}{l}$。

比移值与温度、展开剂组成及组分的结构性质等很多因素有关。分离条件一定时，组分

的 R_f 一定，与标准溶液对照，就可以对样品进行定性分析。一般来说，R_f 相差 0.02 以上的组分之间就可以进行有效的分离分析。

纸色谱实验条件中，主要是层析纸的选择和展开剂的选择等。为了获得理想的纸色谱分离，应选择干净、均匀、平整和纤维紧实适中的层析纸。待分离的组分 R_f 相差较大时，选择快速层析纸。反之，各组分的 R_f 相差不大时，选择慢速层析纸。纸色谱的固定相是纸纤维中吸附的水分，所以主要适合于分离氨基酸、糖类和无机金属离子等水溶性组分，展开剂应选择水饱和的正丁醇、正戊醇和酚类有机溶剂(有时添加适量的甲醇、乙醇等调节溶液的极性)，可以用弱酸(如乙酸)或弱碱(如吡啶、氨水)调节展开剂的酸度，防止有些组分解离而影响分离。总之，纸色谱的分离条件需要通过实验进行优化而确定。

2. 纸色谱的应用

纸色谱是一种操作简单、消耗样品量少的传统色谱方法，在无机物和有机物的分离和定性分析中应用广泛，如有色金属离子定性分析，氨基酸及葡萄糖、麦芽糖和木糖混合糖类的分离分析等。例如，以乙醚：丁醇：盐酸溶液=2：2：2.5(体积比)为展开剂对金、铂、钯和铑金属离子进行纸色谱分离；以正丁醇：冰醋酸：水=4：1：2(体积比)为展开剂对甘氨酸、丙氨酸和谷氨酸混合物进行纸色谱分离分析；以正丁醇：冰醋酸：水=4：1：5(体积比)为展开剂对葡萄糖、麦芽糖和木糖混合物进行纸色谱分离分析等。

3.5.3 薄层色谱

薄层色谱(thin layer chromatography，TLC)和纸色谱的固定相都是平面形状，又称为平面色谱(planar chromatography)。

薄层色谱产生于 20 世纪 50 年代，是在柱色谱和纸色谱的基础上发展起来的分离方法，具有色谱法的共性。与柱色谱、纸色谱一样，薄层色谱操作简便，应用广泛，可以同时分离分析多个样品，展开剂可选余地大，成本低，可以进行定性定量分析。相对于柱色谱和纸色谱，薄层色谱分析时间更短(10～60 min)，分离效率更高，常使用硅胶固定相，故耐腐蚀性好，可以使用各种方法进行显色，甚至可以使用强腐蚀性的浓硫酸显色，耐高温，组分斑点不易扩散使得灵敏度更高，适合分析微克级的少量样品或毫克级的大量样品，所以应用更加广泛。

高效薄层色谱使用更均匀细小的吸附剂铺板，分离效率和灵敏度更高，特别是自动点样、程序展开和信号扫描检测等使得该方法的自动化程度和检测技术提高。根据吸附剂结构性质不同，高效薄层色谱也分为正相和反相薄层色谱。C_{18}、C_8 和 C_2 是常用的反相薄层色谱吸附剂。该方法分离快速(3～20 min)，检测限低至 0.1～0.5 μg，适用于定量测定。高效薄层色谱有棒状薄层色谱、加压薄层色谱、离心薄层色谱(旋转薄层色谱)、凝胶薄层色谱、包合薄层色谱和二维薄层色谱等。

1. 薄层色谱的基本原理

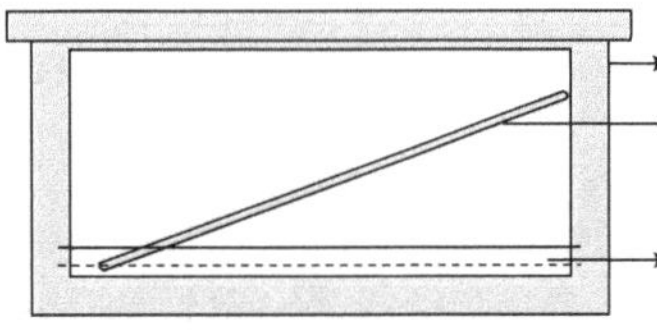

图 3-5 薄层色谱示意图

薄层色谱是将固定相吸附剂均匀涂敷在玻璃、塑料或铝基片等薄层板上，试样溶液点样后，置于密闭的容器中(图 3-5)，薄层板下端浸入展开剂溶液中，基于固定相的毛细作用，展开剂从下方向上缓慢移动，试样中的各组分在固定相和流动相之间发生溶解、吸附和再溶解、再吸附的分配过程，固定相吸附能力强的组分前行速度慢，反之，则前行速度快。当展开一段时间后，不同的组分相互分离，形成不同位置的斑点。

薄层色谱的定性分析方法与纸色谱相同。分离过程中，影响 R_f 的因素较多，因此需要在相同的色谱条件下与标准品对照，以 R_f 值进行对照定性分析。

薄层色谱的定量分析方法有目视比较半定量法、斑点面积法、洗脱测定法和扫描法等。其中，比较常用的是洗脱测定法，即薄层色谱分离后，先确定组分的斑点位置，然后用小刀或小毛刷将带有斑点的吸附剂一起刮下，置于砂芯漏斗中，用适当的溶剂在减压抽滤操作下将被测组分洗脱，收集洗脱液，最后利用紫外-可见分光光度法或荧光分光光度法进行定量分析，同时做空白实验。

2. 固定相和展开剂的选择

固定相的选择在薄层色谱中十分重要。一般选用粒度为 100～250 目的固定相吸附剂，如硅胶、氧化铝、硅藻土、聚酰胺和纤维素等，最常用的是吸附力较强的硅胶和氧化铝，可分离的对象较多。硅胶是无定形多孔物质，具有弱酸性，适合于酸性物质的分离和分析。商品化的硅胶有各种组成和性质，一般用不同的字母符号进行标示，如硅胶 H 是指不含黏合剂的硅胶，硅胶 G 是指含有煅石膏黏合剂的硅胶，硅胶 F 是指含有荧光成分的硅胶，F_{254} 标示该硅胶在 254 nm 紫外光照射下呈现黄绿色荧光，而 F_{365} 标示该硅胶在 365 nm 紫外光照射下发射荧光，P 标示为制备用硅胶。同样，氧化铝也因为含有黏合剂或荧光剂等成分而分为氧化铝 G、氧化铝 GF_{254}、氧化铝 HF_{254} 等。薄层色谱固定相中常用的黏合剂有煅石膏(半水合硫酸钙 $CaSO_4 \cdot 1/2H_2O$)、淀粉和羧甲基纤维素钠等。

至于薄层板的大小，要根据实际需要进行选择。对于普通的分离和定性分析，薄层板大小为 2.5 cm×7.5 cm、10 cm×10 cm、10 cm×20 cm、20 cm×20 cm 和 5 cm×25 cm 等，而制备薄层色谱的薄层板更大。一般来说，非极性或弱极性化合物的分离可以选用吸附色谱，水溶性化合物的分离宜采用分配色谱，而离子型或易形成离子的化合物可以选用离子交换色谱。同时，固定相的颗粒要适中，粒径太大或太小都会影响分离效果。

薄层色谱展开剂的选择依据是“相似相溶”原则，即综合考虑组分的极性、吸附剂的活性和展开剂的极性等。因此，分离极性大的组分就选择极性强的溶剂为展开剂，分离极性小的组分就需要使用极性弱的溶剂为展开剂。常用溶剂的极性顺序为：石油醚＜环己烷＜四氯化碳＜苯＜甲苯＜乙醚＜氯仿＜乙酸乙酯＜正丁醇＜丙酮＜正丙醇＜乙醇＜甲醇＜水。更多的情况下，应用混合展开剂进行分离，以期达到理想的分离效果。

3. 薄层色谱的操作步骤

1) 薄层板的制备

根据实际样品组成和实验要求选择合适的吸附剂，之后薄层板的制备直接影响分离效果。其平铺的固定相厚度一般为 0.15～2.0 mm。

制备薄层板的方法有倾注法(简易平铺法)、平铺法和浸渍法。

倾注法是先将适量的蒸馏水和吸附剂一起研磨，调制成稀糊状，然后倾注到干燥的表面光滑平整的玻璃、塑料或铝薄层板的板面上，轻轻摇晃，使吸附剂平铺均匀。

平铺法是将固定相用涂布器均匀涂布在玻璃、塑料或铝薄层板的板面上。该方法操作方便、快速、平铺质量高，适合于制板量大和要求较高的分离需要。

浸渍法是将两块干净的玻璃、塑料或铝薄层板叠合，然后浸入调制好的糊状固定相吸附剂浆液中，取出后分开，晾干。

当然，商品化的薄层板种类很多，可以根据实际需要购买使用。

2) 薄层板的活化

将制备好的薄层板置于烘箱内，逐渐升温加热活化。一般来说，对于吸附色谱，硅胶板需要加热至 105～110℃，活化 30 min；氧化铝板需要加热至 200℃(Ⅱ级薄板)或 151～160℃(Ⅲ级或Ⅳ级薄板)，活化 4 h。对于分配色谱，不需要干燥，固定相吸附剂中的水用作固定相。

3) 点样

一般使用低沸点溶剂配制浓度为 1%的样品溶液，常用的溶剂有甲醇、乙醇、丙酮、氯仿、四氯化碳、苯和乙醚等。在距薄层板下端 1 cm 处用铅笔画一条横线，并在准备点样的地方画出“×”的形状，标示为分离的起点，如果同一薄层板上需要分离多个样品，样品间的距离应为 1～1.5 cm。用内径小于 1 mm 管口平整的毛细管吸取样品溶液，在起始线的“×”处仔细点样(不能刺破吸附剂薄层)，样品斑点不超过 2 mm。对于太稀的样品溶液，可以多次点样，但每次重复点样前，需要等前一次点样的溶剂挥发后方可进行，防止斑点过大而引起分离的扩散或拖尾问题。

4) 展开

将点样后的薄层板置于密闭的层析筒中(必要时，先在展开剂氛围中饱和平衡 30 min)，薄层板浸入展开剂 0.5 cm 左右，以上升法(薄层板垂直放置于层析筒中，适合于含有黏合剂的固定相)或倾斜上行法(薄层板倾斜 10°～15°或 45°～60°，适合于含有黏合剂的固定相)、下降法(适合于纸色谱)或双向色谱法(点样于薄板角部，展开后旋转 90°，更换另一种展开剂进行展开，相当于二维色谱，适合于复杂样品分离)进行展开。

5) 显色

如果化合物有色，可以直接确认斑点进行定性、定量分析或纯化。对于无色化合物，可用物理显色(紫外光照射产生的荧光化合物或荧光背景)或化学显色(喷雾或浸入显色剂)、生化显色确认斑点，并用铅笔标示出来。

6) 测定

度量化合物或展开剂的展开距离，计算比移值 R_f，与对照品进行对照定性分析。用小刀刮下斑点置于固定体积的有机溶剂中，使被测组分溶解于溶剂中，过滤后检测，进行定量分析。去除溶剂后，可获得纯化的组分进行制备。

4. 薄层色谱的应用

薄层色谱广泛应用于药物、生化、食品和环境等领域，常用于天然产物和有机合成化合物的分离、鉴定和定量分析。例如，薄层色谱图形直观、应用广泛，一直是多国药典的植物药鉴别方法。薄层色谱也是有机合成产物早期鉴定和杂质鉴别的简便快速的有效方法。

薄层色谱也可以进行组分的分离富集和定量分析。例如，植物中维生素 B_1、维生素 B_2 和维生素 B_6 的分离检测中，以水饱和的正丁醇+6% TritonX-100 乙醇溶液(体积比 23∶2)进行提取，使用硅胶 G+0.5%羧甲基纤维素与水(1 g∶3 mL)为固定相，氯仿+乙醇+丙酮+氨水(体积比 20∶20∶20∶10)为展开剂，用薄层双波长扫描仪进行测定。

传统的薄层色谱法主要用于简单样品的定性分析，方便快速，分析成本低，易于普及。基于该方法的这些特点和色谱基本原理建立的高效薄层色谱法适合于定量分析。

扫一扫 视频 3.5 色谱分离法

3.6 电泳分离法

电化学分离法是依据电场中各组分的电化学性质不同而进行分离的一类分离方法，包括自发电沉积法、电解分离法、电泳分离法、电渗析分离法、溶出伏安法和控制电位库仑分离法等，这里主要介绍经典的电泳分离法。

在电场中，电解质溶液中的带电粒子(离子或带电的胶体粒子，以及细胞和病毒等)在电场力的作用下，以不同的速度向相反电极方向迁移的现象称为电泳(electrophoresis)。不同的带电粒子所带电荷、粒径等性质不同，在外电场中的泳动方向和速度不同，可实现分离，称为电泳分离法，简称电泳法。电泳分离法的特点是适合于带电荷组分的分离及定性定量分析，样品用量极少、设备简单、分离快速、操作方便、分辨率高，广泛应用于生物化学、分子生物学、食品、环境等基础理论研究、医学临床研究及工业生产等领域。

电泳技术起源于 1809 年，俄国物理学家罗伊斯(Reuss)最早发现了电泳现象。1909 年，米凯利斯(Michaelis)首次将胶体离子在电场中的移动称为电泳。1937 年，瑞典学者蒂塞利乌斯(Tiselius)成功地应用电泳技术分离了人血清中的白蛋白、α 球蛋白、β 球蛋白和 γ 球蛋白，在生物学和医学领域做出了突出贡献，由此获得了 1948 年诺贝尔化学奖。

1. 电泳分离原理

当带电粒子以速度 v 在电场中移动时，受到大小相等、方向相反的电场推动力 F_E 和平动摩擦阻力 F 的作用。已知电场力 $F_E = qE$，摩擦阻力 $F = fv$，即

$$qE = fv \tag{3-2}$$

式中，q 为粒子所带的有效电荷；E 为电场强度；v 为粒子在电场中的迁移速度；f 为平动摩擦系数，其大小与带电粒子大小、形状和介质黏度等有关。对于球形粒子 f=6πηr，其中，r 为带电粒子的表观液态动力学半径，η 为介质黏度。

由式(3-2)得迁移速度为

$$v = \frac{qE}{f} = \frac{q}{6\pi r\eta}E \tag{3-3}$$

即带电粒子的电泳速度与其电荷数、电场强度成正比，与其表观液态动力学半径、介质黏度成反比。不同带电粒子的有效半径、形状和大小不同，在电场中的迁移速度不同，即存在差速迁移，这是电泳分离的基础。

迁移率 μ 是指单位电场强度下粒子的平均电泳速度，即

$$\mu = \frac{v}{E} = \frac{q}{6\pi r\eta} \tag{3-4}$$

实验条件一定时，带电粒子的迁移率是定值。

由粒子迁移率定义得

$$\mu = \frac{v}{E} = \frac{S/t}{U/L} = \frac{SL}{Ut} \tag{3-5}$$

式中，S 为带电粒子在时间 t 内迁移的距离；U 为外加电压；L 为两电极之间的距离。

可见，带电粒子在时间 t 内迁移的距离为

$$S = \mu t \frac{U}{L} \tag{3-6}$$

那么，A、B 两带电粒子在时间 t 内迁移后分离的距离为

$$\Delta S = S_A - S_B = \mu_A t \frac{U}{L} - \mu_B t \frac{U}{L} = (\mu_A - \mu_B) t \frac{U}{L} = \Delta \mu t \frac{U}{L} \tag{3-7}$$

这就是电泳分离的基本表达式。可见，$\Delta\mu$、t、U/L 越大，分离越完全，即影响电泳分离的主要因素有以下几方面：

(1) 带电粒子的迁移率。具体来说，阴、阳离子迁移方向相反，最易分离；二价离子的迁移率是一价离子的 2 倍；迁移率与离子半径成反比。因此，半径和电荷相差越大的离子之间越易分离。

(2) 电解质溶液的组成。电解质溶液的组成直接影响溶液的黏度，导致粒子迁移率不同，也会改变带电粒子的电荷和半径。同时，化合物的电离度也与溶液的组成有关。

(3) 外加电位梯度。外加电压越大，U/L 增加，则电泳分离越完全。

(4) 电泳时间 t。电泳时间越长，分离越完全，但电泳带会展宽，影响分离度。因此，对于性质相似的元素，不能依靠增加 t 来改善分离。

2. 电泳分离分类

电泳分离法按照分离原理不同，分为区带电泳、移动界面电泳、等速电泳和等电聚焦电泳等；按照支持电解质不同，分为纸电泳、醋酸纤维薄膜电泳、琼脂凝胶电泳和聚丙烯酰胺凝胶电泳等；按照有无固体支持物，分为自由电泳和固体支持物电泳等；按照支持介质形状不同，分为薄层电泳、板电泳和柱电泳等；按照用途不同，分为分析电泳、制备电泳、定量免疫电泳和连续制备电泳等；按照外加电压不同，分为低压电泳(100～500 V)和高压电泳(1000～5000 V)。

在电泳分离法中，最常用的是聚丙烯酰胺凝胶电泳和毛细管电泳。

3. 电泳分离法的应用

电泳分离法主要用于分离氨基酸、多肽、蛋白质、脂类、核苷酸和核酸等各种有机物，以及无机盐的定量分析和分子量测定等。同时，电泳分离法和色谱法等分离技术联用可以分析蛋白质的结构；电泳分离法结合酶学技术应用于酶催化和调节功能研究等。因此，电泳分离法是化学、医学和药学等研究领域的重要应用技术。

扫一扫 视频 3.6 电泳分离法

思 考 题

1. 举例说明经典分离方法主要有哪些，各有什么特点。
2. 沉淀分离法主要有哪些类型？各有什么优缺点？
3. 对于微量和痕量组分的分离富集，应选用哪种沉淀分离法？为什么？
4. 描述离子交换分离法的主要应用对象，并说明离子交换树脂的交联度和交换容量的含义。
5. 综合描述色谱分离法的种类及各类方法的异同点。
6. 纸色谱的固定相是什么？纸色谱能否进行定量分析？
7. 薄层色谱法的主要操作步骤有哪些？其主要应用是什么？
8. 薄层色谱法分离混合样品时，如果组分 A 和组分 B 的比移值分别为 0.5 和 0.9，在 10 cm 的薄层板上进行分离，则 A 和 B 两组分在该薄层板上分离后的斑点中心最大距离是多少？
9. 电泳分离法的理论基础是什么？其主要应用对象有哪些？
10. 简述经典分离法的共同特点。

第 4 章　萃取分离法

萃取分离(extraction separation)是将样品相中的目标组分转移到另一相中，或者将其他组分转移使目标组分保留在样品相中，从而达到该目标组分与其他复杂组分彼此分离的目的。初期萃取分离为溶剂萃取(solvent extraction)，又称为液液萃取(liquid-liquid extraction，LLE)，它是利用溶质在水和与水互不相溶的有机溶剂中的溶解性差异而进行分离的方法，即利用物质在两种互不相溶(或微溶)的溶剂中溶解度或分配系数的不同，使溶质从一种溶剂转移到另一种溶剂中的分离方法。该方法操作简便、成本低，可用于热敏性物质、不同极性和化学性质的混合物分离，因此广泛应用于化学、生物、环境、食品、冶金和石化等科研及工业生产领域。

事实上，很早之前人们就已经发现物质在不同溶液之间的分配现象，直至 1842 年佩利戈特(Peligot)用二乙醚从硝酸溶液中萃取了硝酸铀酰，才建立了萃取分离法。1863 年，布朗(Braun)用二乙醚萃取分离了硫氰酸盐。1872 年，贝特洛(Berthelot)和容克弗莱施(Jungfleisch)根据经验提出了液液分配的定量关系。1891 年，能斯特(Nernst)从热力学观点出发阐明了液液分配的定量关系。1892 年，罗思(Rothe)和汉罗(Hanroit)用乙醚从浓盐酸溶液中萃取分离了 Fe^{3+}。直至 20 世纪 40 年代，更多的分离体系被建立并应用于许多组分的分离，萃取平衡的理论和应用得到迅速发展，而且生产核燃料的需要也促进了萃取分离法的研究开发。

萃取分离法操作简便快速、分离效果好，既可以分离无机物，也可以分离有机物，既可以用于常量组分分离，也可以用于微量组分的分离富集，既可以进行少量试样分离，也适合于工业上大量样品的分离纯化，已经成为许多标准方法的样品前处理技术，特别是将萃取分离法与分光光度法相结合，产生了萃取光度法，提高了分光光度法的应用范围。萃取法还可以与原子吸收法、X 射线荧光光谱法等联用，有效提高了这些分析方法的灵敏度和选择性，也促进了萃取分离法的广泛应用。

传统萃取分离法的缺点是手工操作烦琐费时，分离效果不佳，而且大量使用有机溶剂，带来环境污染问题，影响人们的健康。为了提升萃取效果，减少有机溶剂的使用量或完全不使用有机溶剂进行萃取分离，从 20 世纪中期至今，各种新的萃取技术不断产生和应用，如液相微萃取、固相萃取、分散固相萃取、磁固相萃取、固相微萃取、微波辅助萃取、超声辅助萃取、超临界流体萃取、加速溶剂萃取、双水相萃取和胶团萃取等，萃取分离法在能源资源利用、生物医药开发和环保检测分析等科研和工业生产中发挥着重大的作用。

4.1　液 液 萃 取

4.1.1　液液萃取的基本原理

液液萃取的过程是将水溶液(水相)和与水互不相溶的有机溶剂(有机相)一起混合振摇时，疏水性组分从水相进入有机相，亲水性组分留在水相中，实现水溶液中不同组分的分离。

当前，还没有理论能够定量描述有关溶剂对于不同化合物的溶解能力，只是通过实践证实了“相似相溶”原则，即极性组分易溶于极性溶剂，非极性组分易溶于非极性溶剂。“相似相溶”原则正是液液萃取法的设计思想，即对于不同极性的组分，可以直接选择合适的萃取溶剂进行萃取分离，如用四氯化碳从水溶液中萃取碘。如果没有极性匹配的萃取溶剂可以选择，就需要通过转换组分的极性，将组分由亲水性转变为疏水性，再选用合适的有机溶剂进行萃取。比较常见的是从水溶液中萃取极性大的组分，这些组分本身极性大，易溶于水，不易溶于有机溶剂。例如，从水溶液中萃取金属离子 Ni^{2+}，该离子在水溶液中以水合态$[Ni(H_2O)_6]^{2+}$存在，极性大，易溶于水，不易被有机溶剂萃取。向溶液中加入有机试剂丁二酮肟，该化合物使$[Ni(H_2O)_6]^{2+}$脱去 6 个水分子，并中和了$[Ni(H_2O)_6]^{2+}$的电荷，生成中性的疏水性丁二酮肟镍螯合物，可以用氯仿进行萃取分离。

有时，需要将有机相的物质再萃取到水相，这个过程称为反萃取。反萃取通常使用与原水相试液不同的酸、碱或其他试剂的水溶液，目的是使有机相中的被萃取目标物从疏水性结构再转变为亲水性结构。反萃取可以提高目标物的纯度，而且萃取和反萃取相互配合应用，可以有效提高分离的选择性和萃取效率。

1. 分配系数和分配定律

物质 A 在萃取过程中会在水相和有机相中进行分配，达到分配平衡时，A 在有机相和水相中的活度比(低浓度下，可以近似用浓度比表示)称为分配系数(partition coefficient，K_D)。在给定温度下，K_D是常数。

$$A(w) \rightleftharpoons A(o)$$

$$K_D = \frac{[A]_o}{[A]_w} \tag{4-1}$$

式中，$[A]_o$和$[A]_w$分别为溶质 A 在有机相和水相中的浓度。K_D越大，代表 A 越容易被萃取到有机相。

该表达式称为分配定律(distribution law)，即液液萃取的基本原理。适用于该定律的应用体系必须具有的条件包括：①低浓度溶液的萃取；②A在水相和有机相中存在形式相同，而且都是单一组分存在，不存在缔合、解离和配位等化学过程。

2. 分配比

实际的萃取过程中，往往面对的是一个复杂的体系，溶质 A 可能存在多种形式。为了更好地阐述萃取效率，将溶质 A 在两相中各形态浓度加和的比值定义为分配比(distribution ratio，D)：

$$D = \frac{c_o}{c_w} \tag{4-2}$$

式中，c_o和 c_w分别为溶质 A 在有机相和水相中的分析浓度。

显然，溶质 A 浓度较低，在两相中都是单一组分存在，而且存在的形式相同时，K_D就是 D，是与有机溶剂种类及温度有关的常数。而对于实际复杂体系，D 不是常数，往往与萃取条件有关，如浓度、酸度、副反应等。

3. 萃取率

萃取作为一种分离方法，萃取率(extraction efficiency)就是分离回收率，又称为萃取百分数，是指溶质被萃取后，在有机相中的量除以其总物质的量，以表示溶质被萃取到有机相中的完全程度，通常用E表示：

$$E=\frac{\text{被萃取物质在有机相中的量}}{\text{溶质的总量}}\times 100\%$$

$$E=\frac{c_oV_o}{c_oV_o+c_wV_w}\times 100\% \tag{4-3}$$

式中，V_o和V_w分别为有机相和水相的体积。

将该表达式的分子和分母同除以c_wV_o，可以得到

$$E=\frac{c_o/c_w}{c_o/c_w+V_w/V_o}\times 100\%=\frac{D}{D+V_w/V_o}\times 100\% \tag{4-4}$$

式中，V_w/V_o称为相比。可见，影响萃取率E的因素主要是分配比D和相比V_w/V_o。增加有机相体积，可以提高萃取率，但是成本高、毒性大、污染大，而且稀释严重。一般采用等体积萃取，即$V_w=V_o$。当相比为1时，则

$$E=\frac{D}{D+1}\times 100\% \tag{4-5}$$

显然，当等体积萃取时，只有D影响E的大小。可以计算出$D=1$时，$E=50\%$；$D>9$时，$E>90\%$；$D>100$时，$E>99\%$，即当要求萃取率大于90%时，则D值必须大于9。而当D值不高时，一次萃取不能满足分离和测定的要求，就需要多次萃取或连续萃取，以有效提高萃取率。

如果用V_o mL有机溶剂萃取V_w mL水相中质量为m_0 g的溶质A，一次萃取后，水相中残留A的质量为m_1 g，萃取进入有机相中的A的质量为(m_0-m_1)g，则分配比D为

$$D=\frac{c_o}{c_w}=\frac{(m_0-m_1)/V_o}{m_1/V_w}$$

$$m_1=m_0\frac{V_w}{DV_o+V_w}$$

萃取2次后，水相中剩余溶质A的质量为m_2 g：

$$m_2=m_0\left(\frac{V_w}{DV_o+V_w}\right)^2$$

萃取n次后，水相中剩余溶质A的质量为m_n g：

$$m_n=m_0\left(\frac{V_w}{DV_o+V_w}\right)^n \tag{4-6}$$

因此，多次萃取可以有效提高萃取率。一般情况下，2～3次萃取就可以实现定量分离和测定。过多增加萃取次数，反而会增加工作量，使萃取过程过于烦琐，影响分离分析的工作效率。

4.1.2　萃取体系和萃取条件

金属离子分离是液液萃取的重要应用内容之一。而金属离子介电常数高、极性强、水溶性好，要萃取无机离子进入有机溶剂，就需要加入辅助试剂，与金属离子形成难溶于水而易溶于有机溶剂的物质，即疏水性物质，才能达到有效萃取的目的，这种辅助试剂称为萃取剂。用于

萃取的有机溶剂称为萃取溶剂。当然，反萃取过程就需要将有机溶剂中的疏水性物质转变为亲水性物质，从而实现有效反萃取。这就是萃取和反萃取过程的本质。

1. 萃取体系

根据萃取方式的不同，金属离子或其他萃取组分的萃取分为以下几种体系。

1) 螯合萃取体系

螯合萃取是金属离子萃取的常用方式，是指以有机弱酸或弱碱类的螯合剂与金属离子发生配位反应，生成易溶于有机溶剂的中性螯合物，实现有效萃取分离。

螯合萃取中常用的螯合剂有 8-羟基喹啉、二硫腙、铜铁试剂(铜铁灵)、乙酰基丙酮、铜试剂和丁二酮肟等。例如，在 pH 为 9.0 的氨性缓冲溶液中，铜试剂与 Cu^{2+}生成疏水性的螯合物，以氯仿进行萃取，实现 Cu^{2+}与其他金属离子的有效萃取分离。同样在 pH 为 9.0 的氨性缓冲溶液中，丁二酮肟与 Ni^{2+}生成疏水性的中性螯合物，以有机溶剂氯仿萃取，实现 Ni^{2+}与其他金属离子的有效分离。

2) 离子缔合萃取体系

通过静电引力的作用，阳离子和阴离子相结合形成电中性、大体积的疏水性离子缔合物或离子对化合物，从而被有机溶剂萃取。离子缔合萃取体系主要有以下几种类型。

a. 金属配阴离子的离子缔合物

许多金属阳离子与 Cl^-、F^-等阴离子形成配阴离子，再与大体积的有机阳离子结合，形成离子缔合物，可以被氯仿、甲苯和苯等有机溶剂萃取。例如，在浓盐酸中Sb(Ⅴ)生成$[SbCl_6]^-$，然后与结晶紫阳离子结合，生成离子缔合物，可以用甲苯萃取，再用光度法测定微量 Sb 含量。

b. 鎓盐缔合物

醚类、醇类和酮类等含氧有机溶剂与 H^+或其他阳离子结合，形成溶剂鎓盐正离子，再与金属配阴离子结合，形成易溶于有机溶剂的鎓盐，从而被有机溶剂萃取。此时的有机溶剂既是萃取溶剂，又参与了缔合物的形成，也是萃取剂。例如，在盐酸溶液中，Fe^{3+}和 Cl^-配位生成配阴离子$[FeCl_6]^-$，作为有机溶剂的乙醚与 H^+结合而质子化，生成鎓盐阳离子$[(CH_3CH_2)_2OH]^+$，再与阴离子$[FeCl_6]^-$结合，形成易溶于乙醚的离子缔合物$[(CH_3CH_2)_2OH]^+ \cdot [FeCl_6]^-$，因此可以用乙醚萃取水溶液中的 Fe^{3+}，从而实现水溶液中 Fe^{3+}与其他金属离子的分离。

c. 溶剂化萃取体系

有些中性有机溶剂分子以其配位原子(如氧、氮等)与无机化合物中的金属离子键合，生成溶剂化合物，进而被该有机溶剂所萃取，称为溶剂化萃取体系。例如，在盐酸溶液中，用磷酸三丁酯(TBP)萃取 Fe^{3+}时，形成 O→Fe 配位键，萃取形式就是 $FeCl_3 \cdot 3TBP$。

3) 简单分子萃取体系

一些稳定的共价化合物不带电荷，如 I_2、Cl_2、Br_2、$GeCl_4$和 OsO_4等，在水溶液中以中性分子的形式存在，可以直接被四氯化碳、氯仿和苯等惰性有机溶剂有效萃取，称为简单分子萃取或共价化合物萃取。例如，水中难解离的无机化合物 $HgCl_2$ 可以被氯仿萃取。

2. 萃取条件

为了实现有效萃取，萃取条件的选择十分重要，主要包括以下几点。

1) 萃取剂的选择

萃取剂的作用主要是与金属离子形成疏水性的螯合物，该螯合物越稳定，萃取率就越高。

同时，螯合剂疏水基团越多，亲水基团越少，萃取效率就越高。

2) 溶液酸度的选择

对于螯合剂，酸度越高，螯合剂会存在酸效应而影响与金属离子的配位反应效率，故萃取体系的酸度不能太高。同时，碱性过高时，金属离子可能会水解，或发生其他干扰反应而影响萃取。因此，酸度的选择和控制是萃取过程的重要条件。

萃取过程适宜的酸度通常是通过制作酸度曲线进行优化选择。例如，用二苯硫腙-四氯化碳萃取水溶液中的 Zn^{2+}时，通过改变溶液的酸度制作酸度曲线，最后确定适宜的萃取酸度为 pH 6.5～10.0。酸度过高时，螯合反应不发生或反应不完全；酸度过低时，反应生成ZnO_2^{2-}，这些都会影响萃取效率。

3) 萃取溶剂的选择

萃取溶剂的选择原则是金属螯合物溶解度很大，而干扰组分溶解度较小。一般是根据“相似相溶”原则，选择与配位化合物结构类似的有机溶剂，即极性物质易溶于极性溶剂，弱极性物质易溶于弱极性溶剂，而碱性化合物易溶于酸性溶剂，酸性化合物易溶于碱性溶剂。例如，对于含有烷基的配位化合物，可选择卤代烷烃类萃取溶剂氯仿、二氯甲烷和四氯化碳等进行萃取。

另外的要求是萃取溶剂与水溶液的密度相差大且易于分层，有机萃取溶剂的黏度小、毒性低、不易挥发、不易燃等。

4) 干扰离子的消除

萃取本身就是分离的过程，如果溶液中成分比较复杂，分离的选择性不好，或者有多种金属离子都会发生螯合反应，就要从各个方面想办法消除干扰。

首先是控制溶液的酸度以提高选择性。例如，在 Hg^{2+}、Bi^{3+}、Pb^{2+}和 Cd^{2+}的混合溶液中，用二苯硫腙-四氯化碳萃取 Hg^{2+}时，选择溶液酸度为 pH=1，Bi^{3+}、Pb^{2+}和 Cd^{2+}不被萃取。

其次是采用掩蔽剂消除干扰。加入掩蔽剂的目的是让干扰离子和掩蔽剂生成水溶性化合物，避免干扰组分发生螯合反应，以提高萃取选择性。例如，用二苯硫腙-四氯化碳萃取 Ag^+时，调节溶液的酸度为 pH=2，加入 EDTA 可以掩蔽许多金属离子，除 Hg^{2+}、Au^{3+}外，许多金属离子均不会被萃取。

此外，温度、离子强度和振摇时间等萃取条件也需要优化，以获得最佳的萃取效率。

4.1.3　萃取方式

实验室的萃取分离方式主要有单级萃取、多级萃取和连续萃取三种方式。

1. 单级萃取

单级萃取是指将水溶液与有机溶剂充分混合，直到被萃取组分在水相和有机相之间的分配基本达到平衡，实现萃取分离，这是最基础的液液萃取方式，又称为间歇萃取。一般使用 60～125 mL 的梨形漏斗进行单级萃取，不常用的还有圆球形和圆筒形分液漏斗等，如图 4-1 所示。通常漏斗越长，振摇后两相分层时间越久。因此，两相溶液密度相差不大时，宜选用圆球形分液漏斗；而溶液量很少时，可以选用小体积的细长圆筒形分液漏斗。在萃取操作过程中，要注意有机溶剂的使用安全。同时，要注意液体总体积不要超过分液漏斗容量的 3/4。

单级萃取速度快，一般数分钟即可完成，但往往萃取率不理想。

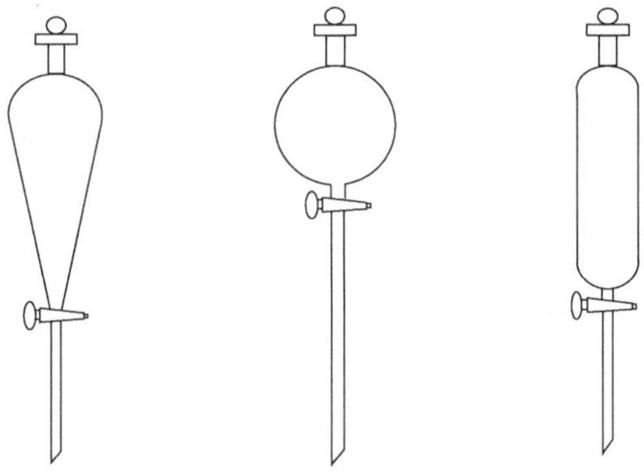

图 4-1　分液漏斗

2. 多级萃取

多级萃取是指水相及各级萃取后的水相多次与新的有机相混合萃取(错流萃取)，或者水相与有机相逆向流动萃取(逆流萃取，常用的工业萃取方法)。前者萃取率高，但有机溶剂用量大，能耗大；后者可以用较少的有机溶剂获得较高的萃取率。

3. 连续萃取

连续萃取是指使用连续萃取器萃取，即利用水相和有机相的相对密度不同，相对密度小的液体为流动相，连续穿过相对密度大的液体固定相，进行连续循环萃取。该方法通过多萃取单元组合实现对目标组分的连续、高效萃取，适用于分配比不大的溶质分离。

工业萃取和实验室萃取的方法原理一致，但操作过程复杂得多。工业萃取是工业生产过程的一部分，其萃取过程主要有错流萃取、逆流萃取和分流萃取等。

扫一扫　视频 4.1　液液萃取

4.2　液相微萃取

传统的液液萃取法具有操作简便、回收率高和选择性好等优点，在环境、食品、生物、药物、材料和地矿等领域应用广泛，已经成为各类标准中很多实际样品的前处理方法。但是液液萃取大量使用有机溶剂，会造成严重的毒性和环境污染，由此限制了液液萃取法的应用和发展。

20 世纪 90 年代中期，达斯古普塔(Dasgupta)和坎特韦尔(Cantwell)提出了一种环境友好的新型样品前处理技术——溶剂微萃取，也称为液相微萃取(liquid phase microextraction, LPME)。LPME 是在 LLE 的基础上产生的，其基本原理是采用微升级的萃取溶剂对样品溶液中的目标物进行萃取，达到萃取分配平衡后，实现微萃取。该方法克服了 LLE 的缺点，具有消耗溶剂少(微升级)、富集倍数大、萃取效率高、操作简便及易于实现自动化的优点，特别是集采样、分离、纯化、萃取、浓缩和进样于一体，适用于环境、食品、生物等实际复杂样品中痕量、超痕量污染物的分离分析。

LPME 的萃取模式主要有以下几种。

1. 单滴液相微萃取

将微升级的萃取溶剂悬挂在微量注射器针头或聚四氟乙烯棒端，对样品溶液进行直接萃取，称为单滴液相微萃取(single drop microextraction，SDME)，或称为微液液相微萃取(micro drop-liquid phase microextraction，MD-LPME)。萃取过程可以是顶空方式或浸入方式，如图 4-2 所示。

这种悬滴式的液相微萃取大大减少了有机溶剂的使用量，富集倍数高，其微量注射器可以直接作为气相色谱的进样针，快速进行气相色谱的定性定量分析，实现了取样、分离和进样一体化的目标，使样品前处理过程与分析一步完成。但是该微萃取方法也有不足，如悬挂着的有机溶剂不稳定而易脱落、易挥发或在水溶液中微溶而损失，重现性也不理想。

2. 中空纤维液相微萃取

中空纤维液相微萃取(hollow fiber-based liquid phase microextraction，HF-LPME)是以中空纤维为载体的液相微萃取模式，如图 4-3 所示。该方法主要解决单滴液相微萃取中有机溶剂的液滴易脱落或挥发、溶解损失的问题，既保留了液液微萃取的优点，又提高了分离方法的稳定性和重现性。

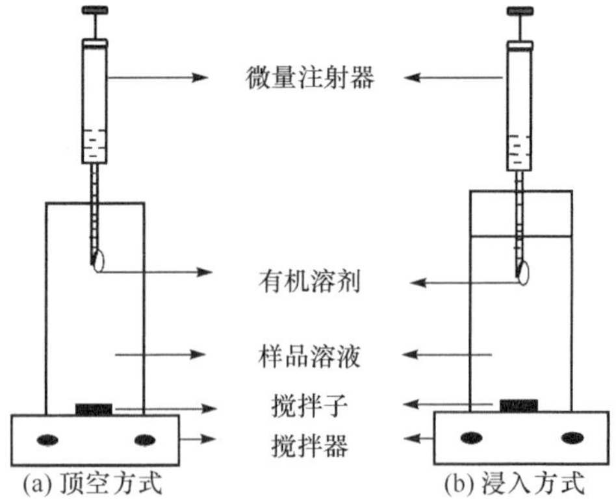

图 4-2　单滴液相微萃取

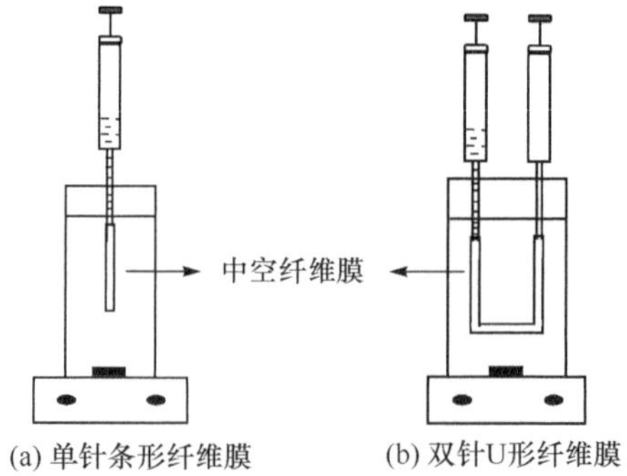

图 4-3　中空纤维液相微萃取装置

中空纤维膜载体可以避免有机溶剂的微液滴被样品污染，而且 0.2 μm 的中空纤维微孔能过滤除去大部分细菌及一些生物大分子物质，起净化样品溶液的作用。用 HF-LPME 处理生物样品如乳汁、血液时，样品不需要稀释或过滤就能直接进行微萃取，减少了多步操作可能带来的误差。直接用 HF-LPME 作为样品前处理的方法，兼具过滤、分离、富集的功能，能够与气相色谱等分析方法直接联用。

HF-LPME 可以是两相萃取模式，也可以是三相萃取模式。其中，两相萃取就是只有样品水相和有机萃取溶剂相，有机溶剂在中空纤维膜的内空腔，被萃取物通过中空纤维膜壁上的多孔从水相进入有机溶剂相，实现萃取分离；三相萃取是先将中空纤维膜浸入有机溶剂中，使纤维膜壁上的多孔中充满有机溶剂，其内空腔是控制一定条件的新水相，该中空纤维膜浸入待分离的水溶液中时，就构成了三相萃取模式，相当于同时实现萃取和反萃取的过程，提高了分离效率。

HF-LPME 实验有直接液相微萃取(direct-LPME)、液相微萃取/后萃取(LPME/BE)等不同的装置，分别相当于上述的两相萃取和三相萃取操作。

另外，HF-LPME 有静态和动态两种操作方法。其中，静态方法就是两相萃取或三相萃取模式中，水相和有机溶剂相对静止(可以用搅拌器搅动样品溶液)萃取。一般来说，这种静态萃取耗时长。动态萃取就是反复抽动中空纤维膜内空腔中的溶液(两相萃取中的有机溶剂，三相萃取中的新水相)，提高萃取速率。

HF-LPME 的影响因素很多，可以通过实验条件的优化确定最佳的萃取条件，主要包括以下几点。

1) 有机接收相

HF-LPME 可以使用单一有机相，也可以使用混合有机相。

对有机相的要求是：①在水中的溶解度小，以减少水中溶解损失；②挥发性小，以保证在萃取过程中不会挥发而损失；③待萃取物在样品水溶液与有机溶剂相之间的分配系数较高，以提高萃取回收率；④与气相色谱联用时，有机相具有较好的色谱行为；⑤有机相溶液的极性应与中空纤维膜材料相近，使之能很好地被固定在纤维的微孔中。

常用有机相是正已烷、辛醇，也可使用特殊的有机相，如以多羟基化合物为有机溶剂，萃取有机氯农药。

离子液体几乎没有蒸气压，不易挥发，与有机溶剂相比能够减少环境污染，而且有较大的稳定温度范围(−100～200℃)，化学稳定性好，通过阴、阳离子的设计可调节其对无机物、水、有机物及聚合物的溶解性，其酸度甚至可调到超酸性，种类很多，是一种理想的绿色萃取溶剂，它代替有机溶液固定在中空纤维上，可以建立新的萃取体系，有效提高萃取效率。

2) 溶液酸度

溶液酸度影响溶质的存在形式，直接影响萃取效率。在萃取过程中，为了提高被萃取物在各相间的分配系数，通常需要调节样品溶液的 pH。溶液的 pH 对于三相 HF-LPME 更为重要，合适的酸度可以保证待萃取物高效进入有机相，之后再高效进入新水相，而且在进入接收相(新水相)前后不会由于反萃取作用而重新回到有机相或样品溶液中。

3) 搅拌速度

为使待分离化合物更容易通过两相界面，以缩短萃取时间，提高重现性，通常在萃取操作过程中，需要选择合适的速度搅拌样品溶液。搅拌速度太慢，起不到搅拌的效果；速度太快，又可能造成有机溶剂的损失。

4) 萃取时间

萃取时间主要由平衡过程所决定，当待萃取物在各相之间的分配达到平衡以后，理论上增加萃取时间对萃取的影响并不是很大，但会影响萃取速率。

5) 样品盐度

提高样品溶液的盐度，盐析效应会降低某些组分在水相中的溶解度，从而提高分配系数。因此，可根据待萃取物性质，适当提高溶液盐度。但不是所有的物质都存在盐析效应，需要根据实验结果进行样品溶液盐度的选择。

6) 萃取温度

萃取过程涉及动力学和热力学参数的变化，因此温度直接影响萃取效率，需要优化选择。温度过高，可能会造成有机溶剂的损失；温度过低，不利于传质。

单滴液相微萃取和中空纤维液相微萃取广泛应用于生物、环境和食品样品的分离富集，后者比前者的应用更为广泛，特别适合于生物样品(血液、尿样、唾液、乳汁等)中有机组分、日用品毒素和环境中有机污染物的分离分析，如除草剂、多环芳烃、有机氯农药、硝基苯酚等。图 4-4 是中空纤维液相微萃取-高效液相色谱法测定纺织品中 10 种含氯苯酚类化合物的 HPLC 图。以正己烷为萃取溶剂，NaOH 溶液为接收相，6 种三氯苯酚(TrCP)、3 种四氯苯酚(TeCP)和五氯苯酚(PCP)中空纤维液相微萃取的富集倍数达到 95～101。该方法对纺织品中 10 种含氯苯酚的检测限为 0.01 mg · kg^{-1}，回收率为 78.8%～105.1%。显然，中空纤维液相微萃取前处理过程有效提高了纺织品中含氯苯酚毒素 HPLC 检测的灵敏度。

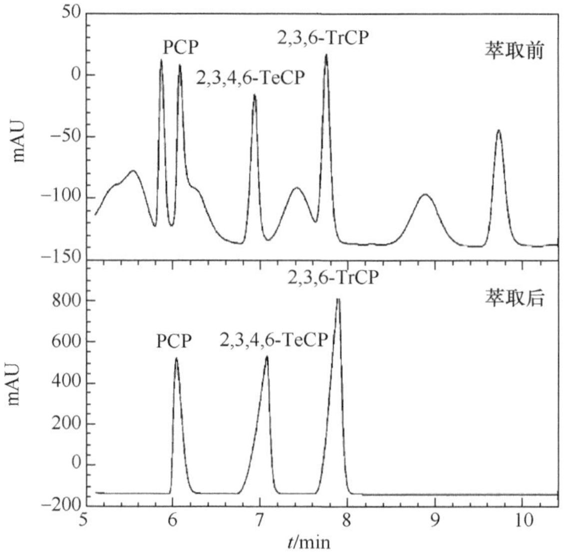

图 4-4　纺织品提取液中空纤维液相微萃取前后的色谱图(高永刚等，2016)

3. 分散液液微萃取

分散液液微萃取(dispersive liquid liquid microextraction，DLLME)是 2006 年瑞扎伊(Rezaee)等提出的由样品溶液、与水互不相溶的萃取溶剂和与水相及萃取溶剂混溶的分散剂组成的三重溶液萃取新方法。

图 4-5 展示了 DLLME 分离过程。对于一定条件下的样品溶液[图 4-5(a)]，使用注射器将萃取溶剂与分散剂的混合物快速注入样品溶液中[图 4-5(b)]，使萃取溶剂以非常小的液滴形式完全分散到样品水溶液中，形成由萃取溶剂、分散剂和样品溶液组成的雾状乳浊液萃取体系[图 4-5(c)]。因为萃取溶剂小液滴与样品溶液之间存在极大的接触面积，所以疏水性目标物能够迅速在两相之间达到萃取平衡，实现快速分离富集。萃取平衡后，离心分离，萃取溶剂聚集沉降至离心管底部而分层[图 4-5(d)]，用微量注射器收集移取底部有机相[图 4-5(e)]，可直接进行色谱分析。

影响 DLLME 效果的因素主要有萃取溶剂和分散剂的种类及体积、溶液酸度和盐度、溶液体积和萃取时间等，需要通过实验条件的优化进行选择，以达到最佳的萃取效率。

DLLME 操作简单、分析成本低，最大的优点是富集倍数高、萃取快速，克服了 LLE 毒性大和污染严重、SDME 中悬挂液滴脱落损失和 HF-LPME 中气泡影响的重现性等问题，在食品

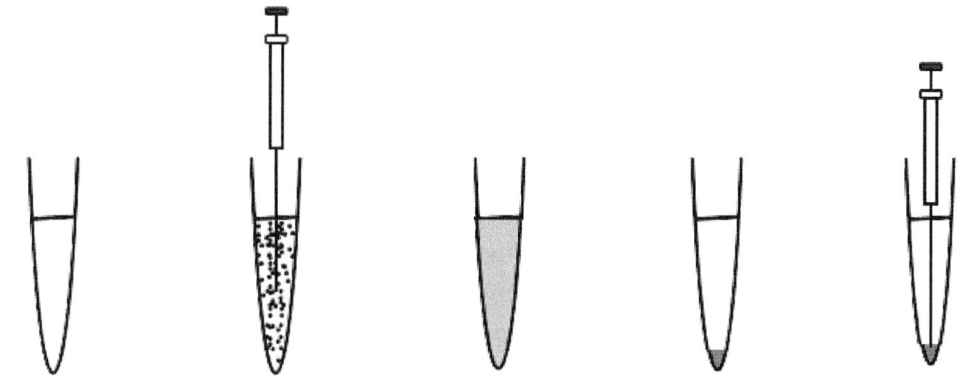

(a) 样品溶液　(b) 注射　(c) 雾状乳浊液　(d) 离心分层　(e) 移取

图 4-5　分散液液微萃取

农残、环境污染物分离检测等领域得到广泛应用。例如，以分散液液微萃取-气相色谱法对水样中苯、甲苯、乙苯、对二甲苯、间二甲苯、邻二甲苯和苯乙烯等 7 种苯系污染物残留同时进行分离分析，见图 4-6。该方法是以二硫化碳为萃取溶剂，甲醇为分散剂($V_{二硫化碳}$: $V_{甲醇}$ = 1 : 4)，对 7 种苯系物的萃取富集倍数为 100 左右，检测限为 0.5～0.6 μg · L^{-1}，回收率为 87.0%～101%。

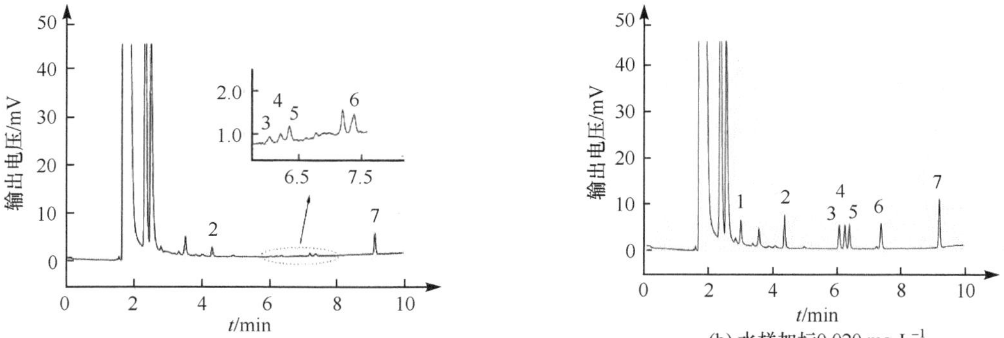

(a) 实际水样　(b) 水样加标0.020 mg·L^{-1}

图 4-6　实际水样(a)和加标水样(b)的分散液液微萃取-气相色谱图(杜小弟等，2017)
1. 苯；2. 甲苯；3. 乙苯；4. 对二甲苯；5. 间二甲苯；6. 邻二甲苯；7. 苯乙烯

扫一扫　视频 4.2　液相微萃取

4.3　固 相 萃 取

为了彻底解决 LLE 方法中使用毒性有机溶剂、萃取过程中的乳化现象和萃取效率不高、操作烦琐等问题，1977 年美国沃特世(Waters)公司结合液固萃取和柱色谱技术建立了固相萃取(solid phase extraction，SPE)方法。SPE 主要是基于液固相色谱理论，采用选择性吸附、选择性洗脱的方式对样品进行分离、富集和净化，相当于一个色谱分离过程。

1. 固相萃取的分类

固相萃取小柱由柱管、筛板和填料组成，有圆柱状(图 4-7)，也有漏斗状，后者主要是盛装更大体积的样品溶液，可以根据需要选用不同形状的萃取小柱。按照小柱上空体积，固相萃取小柱的规格有 1 mL、3 mL、6 mL、10 mL、15 mL、20 mL、30 mL 和 60 mL 等。按照填料用量，固相萃取小柱的规格有 30 mg、60 mg、100 mg、150 mg、200 mg、500 mg 和 1000 mg 等。

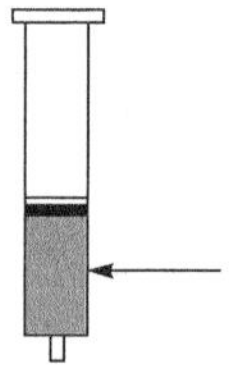

图 4-7　固相萃取小柱

固相萃取小柱的吸附剂种类多，可以根据实际样品组成和萃取目的进行选择。与液相色谱分类一样，根据吸附机理的不同，固相萃取小柱主要分为以下几类。

1) 正相 SPE

正相 SPE 是指极性固定相(二醇基、丙氨基、氰丙基硅胶)小柱萃取，可以从非极性溶剂样品中萃取有机酸、碳水化合物等极性物质。被萃取物的保留机理是氢键、π-π 键和偶极间相互作用等极性基团的作用。

2) 反相 SPE

反相 SPE 是指非极性或弱极性固定相(烷基键合硅胶，如 C_{18}、C_8、C_4 等)小柱萃取，主要萃取非极性至中等极性化合物，是目前应用最广的 SPE 方法，其保留机理是范德华力和疏水作用。

3) 离子交换 SPE

离子交换 SPE 是指离子交换剂固定相(季铵基、磺酸基、碳酸基等)小柱萃取，主要萃取有机和无机离子型化合物，其保留机理是静电作用。

4) 吸附 SPE

吸附 SPE 是指吸附剂固定相(氧化铝、硅胶、石墨碳、大孔吸附树脂等)小柱萃取，主要萃取极性化合物，也可以萃取非极性化合物，其保留机理就是固液表面的物理或化学吸附作用。

5) 混合型 SPE

混合型 SPE 是指以不同吸附剂混合填充的 SPE 小柱萃取，具有更好的稳定性和适用性，如混合型阴离子交换小柱萃取酸性化合物；硅胶基质表面同时键合苯磺酸和 C_8，具有强阳离子交换和疏水的双重性质，可同时用于分离弱碱性和疏水性化合物。

除上述 5 种主要萃取方式外，还有聚合物、免疫亲和及分子印迹等其他固定相分离模式，不仅可以弥补键合硅胶的环境使用限制，而且提高了生物样品分离的吸附选择性，分离效果好。

2. 固相萃取的操作

固相萃取步骤因为吸附剂对组分的保留机理不同(保留目标组分或杂质组分)而不同。

(1) 吸附剂保留目标物时，SPE 包括四个步骤。

先活化除去萃取小柱中的杂质并用合适的溶剂润湿吸附剂，然后将以对目标物作用较弱的溶剂溶解的样品上样至小柱中进行萃取，防止萃取过程的洗脱，将萃取物冲出。再用一定的溶液清洗除去杂质，最后用小体积的较强作用洗脱剂尽量完全洗脱小柱上的目标物并收集备用。这是最常用的 SPE 操作过程。

(2) 吸附剂保留杂质时，SPE 包括三个步骤。

先活化除去萃取小柱中的杂质并用合适的溶剂润湿吸附剂。然后将以对目标物作用较强的溶剂溶解的样品上样至小柱中进行萃取，此时大部分目标物不被保留，杂质被吸附剂吸附保留在小柱中，收集流出液。再用小体积的强作用洗脱剂将保留在小柱上的部分目标物洗脱，合并收集液备用。这种操作过程主要用于食品或农残分析中去除色素。

固相萃取可以使用固相萃取仪自动完成，见图 4-8。该仪器由萃取小柱、真空萃取箱和蠕动泵构成，通常可以进行 12 或 24 个样品的同时萃取。在固相萃取仪的使用过程中需要注意以下几点：①仪器放置平稳；②控制真空压力低于 0.1 MPa，以控制萃取流速不会太快；③如果 12 位或 24 位不是同时使用，可以关闭不使用的流量阀开关，以保证系统内的真空度。

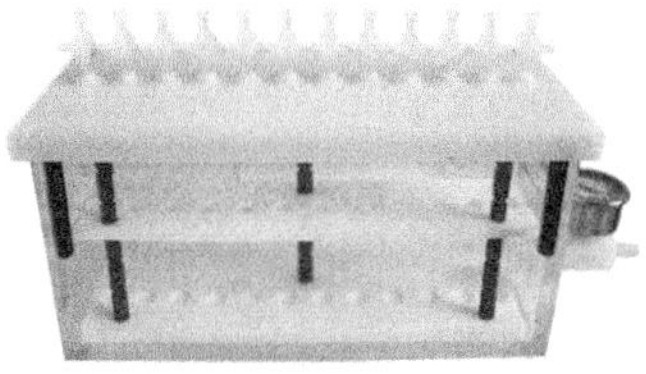

图 4-8　固相萃取仪

为了在自动化 SPE 中得到准确的分离结果，可适当提高 SPE 的重现性，一般方法为：①使用内标法，加入适当的内标作参比；②加入样品量适当，不超出穿透量和穿透体积；③选择合适的洗涤液和洗脱液，确保分析物在操作中不流失。

3. 固相萃取法的特点

SPE 的特点有很多，如使用有机溶剂少，安全且环保，分离富集效率和回收率高，吸附剂种类多使得分离选择性高，操作简单，省时省力，易于自动化等。SPE 是液固分离过程，克服了乳化现象，可以处理小体积或大体积样品，也可同时处理大批量样品。

4. 固相萃取法的应用

SPE 已经逐步取代 LLE 成为可靠而有效的样品前处理和富集方法，广泛用于许多国家标准及行业标准中，在各领域有广泛的应用。例如，C_{18} SPE 小柱可分离神经脘孵化物中的苄基腺嘌呤同系物，分离血液和尿样中的吗啡、可待因、海洛因等，分离水体中 18 种氨基酸，以及饮料中苹果酸、草酸、酒石酸等有机酸的分离富集；NH_2 基硅胶 SPE 柱应用于分离富集果蔬中的有机磷农药污染物残留；阳离子交换 SPE 小柱应用于萃取抗生素和氨基酸等；中性氧化铝 SPE 小柱应用于苏丹红、维生素和激素的样品前处理等。

扫一扫　视频 4.3　固相萃取

4.4　分散固相萃取

分散固相萃取(dispersive solid phase extraction，DSPE)是指将吸附剂以一定的方式分散在样品中，实现分离提取的方法。一般的分散固相萃取是指将固体吸附剂颗粒直接分散在样品溶液中进行提取。还有一种是将固体吸附剂和样品进行研磨成半干状混合物，然后进行装柱，再用适当的溶剂淋洗，称为基质分散固相萃取。

1. 分散固相萃取的原理

将固体吸附剂颗粒均匀分散在样品溶液中，完成固体吸附剂对溶液中目标物的萃取后，再离心分离，弃去上清液后，用合适的溶剂洗脱固体吸附剂表面吸附的样品组分，这种分离方法就是分散固相萃取法。

分散固相萃取的分离原理是分散剂和样品溶液处在分散状态下，有效地扩大了吸附剂颗粒和样品组分的接触面积，提高了吸附效率，而吸附分离后的离心操作加速了提取的速度。这种分离机制与固相萃取一样，也有正相、反相和离子交换等多种模式，此处不再赘述。

2. 分散固相萃取的特点

(1) 设备简单，操作方便，分离快速，使用有机溶剂少。
(2) 用内标法校正后，准确度和精密度高。
(3) 回收率高。

3. 分散固相萃取的应用

分散固相萃取主要应用于果蔬活性成分、环境样品和生物样品中的农残药物分离检测等，典型应用为 2002 年提出的 QuEChERS 法①，用于萃取除杂后的果蔬农残分析，为了减少杂质降解、提高萃取效率，后来加入了缓冲盐，常用吸附剂 *N*-丙基乙二胺(PSA)作固定相，其他固定相还包括 C_{18}、弗罗里硅土、中性氧化铝等。

随着材料科学的发展，越来越多的新型材料用于样品前处理中的吸附剂，也加速了分散固相萃取方法的发展，还拓展了该方法的应用对象。除了商品化的键合硅胶、硅藻土等分散剂，金属有机骨架、金属簇、碳纳米管等新型材料也都用于分散固相萃取，并应用于血浆中的 α-细辛醚等药物、果蔬中的甲基嘧啶磷等农残、环境水样中痕量全氟物等微污染物的提取分离等。

4. 基质分散固相萃取

基质分散固相萃取(matrix dispersive solid phase extraction)是指将固相吸附剂和样品一起研磨成半干状的混合物，然后将该混合物填装在小柱中，用不同的洗脱剂洗脱出各种组分，实现样品的萃取分离。该方法是 1989 年美国人巴克(Barker)首次提出并进行理论研究的快速样品分离方法。近年来该方法发展迅速，并在农残分离提取中应用广泛。

1) 基质分散固相萃取的原理

基质分散固相萃取的固定相与 DSPE 基本一致，是利用不同的固体吸附剂与固体或液体样品一起研磨，固体吸附剂作为分散剂充分破坏样品结构或生物组织，使得样品基质高度均匀地分散在固相吸附剂颗粒表面，极大地增加了吸附剂和样品目标组分的接触面积，从而快速充分溶解分离。将制作成的半固体进行装柱，最后类似于固相萃取的步骤，用不同的洗脱溶剂洗脱，得到不同的目标组分，此时吸附剂对样品组分具有吸附、离子对或氢键等保留作用。在研磨的过程中，利用了固体颗粒吸附剂的机械剪切力和 C_{18} 等材料的去杂作用，一步完成样品匀浆和提取过程。同时，固体吸附剂的颗粒能够破坏脂质细胞膜，使细胞内的成分充分释放出来并在吸附剂中重新分布而实现提取。

吸附剂对样品组分的保留机理和固相萃取类似，有弗罗里硅土和矾土等极性较大的正相吸附剂，用于分离提取环境污染物和中药活性成分；也有 C_{18}、C_8 修饰的硅胶或硅藻土等

① QuEChERS 法是美国农业部 Anastassiades M 等开发的预处理方法。该方法的命名是以下方法特点的英文首字母组合：快速(quick)、简单(easy)、低廉(cheap)、有效(effective)、稳定(rugged)和安全(safe)。

弱极性反相吸附剂，用于环境微污染物分离；还有石英砂和硅藻土等中性吸附剂或惰性吸附剂等。

2) 基质分散固相萃取的影响因素

基质分散效果直接影响其提取分离效率。一般是将样品和固体吸附剂按 1∶4(质量比)手工研磨几十秒或几分钟，而某些生物样品有时需要研磨 1 h 左右，以获得良好的分散度。除此之外，分散剂固体材料的结构直接影响萃取选择性和萃取效率。除了常用的分散剂，碳纳米管、骨架材料及分子印迹材料等新型固体吸附剂也有应用。另外，为了保证吸附容量和分离效率，吸附剂颗粒的粒径不能太大，而为了避免装柱后压力过大，吸附剂的颗粒也不能太小，通常为 50～100 μm，还可以在装柱前先填装一部分净化共存杂质的固相填料。

3) 基质分散固相萃取的特点

基质分散固相萃取一步完成样品的匀化、提取和净化过程，对于生物样品，也可以同时完成细胞的裂解和胞内组分的释放和分布，完全避免了传统样品前处理过程中的多步操作和样品的损失。对于固体和半固体样品，该萃取方法的用样量少，使用溶剂少，而且条件温和。

4) 基质分散固相萃取的应用

基质分散固相萃取和色谱方法联用主要应用于农药残留、环境污染物分离分析，如牛奶和肉类中杀菌剂、瘦肉精和抗生素的分离分析；环境样品中农药、多环芳烃等微污染物的分离分析；中药类黄酮、黄曲霉毒素的样品前处理等。

扫一扫　视频 4.4　分散固相萃取

4.5　磁固相萃取

磁固相萃取(magnetic-solid phase extraction，MSPE)是以磁性或可磁化的微粒作为吸附剂的一种分散固相萃取技术，简称磁萃取。20 世纪初，利用外加磁场进行磁性和非磁性组分的分离富集或除杂的磁分离技术已经出现，但是直至 21 世纪初，磁分离技术才被广泛应用于样品的前处理中，由此出现了磁固相萃取方法。

1. 磁固相萃取的原理

MSPE 是一种基于液固相色谱理论的分散固相萃取方法，其主要的步骤是在磁芯(通常以纳米 Fe_3O_4 为磁芯)表面通过共价偶联或化学吸附等方法，灵活地修饰各类基团(如羟基、羧基、氨基、醛基、酰胺基等)或先进材料(金属氧化物、量子点、交联聚合物、免疫磁珠等)，形成无机/有机功能层或复合材料，以防止 Fe_3O_4 氧化团聚，同时键合不同的活性吸附位点，提高吸附选择性和吸附容量。将该磁性微粒加入样品溶液或悬浮液中进行分散操作，分析物被吸附到磁微粒表面后，外加磁场使分析物随磁微粒和样品溶液的快速分离而被萃取，选用合适的洗脱剂洗脱磁微粒表面吸附的分析物，实现目标物和样品基质的有效分离。

2. 磁固相萃取的特点

与普通固相萃取(SPE)方法相比，磁固相萃取无须填柱，可避免柱堵塞和高压问题。另外，其吸附剂颗粒小，比表面积大，分散度高，可以在大体积的样品中应用很少量(毫克级)磁性吸附剂，吸附和分离都很快，萃取效果好。

与普通的分散固相萃取(DSPE)方法相比，磁固相萃取最大的优势就是分离快速，避免了高速离心分离步骤，操作方便。

总的来说，MSPE 的特点有以下几点：

(1) 操作简便，避免了高速离心分离，磁分离快速，易于实现自动化。

(2) 磁吸附剂和有机溶剂的用量很少。

(3) 适合于大体积样品分离，对痕量组分富集倍数高。

(4) 选择性高，抗干扰能力强。

3. 磁固相萃取的应用

伴随着合成化学和材料化学的发展，磁微粒吸附剂的结构不断改进，如碳材料、核壳及蛋黄壳结构材料、有机-无机骨架材料、超分子主体材料和分子印迹材料等与磁材料结合，有效拓展了 MSPE 方法在环境、食品、生物、医药和化工领域的应用，目前是分析化学热点研究领域，如纳米 Fe_3O_4 磁芯表面包覆分子印迹材料，应用于果蔬和谷物中农残、环境微污染物的分离富集和分析。在人工智能时代，磁性萃取材料更先进，如在藻类细胞表面装饰 Fe_3O_4 纳米颗粒，可通过磁驱动进行精确运动和无线操控，从水体中移除微塑料和纳米塑料的效率分别在 70%和 90%左右，且在 5 次循环后仍能使用；纳米 Fe_3O_4 磁芯表面包覆环糊精，可应用于茶叶中农残的分离分析，基于亲水、亲和、硼酸化学、酰肼化学等作用的磁萃取也多应用于生物样品中糖蛋白/肽段的分离富集等。

扫一扫　视频 4.5　磁固相萃取

4.6　固相微萃取

固相微萃取(solid phase micro-extraction，SPME)是采用涂有吸附剂的熔融石英纤维或填充有吸附剂的细微管吸附分离和富集样品中待测组分的新型固相萃取方法。在固相萃取的基础上，1989 年加拿大化学家波利西恩(Pawliszyn)与其合作者阿瑟(Arthur)建立了固相微萃取方法。1993 年，美国默克(Supelco)公司推出了商品化的 SPME 仪器。随后，SPME 广泛应用于生物、环境和日化品等样品的分离富集。

1. 固相微萃取的原理

固相微萃取和固相萃取的原理不同，SPME 不能将待测组分从样品中全部萃取出来，而是建立在待测组分在吸附剂与溶液样品或气体样品之间达到液-固或气-固吸附分配平衡的基础上而进行分离。当然，也有非平衡理论阐述 SPME 过程，即认为在一定的萃取时间内，由于慢传质过程，没有完全达到平衡状态，只是在严格控制的萃取条件下，能够获得稳定且可靠的待测组分响应值与浓度之间的线性关系就可以实现定量分离分析。

2. 固相微萃取的仪器

商品化的 SPME 装置比较复杂，如美国 Supelco 公司的 SPME 装置如图 4-9 所示。该装置主要由两部分构成，即手柄和萃取头或纤维头。涂有不同吸附剂的熔融纤维连接在不锈钢丝上，用不锈钢管外套保护以防止石英纤维折断，通过操作手柄可以让纤维头在钢管内自由伸缩。萃取样品时，用不锈钢管刺穿样品瓶的橡胶或塑料垫片，待萃取完成后，再收缩纤维头进入不锈钢管内，用于后续的分析。

实验室可以使用商品化的 SPME 装置,也可以使用各种自制装置，如萃取棒 SPME、毛细管管内 SPME 和移液枪枪头管内 SPME 等，如图 4-10 所示。

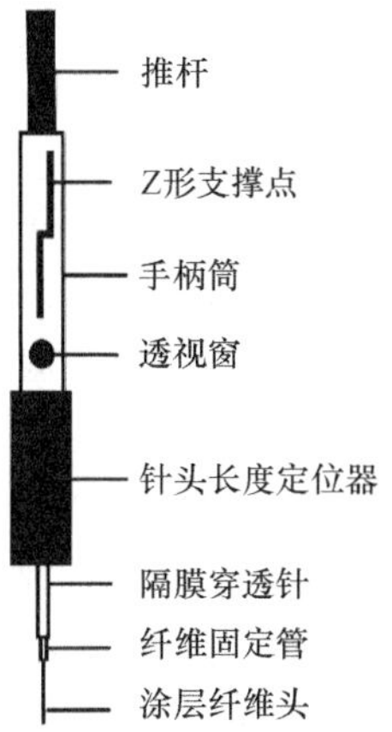

图 4-9　固相微萃取装置

(a) 萃取棒或毛细管管内SPME　　(b) 移液枪枪头管内SPME

图 4-10　各类自制 SPME 装置

还有一种搅拌棒吸附萃取(stir bar sorptive extraction，SBSE)，是由内封磁芯石英棒和萃取层两部分组成的吸附萃取搅拌棒作为萃取介质，即将萃取层套在内封磁芯石英棒外面，与磁力搅拌器搭配使用，使萃取层随着内封磁芯石英棒旋转，搅拌一段时间后，待分离组分被吸附在萃取涂层上且在样品溶液和吸附剂之间达到吸附分配平衡，取出搅拌棒，可以热脱附分析或以少量溶剂解吸进行分析。这种萃取方法往往比纤维头 SPME 吸附容量大，富集倍数高，可以用来分析痕量有机组分。

3. 固相微萃取的步骤

SPME 过程包括三个步骤：①将 SPME 不锈钢管插入样品瓶[图 4-11(a)]；②将纤维头插入样品溶液(直接萃取)或悬于样品溶液上方(顶空萃取)，直至达到萃取平衡或达到预定的萃取时间[图 4-11(b)]；③将萃取纤维头收缩于不锈钢管内，从样品瓶中取出[图 4-11(c)]，解吸或直接进行分析，如 GC 检测等。

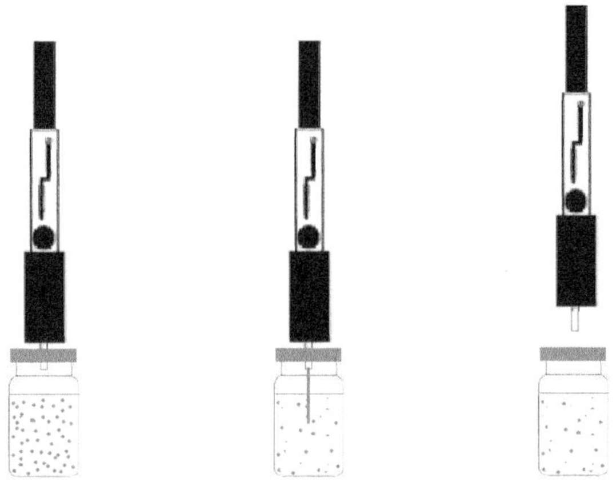
(a) 萃取前　　(b) 萃取　　(c) 萃取后

图 4-11　SPME 过程

4. 固相微萃取的方式

SPME 有三种萃取方式，即直接 SPME(direct SPME)、顶空 SPME(headspace SPME)和膜保护 SPME(membrane-protected SPME)。

1) 直接 SPME

直接 SPME 是指将涂有吸附剂的石英纤维头直接插入样品溶液中，待测组分从样品溶液中被吸附萃取。直接 SPME 过程中对样品溶液进行搅拌可以有效加速萃取平衡。

2) 顶空 SPME

顶空 SPME 是指将涂有吸附剂的石英纤维头悬空于样品溶液上端，待测组分首先从样品溶液中传质到样品瓶上空的气相中，然后从气相被吸附在纤维头的吸附剂中。常对样品溶液进行加热搅拌以加速待分离组分的传质速度，提高萃取效率。

顶空 SPME 中，萃取介质没有直接接触样品溶液，可以避免样品基质复杂成分的污染影响，如应用于环境土壤萃取分离时可以避免提取液中固体颗粒的影响；应用于生物样品分离时可以避免血样或尿样中生物大分子的影响。

3) 膜保护 SPME

膜保护 SPME 是指对十分复杂的脏样品进行萃取时，保护萃取吸附剂不受损伤的分离模式。相比于顶空 SPME，膜保护 SPME 更适合于难挥发性物质组分的分离富集，而且保护膜由特殊材料制成，在萃取过程中提高了一定的选择性。

5. 固相微萃取的影响因素

为了提高 SPME 的分离富集效率，需要全面考虑影响 SPME 的各种因素。

1) 萃取头的种类和膜厚

商品化的萃取头有多种，吸附剂通过键合型、非键合型、部分交联和高度交联等方式包覆在石英纤维表面。显然，在有机溶剂中吸附剂涂层的稳定性顺序是：键合型＞部分交联＞非键合型。

吸附剂涂层的结构不同，即极性不同，对化合物吸附的选择性不同，通常是极性吸附剂用于萃取极性化合物，非极性吸附剂用于萃取非极性及弱极性化合物。

吸附剂涂层的厚度决定了其吸附量和萃取平衡时间。吸附剂涂层越厚，吸附容量越大，富集倍数越大，可以有效提高分析方法的灵敏度，但是萃取平衡时间较长。通常，挥发性的化合物可以选择厚涂层的纤维头进行萃取。大分子或半挥发性的化合物只能选择薄涂层的纤维头。

同时，需要综合考虑纤维头的材质和长度等。

2) 温度

温度对萃取的影响比较复杂。温度升高，提高了待测物的分子扩散速度，加快了萃取速度，但是减少了吸附剂对待分离物的吸附量。因此，需要通过实验对萃取温度进行优化选择，一般情况下，萃取过程在室温下进行。

升温不利于吸附而有利于解吸，因此解吸可以在加热升温的条件下进行，但解吸温度过高会影响萃取头的寿命，通常选择萃取头的老化温度作为解吸温度。

3) 萃取时间

萃取时间直接影响萃取量，需要考虑样品溶液组成、萃取头种类和膜厚、待分离组分的性质等。一般来说，对于分配系数大的待测组分，萃取时间短，反之，萃取时间需要延长。为了保证分离效率和重现性，需要通过实验选择最佳的萃取时间。

4) 溶液酸度和盐度

酸度会影响化合物的存在形式，盐度直接影响化合物的分配系数，从而影响萃取效率。要综合考虑样品组成和待测组分结构等，并结合实验优化结果，选择最佳的溶液酸度和盐度。

5) 搅拌方式和速度

搅拌方式有电磁搅拌、超声、匀浆和旋涡等，过于强烈的搅拌方式和速度可能会损坏吸附剂涂层，应在保证搅拌均匀性的情况下，以加快传质、缩短萃取时间为目的，选择合适的搅拌方式和速度。

6. 固相微萃取的特点

SPME 保留了 SPE 的优点，而且克服了 SPE 柱易堵塞的缺点，是一种完全非溶剂萃取方法。具体来说，SPME 的优点有：

(1) 简便快速、费用低廉、携带方便，适合于现场分析。

(2) 不需要有机溶剂，避免了对环境的二次污染。

(3) 样品量小。

(4) 重现性好、选择性和富集倍数高，适合于痕量和超痕量组分分离分析。

(5) 适合于分析挥发性与非挥发性物质。

(6) 集采样、萃取、浓缩、进样于一体，易与 GC 或 LC 联用。

当然，作为一种新的萃取技术，SPME 还存在一些不足：

(1) 吸附剂涂层种类有限，纤维头涂层易溶胀或脱落，影响寿命。

(2) 富集倍数、选择性和可靠性有待进一步提高。

(3) 应用还不够广泛。

7. 固相微萃取的应用

SPME 方法发展至今，已经在环境、食品、药物和临床医学等领域得到广泛的应用。未来的发展中，吸附剂涂层材料、涂渍技术、萃取方法和联用技术的研究将会取得更大的突破。

1) 环境分析中的应用

环境样品中污染物的分离分析是 SPME 最早的应用对象，SPME 主要用于环境土壤、水和空气等样品中微量或痕量组分的分离分析，如硝基化合物、酚类、有机磷和有机氯农药、除草剂、胺类、醇类、酯类、苯类、烷烃、石油烃、脂肪烃、芳香烃和羟基化合物，以及锡、砷、铅等有机金属及其他无机金属离子等。

2) 食品分析中的应用

SPME 方法在食品微量组分的分析中有广泛的应用，如果蔬中挥发性芳香族化合物、有机酸和食品中敌敌畏、有机磷农药的分离分析，食品中的香料和毒素分析等。

3) 药物分析中的应用

SPME 已经成为药物分析的重要样品前处理方法，如生物样品中生物碱、氰化物、抗组胺类、甾类、苯类和有机磷农药的萃取分离，在生理学和毒理学研究中发挥着重要作用。

4) 其他应用

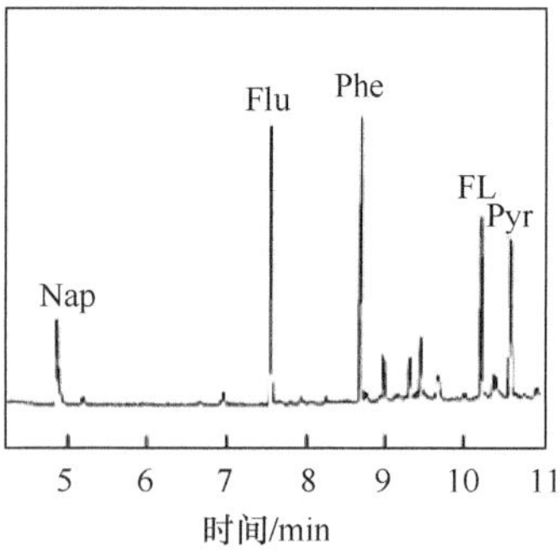

图 4-12　咖啡中加标 10 μg · L^{-1} 五种多环芳烃的固相微萃取-气相色谱图(张娜等，2017)

SPME 的应用还涉及日用化工、烟草、天然产物和法医分析等，如纺织品中的偶氮染料、洗发剂中的有机溶剂、香烟中的香料香精、工业产品中的表面活性剂、体液中药物和毒品的分离分析等。例如，以十八烷基离子液体杂化整体柱材料为固相微萃取吸附介质，建立了咖啡中的萘 (Nap)、芴(Flu)、菲(Phe)、荧蒽(FL)和芘(Pyr)五种常见多环芳烃污染物残留的固相微萃取-气相色谱分离分析方法。结果显示，该固相微萃取方法对几种多环芳烃具有良好的分离富集效果。该方法的检测限为 0.007～0.072 μg · L^{-1}，回收率为 85.79%～103.4%，相对标准偏差(RSD)小于 10%。图 4-12 是该方法检测空白咖啡样品中加标 10 μg · L^{-1} 多环芳烃的气相色谱图。

扫一扫　视频 4.6　固相微萃取

4.7　微波辅助萃取

微波辅助萃取(microwave assisted extraction，MAE)是指利用微波能加热提高溶剂萃取效率的新方法，又称为微波辅助溶剂萃取(microwave assisted solvent extraction，MASE)或微波萃取。该方法产生于 20 世纪 80 年代，匈牙利学者詹斯勒(Ganzler)等首次提出了 MAE 技术，最初用于从土壤、种子、食品和饲料中分离某些物质。90 年代初，加拿大环保部门和公司开发出微波萃取系统及萃取-有机反应一体的两用微波仪，并陆续获得多国的专利认可。至今，MAE 与其他样品前处理技术 SPME、SPE、LPME 的联用，以及与色谱和光谱等多种分析方法的在线联用备受关注。

1. 微波辅助萃取的原理

微波是指波长为 1 mm～1 m(频率范围为 300～300000 MHz)的电磁波。以微波加热时，被辐射物质吸收微波能量，通过偶极子高速旋转(每秒数十亿次)和离子传导两种方式内外同时加热。微波加热的特点是内加热，无温度梯度，受热体系温度均匀，加热速度特别快。而且，不同物质吸收微波能的程度不同，即样品基质不同区域或萃取体系中的某些组分吸收微波的程度不同。因此，利用微波加热加速溶剂对固体样品中目标物萃取的微波辅助萃取技术不仅具有速度快、萃取效率高等突出特点，而且萃取选择性高。

2. 微波辅助萃取的装置

MAE 装置和家用微波炉的原理及构造基本相同，但配备控温、控压、定时和功率选择等附件。依照萃取罐的类型不同，MAE 装置可以分为密闭式微波辅助萃取装置和开罐式微波辅助萃取装置两种。

密闭式微波辅助萃取装置的微波炉内有多个密闭萃取罐，聚四氟乙烯材料耐高温高压、封闭性好、不参与反应、不吸收微波，如图 4-13 所示。每个萃取罐都可以盛装一个样品，一次可以同时进行多个样品的萃取，可以同时控制萃取温度和压力，温度可以比溶剂沸点高很多，因此萃取效果好。但因为密闭式微波辅助萃取是高温高压操作，所以存在安全隐患。

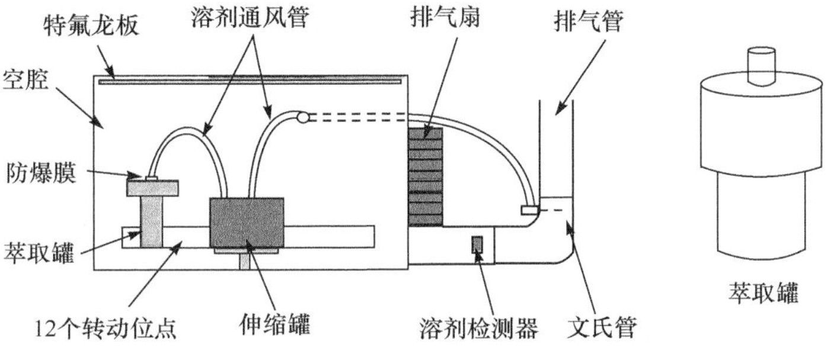

图 4-13　密闭式微波辅助萃取装置和萃取罐

开罐式微波辅助萃取装置与密闭式装置相似，不同点在于微波是通过波导管聚焦在萃取系统(样品)上，又称为聚焦式微波辅助萃取(focused microwave-assisted extraction，FMAE)装置。萃取罐与大气连通，只能进行温度控制，如图 4-14 所示。

与密闭式微波辅助萃取装置相比，聚焦式微波辅助萃取装置在常压下操作，尤其是使用有机溶剂时，操作更安全，制样量可以更大，萃取罐可以使用硼化玻璃、石英玻璃、聚四氟乙烯等多种材料，聚焦方式提高了微波能利用的有效性，比较节省能源。但是，FMAE 装置一次只能萃取一个样品，不能同时萃取多个样品。

除上述装置外，微波萃取还有一种萃取溶剂连续流动而样品随之流动或固定不动的萃取体系。

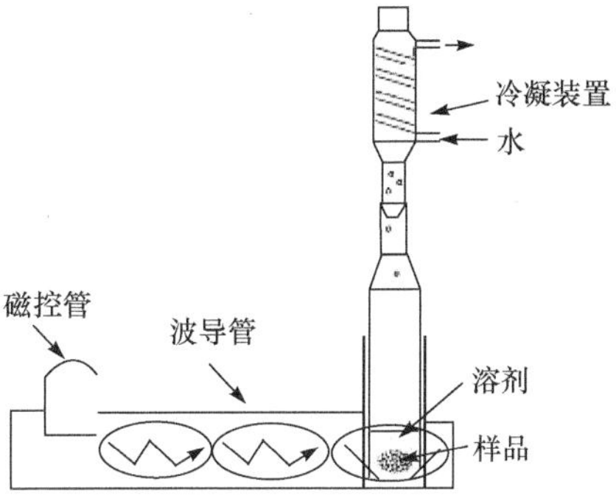

图 4-14　聚焦式微波辅助萃取装置

3. 微波辅助萃取的特点

与 LLE 相比，MAE 以微波强化萃取，具有穿透性强、加热选择性和均匀性好、热效率高等优点，因而适用于热敏性物质萃取，萃取效率高、萃取剂用量少、重现性好，易于控制、回收率纯度高。

4. 微波辅助萃取的应用

与加热回流、索式提取等传统提取方法相比，MAE 更加高效快速，节省溶剂，广泛应用于环境分析、食品分析、生物分析、日用品毒素分析和中药有效成分萃取等领域，可以有效萃取多环芳烃、多氯联苯、二噁英、除草剂、杀虫剂、酚类、有机金属化合物、添加剂，以及中药中生物碱、萜类、酸类、苷类、黄酮、多糖等。例如，以二氯甲烷/乙酸乙酯(1∶1，体积比)为提取溶剂，在 100℃温度下，用微波辅助萃取锂离子电池电解液中磷酸三丁酯(TBP)、三(1-氮杂环丙基)氧化膦(TEPA)、三(2-乙基己基)磷酸酯(TEHP)、二(4-丁基苯基二苯基)磷酸酯(BPDPP)、三(2-氯异丙基)磷酸酯(TCPP)、二(4-丁基苯基)磷酸酯(BBPPP)、三(邻甲苯基)磷酸酯(TOCP)、三丁氧基乙基磷酸酯(TBOEP)、甲酚二苯基磷酸酯(CDPP)、磷酸去三苯酯(TPP)、三(对甲苯基)磷酸酯(TPCP)、三(1, 3-二氯-2-丙基)磷酸酯(TDCPP)、三(2-氯乙基)磷酸酯(TCEP)共

13 种有机磷阻燃剂，提取溶液经 0.45 mm 滤膜过滤后用气相色谱-质谱联用法(GC-MS)进行定性分析，外标法定量，回收率为 80.13%～94.86%，定量限为 1～100 mg · kg^{-1}，回收率实验的相对标准偏差为 3.85%～1.65%。混合标准溶液的分离分析谱图如图 4-15 所示。该方法用于测定锂离子电池电解液中有机磷阻燃剂，提取效率高，而且操作简单，方便快速。

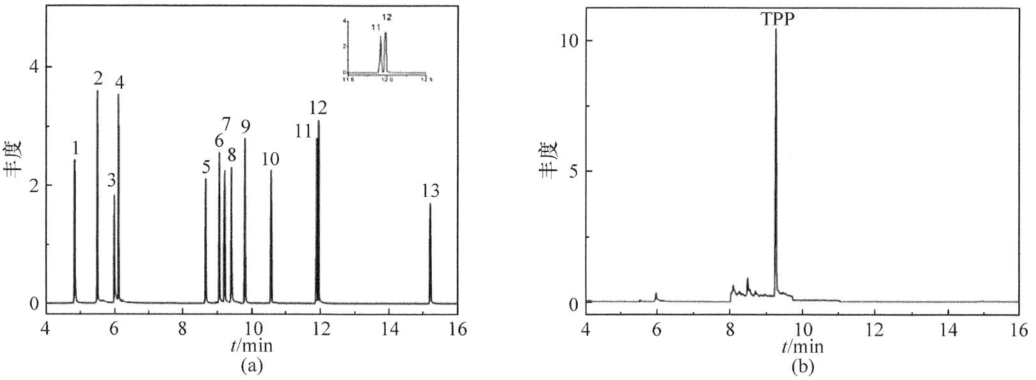

图 4-15　13 种有机磷阻燃剂混合标准溶液(a)和锂离子电池样品微波辅助萃取(b)的 GC-MS 图(王成云等，2020)

1. TEPA；2. TBP；3. TCEP；4. TCPP；5. TDCPP；6. TBOEP；7. TPP；8. TEHP；9. CDPP；10. TOCP；11. BPDPP；12. TPCP；13. BBPPP

扫一扫　视频 4.7　微波辅助萃取

4.8　超声辅助萃取

超声辅助萃取(ultrasound assisted extraction，UAE)是指利用超声波辐射压力产生的强烈空化作用、振动作用、高加速度、扩散、粉碎和搅拌作用等多级效应，增大物质分子运动频率和速度，增强溶剂穿透力，以加速目标组分进入溶剂，促进提取的新型萃取方法。1961 年，博斯(Bose)等分别以超声辅助和单一溶剂浸提植物根中的总生物碱，结果发现 15 min 的超声辅助萃取就能够达到溶剂浸提 8 h 的提取回收率。之后，超声辅助萃取用于更多生物碱的提取，以及苷类、糖类、酮类和蒽醌类成分的提取。超声辅助萃取与其他技术的联用也得到发展和应用。

1. 超声辅助萃取的原理

超声波是指频率≥20kHz的弹性机械振动波。与电磁波能够在真空中传播的性质不同，超声波需要在介质中传播，穿过介质时形成膨胀和压缩的过程。

超声波辅助萃取就是将超声波产生的空化、振动、粉碎和搅拌等综合效应作用到提取体系，在有机溶剂和固体基质接触面上产生高温、高压，加上超声波分解产生的游离基氧化能，从而提供了高萃取能。这里空化作用是指超声波作用下，液体膨胀生成的气泡或小空穴瞬间闭合，产生高达 3000 MPa 的瞬间压力。空化作用细化物质并制造乳液，加速目标成分进入溶剂，提高提取率。除空化作用外，超声波的许多次级效应也都有利于目标成分的相间转移和提取。

2. 超声辅助萃取的特点

超声辅助萃取具有突出的应用特点：

(1) 无须高温，常压萃取，安全性好，设备简单，节约能源，萃取成本低，适合活性剂热敏组分的萃取，经济效益显著。

(2) 萃取效率高，萃取时间短，而且环保，属于典型的“绿色”提取技术。

(3) 不易受溶剂限制，水、甲醇和乙醇等都是常用萃取溶剂，允许添加共萃取剂以改变萃取溶剂的极性和提取性能，提高萃取效率。

(4) 操作步骤少，过程简单，处理量大，不易对目标提取物造成污染。

(5) 应用广泛，不受组分的极性和分子质量大小的限制，适用于绝大多数有效成分的提取。

3. 超声辅助萃取的应用

超声辅助萃取在食品、医药和化工等技术领域显示出广泛的应用前景。

1) 植物活性成分提取

超声辅助萃取在植物活性成分提取中有广泛的应用，特别是对生物碱、苷类和酮类等活性成分的提取显示出明显的高效率。例如，UAE 用于烟草中的烟碱成分提取，在提取剂的浓度、固液比、提取时间和超声温度等最佳提取条件下，烟碱的提取率可以达到 95%以上；UAE 用于番茄中的番茄红素和枸杞中的枸杞多糖提取，提取率分别达到 96%和 50%以上。

2) 蛋白质和糖类提取

UAE 方法在蛋白质和多糖等生物活性大分子的提取中也有应用，如从大豆样品中高效提取蛋白质；从灵芝、银耳、金针菇和香菇中高效提取多糖。

3) 食品分析中的应用

将 UAE 方法用于中药和食品样品的前处理，可以明显提高提取的有效性，如中药中的活性成分、食品中的添加剂和活性营养成分提取分析等。例如，超声辅助萃取-高效液相色谱法测定中药金樱子中的没食子酸、儿茶素、芦丁、槲皮素、山柰酚和芹菜素 6 种活性成分，提取快速、准确度高，其混合标准溶液和金樱子样品的超声辅助萃取-高效液相色谱如图 4-16 所示。

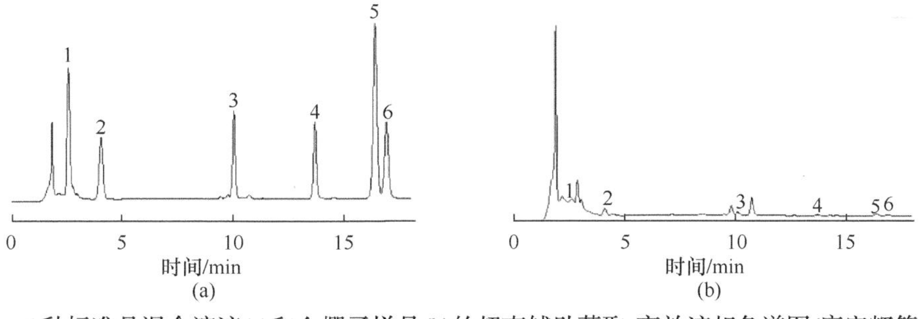

图 4-16　6 种标准品混合溶液(a)和金樱子样品(b)的超声辅助萃取-高效液相色谱图(廖安辉等，2017)

1. 没食子酸；2. 儿茶素；3. 芦丁；4. 槲皮素；5. 山柰酚；6. 芹菜素

当前，UAE 方法结合微波、生物酶提取和表面活性剂等技术，可以更有效地提高目标物的提取率。

扫一扫　视频 4.8　超声辅助萃取

4.9　超临界流体萃取

超临界流体萃取(supercritical fluid extraction，SCFE 或 SFE)是指以超临界流体为流动相，直接从固体或液体样品中萃取目标物的一种萃取分离方法。

1869 年，安德鲁斯(Andrews)发现了物质的超临界现象。1879 年，英国学者汉内(Hannay)和霍格思(Hogarth)发现超临界流体状态的乙醇可以溶解很多物质，如碘化钾、溴化钾和氧化钴等，同时发现压力会影响其溶解能力。之后，许多学者对超临界流体的溶解和分离性质进行了大量的研究。20 世纪 50 年代，SFE 进入实验研究阶段，如从石油中脱沥青等。此时，美国将 SFE 应用于工业分离。1963 年，德国首次申请了 SFE 分离技术的专利。1978 年，首届国际超临界流体萃取技术专题会议在德国召开，预示着 SFE 的基础理论、仪器装置和工业应用有了重要的研究进展，也受到了广大学者的关注。20 世纪 80～90 年代，SFE 技术广泛应用于香精和香辛料风味成分的提取，如从玫瑰花、米兰花、菊花、薰衣草中提取天然花香剂；从薄荷和胡椒中提取香辛料；从艾叶中提取挥发油；对绿茶和红茶进行全成分提取等。从此，SFE 成为分离科学中备受关注的研究领域。

1. 超临界流体萃取的原理

超临界流体是指介于气体和液体之间的一种既非气态又非液态的热力学状态，如图 4-17 所示。

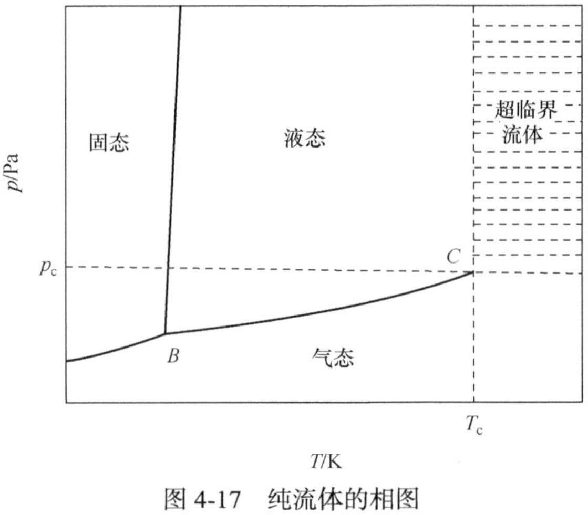

图 4-17　纯流体的相图

这种物态只能在温度和压力超过临界点的温度和压力时才能存在。超临界流体的特点是密度较大(与液体相近)而黏度小(至接近气体)，但扩散系数约比液体大 100 倍，即超临界流体具有气体和液体的双重特性，对许多物质有很强的溶解能力(表 4-1)。可见，超临界流体是一种理想的萃取剂。

表 4-1　超临界流体与气体、液体传递性能的比较

物态	气体(常温常压)	超临界流体(T_c，p_c)	液体(常温常压)
密度/(g · cm^{-3})	0.006～0.002	0.2～0.5	0.6～1.6
黏度/(10^{-5} kg · m^{-1} · s^{-1})	1～3	1～3	20～300
自扩散系数/(10^{-4} m^2 · s^{-1})	0.1～0.4	0.7×10^{-3}	(0.2～2)×10^{-5}

超临界流体萃取是指利用超临界流体的强溶解能力，从样品中溶解和分离目标组分的过程，即从样品混合物中提取目标组分之后，减压释放出目标组分。超临界流体提取剂还可以循环使用。

超临界流体的溶解能力与其密度有关，而压力和温度的变化影响其密度的大小。在超临界状态下，利用压力和温度改变超临界流体的密度，以改变超临界流体的溶解能力，有选择性地把不同极性、不同沸点、不同分子量的各种成分依次萃取出来，低压下弱极性的物质先被萃取，随着压力的增加，极性较大和大分子量的组分逐步被萃取分离。然后借助减压和升温的方法使超临界流体变成普通气体，被萃取组分则完全或基本析出，从而达到分离提纯的目的。

为了实现更好的分离效果，超临界流体的选择很重要。选择超临界流体的基本原则包括以下几点：

(1) 化学性质稳定，对设备无腐蚀。

(2) 临界温度接近室温或操作温度，不能太高，也不能太低。

(3) 操作温度低于被萃取组分的分解、变质温度。

(4) 临界压力较低(降低压缩动力)。

(5) 对被萃取组分的溶解能力强，以降低萃取剂的消耗。

(6) 选择性较好，易于得到纯品。

在超临界流体萃取中常用的超临界流体有二氧化碳、氧化亚氮、六氟化硫、乙烷、庚烷和氨等，其中最常用的是二氧化碳，因为其临界温度接近室温，价格便宜、化学惰性、易纯化，而且无色、无毒、无味、安全不易燃、无化学污染。

在超临界状态下，二氧化碳是非极性化合物，对亲脂性的小分子量挥发油、烃、酯、内酯、醚、醛和环氧化合物等溶解性较好，萃取效率高；而对含有羟基和羧基等极性基团的亲水性化合物、金属离子，以及大分子量的化合物难以溶解萃取，并且极性基团越多，分子量越大，越难以萃取分离。在这些情况下，需要在萃取体系中添加溶解能力强的夹带剂(如甲醇、乙醇、丙酮、氯仿、异丙醇和乙酸乙酯)改善极性萃取选择性，而且可以提高难挥发性溶质和极性溶质的溶解度。

夹带剂的选择应综合考虑被萃取组分的性质和样品基质组成以及夹带剂的性质等，用实验进行优化选择。随着超临界流体萃取在生物、化工、医药和食品领域的广泛应用，还需要考虑夹带剂的使用安全和廉价等。

夹带剂的用量要适当，一般不要超过 10%。因为夹带剂在改善二氧化碳溶解性、提高对被萃取组分萃取率的同时，也会降低萃取选择性，导致共萃物增加，可能干扰分析测定。

不同萃取物和萃取体系，需要通过实验考察优化确定萃取条件。而夹带剂产生的分离回收及残留问题等需要通过研发无毒无害、易与产物分离的新型夹带剂解决，探讨其作用机理是超临界流体萃取技术领域的重要研究内容。

2. 超临界流体萃取的装置

超临界流体萃取过程并不复杂，主要有萃取和分离两个步骤，如图 4-18 所示。在特定的温度和压力下，将原料与超临界流体充分接触，达到提取平衡后改变温度和压力，使被萃取物与超临界流体分离，超临界流体再循环使用。整个提取过程可以是连续的、半连续的或间歇的。

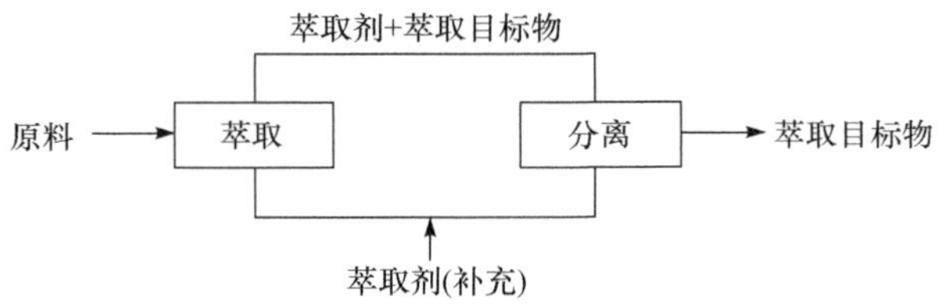

图 4-18　超临界流体萃取过程

图 4-19 是商品化的超临界流体萃取仪。

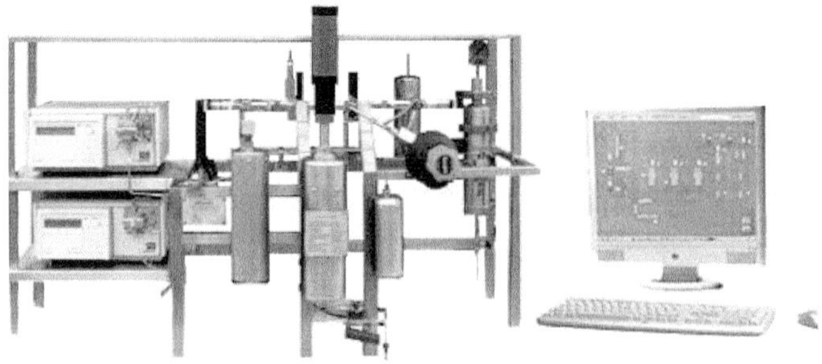

图 4-19　超临界流体萃取仪

超临界流体萃取方法有适合于药品和食品等工业小批量生产的直接法，也有适合于化学原料工业大规模生产的间接法。前者分离效率高，后者比较节能。

3. 超临界流体萃取的条件

萃取压力和温度是影响 SFE 效率的主要因素。同时，也要考虑固体样品的颗粒大小、流体流速和夹带剂的影响。

1) 萃取温度

温度对超临界流体溶解能力的影响比较复杂。当压力一定时，温度升高，被萃取物挥发性增加，有利于超临界流体溶剂溶解更多的被萃取物，萃取率增加。但此时超临界流体密度降低，被萃取物在超临界流体中的溶解度又会减小，反而会降低萃取率。因此，在实际萃取过程中，需要综合这些因素通过实验确定最佳的萃取温度。

2) 萃取压力

当萃取温度一定时，压力增大则流体密度增大，溶剂的溶解能力也增强。应根据不同样品中的不同提取物，选择不同的萃取压力。

3) 固体颗粒大小

固体样品的颗粒大小直接影响萃取时间和回收率。颗粒太小会增加颗粒与溶剂的接触面积，提高萃取速度，但是过小的颗粒可能严重堵塞筛孔，造成萃取器出口过滤网的堵塞。因此，需要选择合适的固体颗粒大小进行萃取。

4) 超临界流体的流量

超临界流体流量的变化对超临界流体萃取有较大的影响。流量太大则流体与被萃取物接触时间少，而流量过小则传质速率慢，均不利于萃取。因此，应以萃取效率为评估指标，优化选择合适的流体流量。

5) 夹带剂

夹带剂的种类和用量是 SFE 方法提取分离极性较大的被萃取物的重要条件，可以根据样品组成、被萃取物的结构性质及含量等，再结合实验优化进行选择。

4. 超临界流体萃取方法

根据分离过程控制参数不同，超临界流体萃取方法分为以下三种：

(1) 等温萃取方法：萃取釜和分离釜处于等温状态，萃取釜压力高于分离釜，利用分离组分在高压下的溶解度大于低压下的溶解度，目标组分析出。

(2) 等压萃取方法：萃取釜和分离釜处于等压状态，利用不同温度下超临界流体溶解能力的差异性实现分离，萃取釜温度比分离釜温度高。

(3) 吸附萃取法：分离釜中填充适当的吸附剂，在相同的温度和压力下实现吸附分离。

5. 超临界流体萃取的特点

(1) 萃取剂在常压和室温下为气体，萃取后易与被萃取组分分离，不使用有机溶剂，无残留问题。

(2) 在较低温度和不太高的压力下进行，操作安全、快速，避免了热敏物质的氧化或逸散，特别适合于高沸点的活性天然物质成分的分离。

(3) 萃取和分离合二为一，萃取效率高，能耗小。

(4) 可通过调节压力、温度和引入夹带剂等控制超临界流体的溶解能力，还可用压力梯度和温度梯度方式进行程序化分离。

(5) 萃取率和选择性有待提高。

6. 超临界流体萃取的应用

SFE 突出的特点决定了其应用的广泛性。

1) 食品工业

传统工业去除咖啡中咖啡因的方法是用二氯乙烷提取，二氯乙烷提取咖啡因的同时也去除了咖啡中的一些香味成分，从而影响咖啡的口感和品质，而且二氯乙烷的残留严重影响人们的身体健康。用二氧化碳超临界流体萃取法除去咖啡中的咖啡因，萃取效率高，咖啡因的含量可从原来的 1%左右降低至 0.02%。而且二氧化碳良好的萃取选择性不会让咖啡中的芳香物质流失，也不会有溶剂残留污染问题。德国的超临界二氧化碳萃取咖啡因的技术已经实现工业化生产，并在世界范围内普及。

同样，二氧化碳超临界流体萃取葵花籽、红花籽、花生、小麦胚芽、棕榈、可可豆中的油脂成分，具有着色度低、无臭味、无有机溶剂残留的优点，而且比传统压榨法的回收率还要高，促使食品工业的油脂提取工艺发生了革命性的改进。

此外，SFE 也应用于啤酒花、植物色素、中药蜂胶、天然植物和果实香气成分的有效提取。

2) 化工工业

在化工工业领域，SFE 已经受到广泛的关注，主要应用于天然色素、香味组分、维生素 E 的提取及其他混合物的分离，如辣椒红素、茉莉花香精、薄荷香辛料和啤酒花油等。

3) 医药保健工业

SFE 应用于医药保健品生产工业也取得了明显的效益，如 SFE 用于提取天然植物中的生物碱、黄酮和油性组分，以及从动植物中提取抗癌活性成分、鱼油和 ω-3 脂肪酸等保健成分，如从红豆杉树皮和枝叶中提取获得紫杉醇。此外，SFE 也广泛应用于中药活性提取分离及中药现代化研究。

4) 农药残留分析

样品的提取预处理是农药残留分析的关键步骤。SFE 操作简单快速、提取效率高、重现性好，克服了传统有机溶剂提取、索氏提取和超声波提取污染严重、烦琐费时和提取效率低的缺点，在农药残留的提取中具有得天独厚的优势。

此外，SFE 与多种方法联用也拓展了该分离方法的应用范围。例如，SFE 与 GC 或 MS 联用，对动物组织中的有机磷农药和氨基甲酸酯类农药进行分离分析，以及中药活性化学成分的提取分离分析。也有学者建立了 SFE 与胶束毛细管电泳色谱联用的新型方法并应用于农药残留的分离分析。例如，以二氧化碳为超临界流体，乙醇为夹带剂，温度为 55℃，压力为 30 MPa，以超临界流体萃取方法提取红景天样品 2 h，以 GC-MS 联用方法分析鉴定萃取液中的醇类、酯类、烷烃和烯烃等 32 种组分，并用归一化方法定量分析了各组分的含量[图 4-20 (a)]。农残对映体识别困难，但其潜在生态危害不容忽视。近几年，超临界流体开展了对手性农残的萃取分离研究，以二氧化碳/甲醇(80 ∶ 20)为流动相，温度为 30℃，压力为 22 MPa，在 3 min 内提取了吡二氟醚对映体基质，并以 MS 方法分析。实验结果显示，两种基质的平均回收率为 84.1%～103.0%，定量限为 0.005 mg · kg^{-1}，基线分辨率约为 1.64。图 4-20(b)是该方法的 GC 总离子流色谱图和旋光性。以超临界流体萃取农残具有良好的提取效率。

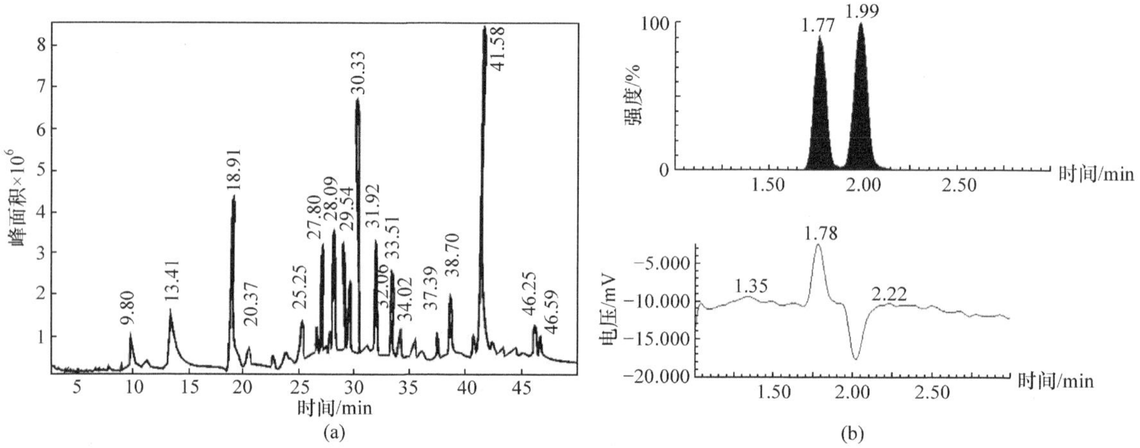

图 4-20　红景天超临界流体萃取液 GC-MS 总离子流色谱图(a) (陈开勋等，2007)；(上)吡二氟醚对映体色谱图、(下)旋光性(b) (董丰收等，2020)

扫一扫　视频 4.9　超临界流体萃取

4.10　加速溶剂萃取

加速溶剂萃取(accelerated solvent extraction，ASE)是指在较高温度(50～200℃)和压力

(1000～3000 psi①或 6.9～20.7 MPa)下，用有机溶剂对固体或半固体进行自动化萃取的方法，又称为加压液体萃取(pressurized liquid extraction，PLE)。

ASE 产生于 20 世纪末，由里克特(Richter)等建立了这种全新样品前处理技术。ASE 极大地提高了萃取的工作效率，已被美国国家环境保护局批准为 US-EPA3545 号标准方法。2005 年，ASE 应用于中华人民共和国国家标准(GB/T 19649—2005)。对于固体和半固体的样品前处理，ASE 完全可以取代传统索氏提取、超声萃取、微波萃取等方法。

1. 加速溶剂萃取的原理

ASE 方法的原理是依托温度的升高减弱由范德华力、氢键、溶质分子和样品基体活性位置的吸引力所引起的溶质与样品基体之间的相互作用力，有效提高溶剂对待分离组分的溶解量。升高温度后，通过加压保持溶剂为液体，以保障溶剂对被萃取物的溶解力，加压还可以使溶剂快速到达萃取池和收集瓶中。因此，ASE 能够借助高温和高压有效提取目标成分。

需要注意的是，高温萃取可能引起被提取组分的热降解，因此 ASE 高温时间不能太长，一般少于 10 min。

2. 加速溶剂萃取仪器

ASE 仪器的主要部件有溶剂瓶、泵、气路、加热炉、不锈钢萃取池、排气孔和收集瓶等，如图 4-21(a)所示。

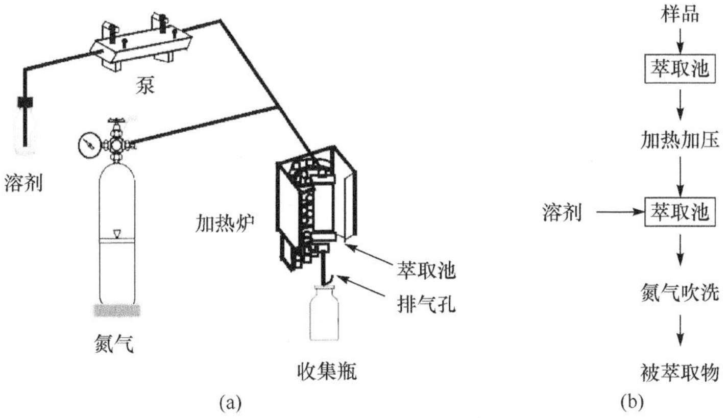

图 4-21　加速溶剂萃取装置(a)及萃取流程(b)

如图 4-21(b)所示，ASE 的操作步骤是首先将装有样品的萃取池置于圆盘式传送装置上，之后由计算机程序自动完成以下程序：圆盘传送装置将萃取池送入加热炉腔并与相对编号的收集瓶连接，由泵将萃取溶剂输送到萃取池，萃取池被加热炉加热和加压，静态萃取后少量多次向萃取池中加入清洗溶剂，萃取液自动经过滤膜进入收集瓶，用氮气吹洗萃取池和管道，萃取液全部进入收集瓶备用，大约 15 min 即可完成 ASE。

一般来说，ASE 的溶剂瓶由 4 个组成，每个溶剂瓶中可装入不同的溶剂。在萃取过程中可根据实际样品的需要选用不同的溶剂先后萃取相同的样品，也可用同一溶剂萃取不同的样品。

3. 加速溶剂萃取的特点

(1) 有机溶剂用量少，10 g 样品一般仅需 15 mL 溶剂。

① 1 psi = 6.89476 × 10^3 Pa。

(2) 萃取快速，完成一次萃取不超过 15 min。

(3) 基体影响小，对不同基体可用相同的萃取条件。

(4) 萃取效率高，选择性和重现性好，回收率高，且操作方便、安全性好，自动化程度高。

4. 加速溶剂萃取的应用

作为一种新型分离技术，ASE 优点突出，已广泛应用于环境、食品、药物、制药和聚合物工业等领域，如土壤和污泥中的除草剂及有机磷农药残留、肉类食物中的农药及多氯联苯残留、果蔬中的农药残留和奶粉中的脂肪萃取等。

扫一扫 视频 4.10 加速溶剂萃取

4.11 双水相萃取

双水相萃取(aqueous two-phase extraction，ATPE)是利用物质在互不相溶的两水相之间分配系数的差异进行萃取分离的方法。

1896 年，贝杰林克(Beijerinck)发现明胶与琼脂溶液或可溶性淀粉溶液混合后都得到浑浊不透明的溶液，随后分为有界面的上、下两相，上相富含明胶，下相富含琼脂或淀粉，这种现象称为聚合物的不相溶性。1956 年，瑞典隆德大学的艾伯森(Albertsson)首次利用该原理成功分离叶绿素，提出双水相萃取技术。随后，不同的双水相体系被发现，如等体积的 2.2%葡聚糖(dextran)水溶液与 0.72%甲基纤维素水溶液混合静置后，也形成双水相体系，上层为 0.39%葡聚糖、0.65%甲基纤维素和 98.96%水，下层为 1.58%葡聚糖、0.15%甲基纤维素和 98.27%水。1979 年，德国的库拉(Kula)等应用双水相萃取方法分离纯化酶和其他蛋白质。之后，双水相萃取技术逐步得到更深入的研究和更广泛的应用。

传统的液液萃取分离法在生物样品前处理中的应用有较大的限制，因为有机溶剂易引起蛋白质、核酸和细胞的变性失活，且大量蛋白质等生物组分易溶于水，难溶于有机溶剂。双水相萃取法出现之后就广泛应用于生物样品的萃取分离，如生物样品中的各种生物酶、核酸、蛋白质、细胞器和菌体提取等，是一种在生物工程中非常有发展潜力的新型分离技术。

1. 双水相萃取的原理

双水相现象是当两种聚合物或一种聚合物与一种盐溶于同一种溶剂中并达到一定浓度时，由于聚合物之间或聚合物与盐之间的不相溶性，就会分成两相，溶剂是水时就构成了双水相体系。绝大多数天然或合成的亲水性聚合物与另一种聚合物或盐混合，超过一定浓度时两种物质分别溶于互不相溶的两相中都会构成双水相体系。聚合物之间或与无机盐、有机盐之间的不相溶性体现在这些物质分子之间的空间阻碍作用，使其难以相互渗透，无法形成单一水相而具有强烈的相分离倾向，达到一定的浓度即出现两相体系。当然，聚合物的不相溶性是一个普遍现象，不一定都是用水作溶剂，也可以用有机溶剂。聚合物也不一定都是刚好分配在两相溶液中，也可能分配在同一相中，或者多种不相溶的聚合物溶液出现多相体系而分离富集在多相中。

随着双水相萃取技术的发展和应用，除了聚合物-聚合物双水相、聚合物-盐双水相体系之外，也出现了更多种类的双水相体系，如表面活性剂-表面活性剂双水相、有机物-无机盐双水相和双水相胶束体系等。这些双水相体系因为构成物质的不同而各有特点，也各有不同的应用。典型的双水相体系见表 4-2。

表 4-2　典型的双水相体系

类型	实例
聚合物-聚合物	聚乙二醇(PEG)-葡聚糖、聚丙烯醇(PPG)-葡聚糖、聚乙二醇-聚乙烯吡咯烷酮、聚丙烯乙二醇-甲氧基聚乙二醇、聚乙二醇-聚乙烯醇
高分子电解质-聚合物	硫酸葡聚糖钠盐-聚丙烯乙二醇、羧甲基葡聚糖钠盐-甲基纤维素
高分子电解质-高分子电解质	硫酸葡聚糖钠盐-羧甲基纤维素钠盐、硫酸葡聚糖钠盐-羧甲基葡聚糖钠盐
聚合物-低分子量组分	聚乙二醇-磷酸钾、聚乙二醇-硫酸铵、聚乙二醇-硫酸钠、葡聚糖-氯化钠、葡聚糖-硫酸锂、聚丙烯乙二醇-磷酸钾、甲氧基聚乙二醇-磷酸钾、聚丙烯乙二醇-葡萄糖、聚丙烯醇-甘油

与普通的萃取分离方法原理类似，双水相萃取也是根据不同的物质在两相间的分配系数不同而实现分离。当物质进入双水相体系后，由于双水相的表面性质、电荷作用和疏水作用、离子键和氢键作用等，不同的物质在两相中的分配浓度不同而进行萃取分离。

通常用相图法研究多相体系。图 4-22 是聚乙二醇-葡聚糖双水相体系相图，用以表示双水相的形成条件和定量关系。聚乙二醇和葡聚糖两种聚合物都能与水无限混合，其组成位于图中曲线的下方某点时，如 *N* 点，体系只能是均一的单相。而组成位于曲线的上方时，如 *M* 点，体系就会分成两水相，此时两相的组成和密度不同，上相(或称为轻相)组成用 *T* 点表示，主要含有聚乙二醇，下相(或称为重相)组成用 *B* 点表示，主要含有葡聚糖。当体系的组成从 *M* 点变为曲线上方其他任一点 *M′* 处时，体系仍然是双水相体系，两相的组成分别为 *T′* 和 *B′*。此时，因为 *M′* 在 *M* 下方，所以 *T′* 和 *B′* 在组成上比 *T* 和 *B* 的差异小。如果继续改变体系的组成，可以使形成的两相组成差异进一步缩小，直至到达 *C* 点，此时体系不再分相，*C* 点称为临界点，直线 *TMB* 称为系线(或结线)，曲线 *TCB* 称为双结点曲线(或双结线)。

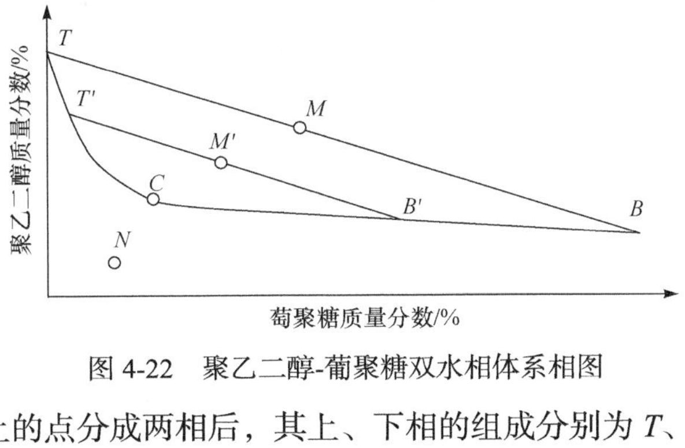

图 4-22　聚乙二醇-葡聚糖双水相体系相图

所有组成在系线上的点分成两相后，其上、下相的组成分别为 *T*、*B*。*M* 点时两相 *T* 和 *B* 的量之间的关系服从杠杆规则，即 *T* 和 *B* 的质量比等于系线上线段 *MB* 和 *MT* 的长度比值。又因为双水相的两相密度和水相近，一般为 1.0～1.1 $kg \cdot dm^{-3}$，所以上相和下相体积比也近似等于 *MB* 和 *MT* 线段长度的比值。温度可引起双结点曲线和位置变化以及临界点的位移，系线和临界点均由实验测得。

2. 双水相萃取的影响因素

影响双水相萃取效率的因素主要是双水相体系和样品的性质等。

1) 聚合物种类及浓度

聚合物种类直接影响双水相萃取效率。不同聚合物的水相系统具有不同的疏水性，则与不同的目标物有不同的相互作用，可根据实际需要选择合适的聚合物双水相体系用于不同组分的萃取分离。

相同的聚合物，分子量越大则疏水性越强，形成双水相的浓度就越低。两种聚合物分子量相差越大，越易形成双水相体系。

双水相体系的组成越接近临界点，可溶性生物大分子的分配系数越接近 1；反之，越偏离 1。

2) 酸度

溶液的酸度直接影响组分的存在形式。例如，生物大分子蛋白质的解离度随着酸度改变而改变，也就改变了蛋白质所带的电荷性质，影响其在两水相中的分配，直接影响萃取效率。酸度还影响盐的存在形式，如磷酸根、硫酸根等在不同的酸度条件下因存在酸效应而生成不同形式的酸式结构，导致两相之间的电位差发生变化，组分的分配系数随之改变。例如，酸度发生微小变化，有些蛋白质的分配系数会改变两三个数量级，这种改变还与盐的种类有关。

3) 盐度

在双水相体系中，电解质的正、负离子在两相中有不同的分配，从而形成两相间的电位差，直接影响组分的两相分配，特别是生物大分子蛋白质的分配。例如，在聚乙二醇-葡聚糖双水相体系中加入 $NaClO_4$ 或 KI 时，增加了上相对带正电荷组分的亲和力，从而使带负电荷组分进入下相中。

4) 温度

温度直接影响双水相体系的相图，也就影响生物活性物质的分配系数。在临界点附近温度的影响比较显著，距离临界点足够远时温度的影响不明显，如 1～2℃的温度变化对双水相萃取效率的影响不大。考虑到室温下需要保持蛋白质的活性和生产成本等因素，工业上的双水相萃取一般在室温下进行。

双水相体系的物质构成及各相组分之间的作用机理十分复杂，涉及熵、范德华力、静电力、氢键、疏水作用和空间效应等。因此，除以上影响因素外，双水相中溶质的分配受许多影响因素影响，还包括构成双水相体系的化合物的性质和比例，以及目标分离物的化学性质和生物特性等。不同的物质在不同的双水相体系中的分配不同，需要综合考虑后再进行双水相体系和萃取条件的选择，以达到理想的萃取分离效果。

3. 双水相萃取的特点

(1) 双水相中水的含量达 70%～90%，而且组成双水相的聚合物及某些无机盐不会导致生物物质失活或变性，有时还有稳定和保护作用，因此比较适合分离生物活性物质。

(2) 常温常压下进行，能耗少，条件温和，不使用有机溶剂，避免了生物活性物质失活、有机溶剂残留和环境污染问题。

(3) 萃取快速(5～15 min)，回收率高(80%以上)。

(4) 可直接从含有菌体的发酵液和培养液中提取所需蛋白质，还能不经破碎直接提取细胞内酶。

(5) 可以连续操作，易于进行工业放大，且收率不会降低，还可以处理大量样品。

(6) 萃取后含有聚合物的目标物可以采用超滤、电泳和色谱等常用的分离方法将聚合物除去，易于分离纯化。

4. 双水相萃取的应用

双水相萃取的优点决定了该方法非常适合生物化工和中药活性成分等领域的分离应用。

1) 生物化工领域的应用

双水相萃取可以大规模分离纯化生物酶，如天冬氨酸酶、果糖脱氢酶、葡萄糖苷酶、磷酸化酶和乳酸脱氢酶；利用聚乙二醇-葡聚糖双水相体系可以有效分离核酸；也可以利用双水相体系提取青霉素、红霉素、乙酰螺旋霉素和万古霉素等抗生素。

2) 中药活性成分提取中的应用

双水相萃取应用于中药活性成分分离具有独特的优势，特别是分离提取中药黄酮、皂苷和多糖等。例如，以乙醇-硫酸铵双水相体系可以有效萃取山楂叶中的黄酮类物质，回收率达到 81.9%；以聚乙二醇-葡聚糖双水相体系提取杜仲叶中的黄酮类化合物，提取率为 75.85%；以聚乙二醇-K_2HPO_4 双水相体系分别分离纯化黄芩中的黄芩苷和三七中的总皂苷，回收率分别达到 98.6%和 96.0%；将膜过滤与双水相萃取结合，有效地应用于芦荟中芦荟多糖的分离纯化。

扫一扫　视频 4.11　双水相萃取

4.12 胶团萃取

胶团萃取(micelle extraction)是指被萃取物以胶团或胶体的形式从水相萃取到有机相的溶剂萃取方法，又称为胶束萃取或胶体萃取。该萃取分离方法产生于 20 世纪 80 年代中期，与双水相萃取类似，胶团萃取也保留了液液萃取的优点，而且具有良好的生物兼容性，适合于生物物质的有效分离，在生物分离领域具有应用潜力。

1. 胶团萃取的原理

胶团是指双亲(亲水也亲油)物质在水或有机溶剂中自发形成的聚集体，如表面活性剂就是典型的双亲物质，由亲水憎油的极性基团和亲油憎水的非极性基团组成，在水或有机溶剂中达到一定浓度就会形成胶团(胶束)。因此，胶团萃取就是指被萃取物以胶体或胶团形式被萃取。胶团通常由 50～150 个双亲分子形成，粒径为纳米级，为 5～10 nm。

能够形成胶团的表面活性剂有阳离子型表面活性剂、阴离子型表面活性剂和非离子型表面活性剂等类型。表面活性剂在溶液中开始形成胶团时的浓度称为临界胶束浓度(critical micelle concentration，CMC)。当溶液中表面活性剂浓度低于 CMC 时，主要以分子或离子的单体形式存在，只有浓度超过 CMC，多个表面活性剂分子才会团聚而形成胶团。

胶团分为正向微胶团(正胶团)和反向微胶团(反胶团)两种类型。正向微胶团是在极性溶液中形成的胶团，如在水溶液中加入表面活性剂达到一定浓度时，会形成表面活性剂的胶团聚集体，该胶团的构成是表面活性剂的极性基团(头)朝外，即指向极性溶液，而非极性基团(尾)朝向胶团内部，如图 4-23(a)所示。与正向微胶团相反，反向微胶团是指当向非极性溶剂中加入表面活性剂达到一定浓度时，会形成憎水非极性尾朝外(向溶剂)，而极性头(亲水基)朝内的胶团，如图 4-23(b)所示。

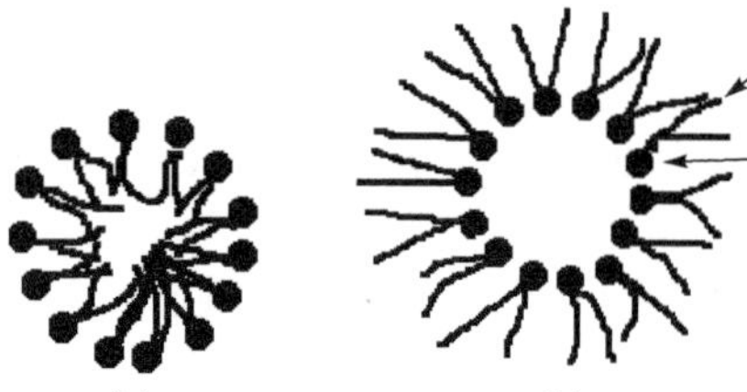

图 4-23　正向微胶团(a)和反向微胶团(b)

反向微胶团内是极性基团，其内部极性核心存在极性平衡离子和溶剂水，称为水池或微水相。该水池可以溶解极性分子，如此极性的生物分子就可以进入反向微胶团水池内，随着胶团进入有机溶剂而不直接接触有机溶剂。

反向微胶团及其内部微水池能够在疏水性环境中保持对亲水性生物大分子蛋白质的溶解性，水池水相和表面活性剂的极性基团保护了蛋白质的构型和活性，而且反向微胶团具有分子识别选择性透过的半透膜功能，使其在生物样品萃取分离中具有独特的适用性。

实际上，胶团萃取的应用主要体现在反向微胶团萃取在生物大分子萃取中的应用。现以反向微胶团溶解萃取蛋白质为例，用不同的溶解模型说明反向微胶团溶解蛋白质的模式，阐述反向微胶团萃取生物大分子的机理。

1) 水壳模型

如图 4-24(a)所示，蛋白质进入反向微胶团水池核心，水壳层保护了蛋白质的分子结构，进而保护了蛋白质的生物活性，实现有效萃取分离。

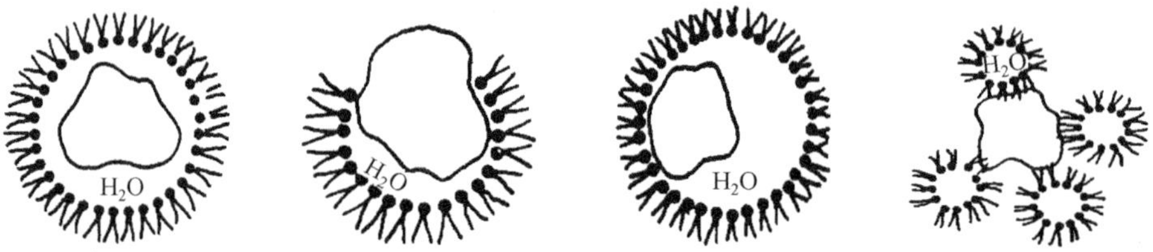

图 4-24　蛋白质在反向微胶团中的溶解模型

2) 插入模型

如图 4-24(b)所示，蛋白质的亲水基因为相似相溶而插入胶团内部的水池中，而其疏水基暴露在胶团外，与表面活性剂的疏水基或有机溶剂的碳氢基团作用，使蛋白质稳定存在于萃取溶剂中。

3) 吸附模型

如图 4-24(c)所示，蛋白质分子被吸附在由表面活性剂亲水基组成的胶团水池核心亲水性内壁上，稳定存在于胶团内而实现萃取。

4) 溶解模型

如图 4-24(d)所示，蛋白质被多个胶团包围而溶解于表面活性剂胶团，胶团的非极性尾与蛋白质的亲脂部分直接作用，使蛋白质稳定存在于萃取溶剂中而被萃取。

实际上，反向微胶团萃取蛋白质是一个复杂的过程，机理尚不清楚。在反向微胶团萃取过程中存在静电作用、疏水作用、亲水作用和空间位阻，甚至是多种作用力之间协同作用的结果。其中，表面活性剂极性基团与蛋白质分子之间的静电作用可能是相互作用的主要驱动力，引起反向微胶团的形成和扩散，达到将蛋白质从水相萃取到有机相而实现分离的目的。然后改变水相酸度和盐度等条件，可以使蛋白质重新从有机相回到水相，这种反萃取可以进一步纯化蛋白质。

2. 胶团萃取的影响因素

反向微胶团的萃取效率主要受表面活性剂种类、水相酸度和盐度等因素影响。

1) 表面活性剂

表面活性剂不同时，其所构成的反向微胶团大小不同，胶团内部表面电荷和蛋白质之间的静电作用也不同。常用的表面活性剂主要是阴离子型表面活性剂琥珀酸二(2-乙基己基)酯磺酸钠(AOT)，其结构见图 4-25。

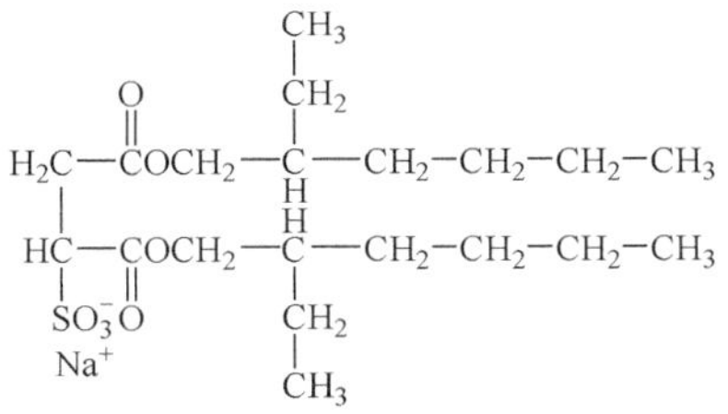

图 4-25 琥珀酸二(2-乙基己基)酯磺酸钠(AOT)的结构式

AOT 作为反向微胶团表面活性剂的优点是：①能迅速溶于有机溶剂，也能溶于水而形成胶团；②胶团的含水率高，为 50%～60%，比季铵盐微胶团的含水量高一个数量级以上；③AOT 形成反向微胶团时，不需要助表面活性剂。

2) 助表面活性剂

助表面活性剂往往是指一些非离子型表面活性剂，其用途是进入反向微胶团，增大胶团尺寸，使胶团足以让更大分子量的蛋白质溶解于其内部水池，从而应用于分子量超过几万或几十万的蛋白质胶团萃取分离。

3) 有机溶剂

用作萃取的有机溶剂的极性等性质直接影响反向微胶团的形成及胶团大小。一般使用的有机溶剂有正己烷、环己烷、正辛烷和异辛烷等烷烃类有机溶剂，其中最常用的有机溶剂是异辛烷。为了调节溶剂体系的极性，有时也使用一些助溶剂，如用醇类改变胶团的大小，以提高蛋白质在胶团中的溶解度。

4) 酸度

蛋白质为酸碱两性物质，各种蛋白质都有其确定的等电点(pI)，当 pH＜pI 时，蛋白质带正电荷。AOT 为阴离子型表面活性剂，所形成的反向微胶团内表面带负电荷，蛋白质分子与胶团内表面静电作用强，能形成稳定的含蛋白质的反向微胶团。而当 pH＞pI 时，蛋白质分子和表面活性剂内表面都带负电荷，相互排斥，蛋白质难溶于胶团中，可换阳离子表面活性剂制备反胶束进行萃取。当然，pH 过低会引起蛋白质变性失活，溶解度也降低。因此，溶液的酸度应小于蛋白质的等电点。而反萃取时，需要调节水相 pH＞pI，使蛋白质从胶团中释放出来进入水相。

5) 盐度

溶液的离子强度增加，会造成反向微胶团内壁的静电屏蔽增加而减弱蛋白质分子与胶团内壁的静电引力，进而降低萃取效率；也会降低表面活性剂极性基团之间的排斥作用，使反向微胶团变小，不利于蛋白质的萃取；还会增大离子向反胶束内的迁移，并取代蛋白质，使其从反胶束中析出。因此，胶团萃取中需要严格控制溶液的盐度。

3. 胶团萃取的特点

胶团萃取的特点主要有：

(1) 分离和浓缩同时进行，操作简便。

(2) 萃取率和反萃取率高，选择性好。

(3) 有效避免了蛋白质在萃取过程中的失活问题。

(4) 可以利用构成反胶团的表面活性剂的细胞破壁性质，直接从细胞中提取蛋白质和酶等。

(5) 溶剂可以反复使用，萃取成本低。

4. 胶团萃取的应用

胶团萃取主要应用于生物样品分离，特别是蛋白质的分离。典型的应用是利用溶液酸度和盐度对不同蛋白质在反向微胶团中溶解度的影响，分别调节溶液的酸度和盐度分离核糖核酸酶 A、细胞色素 c 和溶菌酶。除此之外，反向微胶团萃取也应用于 α-淀粉酶，以及从发酵液中提取胞外酶、从植物中提取油脂和蛋白质、直接提取胞内酶和蛋白质复性等。

胶团萃取既可以用于有机物分离，也能用于无机物的分离。对于无机物的胶团萃取应用较少，主要是利用金属离子或其无机盐形成疏水胶体粒子而进入有机相，这里金属离子限于金、银和钡等，有机溶剂主要限于氯仿、四氯化碳和乙醚等，如以氯仿或四氯化碳萃取胶体金，以乙醚或氯仿萃取胶体银或硫酸钡。

扫一扫　视频 4.12　胶团萃取

思 考 题

1. 简述萃取分离方法的发展过程，并通过查阅相关中英文文献，对几种现代萃取分离技术进行评价和展望。
2. 描述分配系数、分配比和萃取率的概念及其相互关系。
3. 液液萃取法的特点有哪些？
4. 与常规液液萃取相比，液液微萃取的特点是什么？并描述液液微萃取的几种模式及其特点。
5. 固相萃取、固相微萃取的特点分别有哪些？与固相萃取相比，固相微萃取最大的优点是什么？
6. 分散固相萃取有哪些模式？各有什么优缺点？
7. 举例描述磁固相萃取的基本原理。
8. 客观评价微波辅助萃取、超声辅助萃取、超临界流体萃取、加速溶剂萃取、双水相萃取和胶团萃取的优缺点，并描述各种方法的主要应用。
9. 描述正向微胶团和反向微胶团的结构特征及各自的萃取应用特点。
10. 适合于生物大分子分离的萃取方法有哪些？并对各方法的优缺点进行比较。

第 5 章　制备色谱法

制备色谱法(preparative chromatography)是指纯化制备一定量目标物的色谱分离方法，属于色谱法的一部分，也是分离科学中最常用和最有效的分离制备方法。这里的“制备”是指通过特定的分离方法，以获得足够量的单一化合物，用于实验室研究或工业生产。因此，制备色谱是许多科研领域和生产企业常用的分离方法和技术，应用十分广泛。

通常制备纯化的前提是目标物有一定的含量或具有一定的量。具体来说，根据应用规模和需求的不同，制备色谱可以分为实验室研究、小批量生产和产业化制备三种规模。而按照制备产品的用途不同，制备色谱可以有数十至一百毫克的产品用于结构分析、生物活性物筛选或分析工作的标准品，也可以有克级的产量用于有机合成研究，甚至千克级产量用于大规模的工业生产。本书主要介绍实验室科研常用的制备色谱方法。

制备色谱法有经典制备色谱法和现代制备色谱法。一般来说，经典制备色谱法主要指制备层析法，这种制备方法设备简单、成本低，能够满足一般试样的纯化要求，但是制备效率低、回收率差，难以实现复杂样品的分离纯化。现代制备色谱法包括加压液相色谱法(包括快速色谱法和低、中、高压液相色谱法)和制备气相色谱法、超临界流体色谱法、逆流色谱法等，其中以制备液相色谱法应用最广。这些方法制备效率高、回收率高、纯度高，特别适合于复杂试样及性质相近的化合物的分离纯化，但是设备昂贵、维护费用高。

5.1　制备柱色谱法

常规制备柱色谱法是利用柱色谱的分离纯化技术进行化合物制备的方法。该方法依然保持柱色谱的特点，如色谱柱的直径和长度可以调整，从而容纳更多吸附剂固定相，制备更大量样品，并具有设备简单、操作方便、成本低的优点。然而，该方法的缺点包括分离速度慢、吸附剂颗粒粒径不能太小，同时可能存在不可逆吸附问题等。为了克服这些缺点，干柱色谱法、减压柱色谱法等新技术应运而生，并得到广泛应用。

1. 常规制备柱色谱法

常规制备柱色谱与分离分析用的柱色谱的原理和操作步骤基本一致，参见 3.5.1。

与普通的分离分析柱色谱有所不同的是，制备柱色谱可以使用更粗更长的色谱柱，并加大上样量，以获得更多的制备样品量。分离后，需要收集流出组分，进行旋转蒸发，再将回收的组分进行重结晶或蒸馏，以获得纯品。

2. 干柱色谱法

干柱色谱法(dry column chromatography)是指将干的吸附剂固定相装入色谱柱，再将浓样品溶液或吸附于少量填料中的样品上样，洗脱剂流动相通过色谱柱的毛细作用进行洗脱，直至流动相接近色谱柱底部时终止洗脱。最后，推出固定相，切开或挖出吸附剂中各组分的色谱带，以合适的溶剂进行溶解，离心分离后将上清液蒸干，制备得到组分纯品，或继续重结晶或蒸馏，进一步制备纯化。

干柱色谱法制备快速、上样量大、溶剂使用量少。

3. 减压柱色谱法

减压柱色谱法是以减压为动力加速溶剂流动而进行样品制备的柱色谱方法，又称为真空柱色谱法(vacuum column chromatography，VCC)。该方法是近几年来国内外实验室迅速发展起来的新技术，综合了制备薄层色谱法和真空抽滤技术，即利用柱后减压，使洗脱剂多次迅速通过固定相，从而实现目标组分的快速分离制备。

不同于常压柱色谱和快速柱色谱的流动相连续流动洗脱方式，减压柱色谱中溶剂洗脱的过程是在洗脱剂加入后，在分离柱后进行减压，全部抽出洗脱剂，每一次洗脱收集一次，抽干后更换溶剂再进行下一个组分的收集，该过程类似于制备薄层色谱多次展开的操作。

减压柱色谱法制备样品量可以达到数十克，吸附剂经过处理后还可以反复使用，而且操作简便，分离快速(一般数小时)高效，设备简单，成本低，也适合于梯度洗脱。目前，该方法已成功应用于有机制备和萜类、类脂、双萜等天然产物及多种生物样品的分离制备。

减压柱色谱法的缺点是对于石油醚类的低沸点溶剂，需要严格控制真空度，以防止大量溶剂挥发。

扫一扫　视频 5.1　制备柱色谱法

5.2　制备薄层色谱法

制备薄层色谱法(preparative thin layer chromatography，PTLC)是以提纯化合物为目的，在薄层板上增加薄层的厚度，从而使其能处理相对较大量的试样。该方法设备简单、成本低，可以制备毫克级至克级的样品。

制备薄层色谱中的吸附剂固定相一般用硅胶、氧化铝、硅藻土、磷酸钙、磷酸镁、硅酸钙镁等无机吸附剂，以及聚酰胺、纤维素、葡聚糖等有机吸附剂。一般是依据化合物的结构、极性、酸碱性和溶解度等性质，结合吸附剂的吸附性质进行吸附剂的选择。例如，Yuan 等采用具有高阶纳米孔的共价有机骨架(COF)作为吸附剂，实现了手性化合物的分离制备。简单样品用单一溶剂即可以分离制备，而难分离的复杂样品需要采用多元组成的溶剂作展开剂。为了解决拖尾问题，通常在展开剂中适当加入甲酸、乙酸、磷酸、草酸等酸性物质或二乙胺、乙二胺、氨水、吡啶等碱性物质。

制备薄层色谱根据操作方式的不同分为多种，这里主要介绍三种。

1. 常规制备薄层色谱法

常规制备薄层色谱法可以实现毫克级至克级的制备量。相对而言，该方法设备简单、操作方便、制备快速、成本低，是实验室制备纯品的可选方法。

常规制备薄层色谱法的一般过程通常包括以下五个步骤。

1) 薄层板的制备

制备薄层色谱与分析型薄层色谱的分离原理、制板方法一样，吸附剂固定相和展开剂选择可以参考薄层色谱法。与分析型薄层色谱相比，主要不同的是制备薄层色谱的薄层板更大，可以达到 20 cm×100 cm；吸附剂颗粒的粒径(约 25 μm)及其分布范围(5～40 μm)相对更大；吸附剂厚度达到 2 mm，从而加大了薄层板上吸附剂的用量，用以增加上样量，也就是提高了制备量。

2) 洗板

在点样之前，先用纯甲醇洗板，以除去吸附剂中一些可能的杂质，避免影响分离。洗板之后将其置于通风橱吹干。

3) 点样

上样浓度不能太低，以样品能够均匀分布在吸附剂表面而不析出沉淀为宜，一般为 5%～10%。通常是带状点样，样品带尽量为窄带，以获得良好的分离效率。

4) 饱和

先把展开剂放在展开槽一侧，把点样后的薄层板放在另一侧约 30 min 进行预饱和，然后将展开剂倾斜倒入另一侧进行展开，这样可以避免边缘效应，使分离效果更好。

5) 刮样收集

将展开后的薄层板取出后吹干，有色物质可以直接与标准品对照，确定其谱带位置；无色但有荧光的物质可以采用荧光薄层板进行展开分离，在紫外灯下确定化合物的暗斑。标记好谱带后用刀片或带有真空收集器的管形刮离器将化合物的谱带刮下并收集，使用适当的溶剂(如丙酮和氯仿等)将吸附剂中的化合物洗脱并过滤，旋转蒸发去除溶剂后获得化合物的纯品，也可以用重结晶等方法进一步纯化。

除了厚层板制备薄层色谱，还有多层板薄层色谱、离心薄层色谱和棒形薄层色谱等。

制备薄层色谱适合于薄层色谱中分离度较好的化合物，这样制备比较简单，能够高效获得化合物的纯品。

2. 加压制备薄层色谱法

加压制备薄层色谱法(overpressured layer chromatography，OPLC)是指在水平的薄层色谱板上施加一弹性气垫，展开剂是靠泵压在固定相中强制流动，不是依靠毛细作用。OPLC 方法是 1979 年发展起来的一种制备薄层色谱方法。

该方法的特点是可以使用细粒径吸附剂和更长的薄板，缩短了分离时间、减小了扩散效应，提高了分离效果。

3. 离心制备薄层色谱法

离心制备薄层色谱法(centrifugal thin-layer chromatography，CTLC)是一种利用离心力加速流动相流动，实现连续洗脱的环形薄层色谱技术。该方法仪器简单，操作方便快速，不需要刮下吸附剂就可以进行洗脱，适合于沸点高、大分子量化合物的分离制备，可以制备 100 mg 左右的样品，广泛应用于天然和合成产物的制备分离。

扫一扫　视频 5.2　制备薄层色谱法

5.3　加压液相色谱法

加压液相色谱法是指相比于靠重力驱动的经典柱色谱，各种施加压力于色谱柱而进行分离分析或制备的液相色谱方法。施加的压力可以从快速液相色谱法的 0.2 MPa 左右到高压液相色谱法的 10.0 MPa，制备样品量可以从毫克级到千克级，而且由于使用细粒径的吸附剂填料，加压液相色谱可以分离或制备化学结构非常相近的组分。

与其他色谱法一样，加压液相色谱法也有分析型和制备型，两者的分离原理一致，但分析型色谱法主要用于定性(鉴定)和定量分析，上样浓度和体积小，而制备型色谱法有样品收集的部件，用于分离纯化样品，上样体积大。

制备型加压液相色谱法按照色谱柱和进样量大小的不同可以分为快速色谱法、低压液相色谱法、中压液相色谱法和高压制备液相色谱法等。四种制备型液相色谱法的压力没有明确界限，一般来说，快速色谱法的驱动压力约 0.2 MPa(2 bar①或 30 psi)，低压液相色谱法的压力为 5 MPa 以下，中压液相色谱法的压力为 5～10 MPa，大于 10 MPa 是高压制备液相色谱法。

1. 快速色谱法

快速色谱法(fast chromatography)是使用瓶装氮气加压，使流动相获得一定的流速，进而缩短分离时间的色谱法。1978 年斯蒂尔(Still)建立了快速色谱法，并于 1981 年获得了美国专利。传统柱色谱分离制备非常耗时，如分离制备 1 g 或 2 g 以上目标物时，通常需要 2～3 d，有时甚至长达一周才能完成。这种长时间的分离过程不仅会导致拖尾现象而使回收率下降，甚至造成不稳定化合物的分解等问题。快速柱色谱的主要目标就是解决耗时长的问题，有效提高了分离效率。

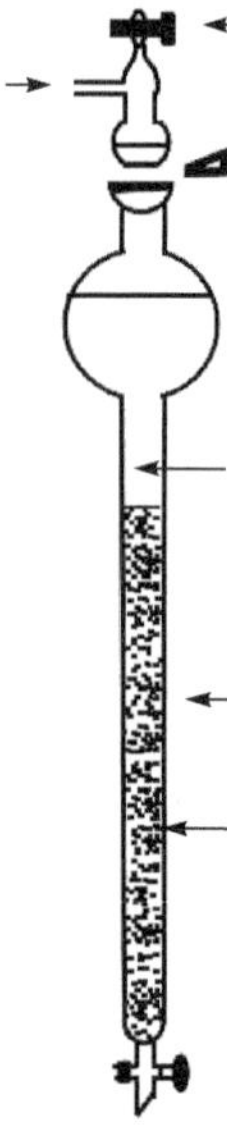

图 5-1　快速色谱装置

快速色谱法的仪器装置见图 5-1。通常使用直径为 3～10 cm、长度为 7～15 cm 的玻璃色谱柱装填吸附剂，常用硅胶或键合硅胶为固定相进行分离，也可以使用氧化铝、聚酰胺等固定相。可以采用干法或湿法装填固定相，其中干法效果更好。以大量溶剂润湿吸附剂固定相后上样，控制与色谱柱相连的压缩空气或氮气的流速，可以在十几分钟内实现 0.01～10.0 g 样品的分离纯化。

快速色谱法主要应用于容易分离的简单混合物，操作简便、经济快速、分离效率高，常用于天然或合成产物的最终产品纯化或对复杂样品粗提物进行初步纯化等。

2. 低压液相色谱法

低压液相色谱法(low-pressure liquid chromatography，LPLC)是指柱压低于 5 MPa 的加压液相色谱法。其色谱柱固定相、柱压力与快速色谱法相近，但操作系统更为复杂。

① 1 bar=10^5 Pa。

该色谱仪主要部件有输液泵、进样阀、分离色谱柱、检测器和流分自动收集器。输液泵的精度不需要太高，以进样针进样的样品量大于 HPLC。色谱柱通常使用玻璃或聚合物材质，长度一般为 24～44 cm，内径为 1～4 cm。色谱柱填料一般使用粒径为 40～60 μm 的葡聚糖、琼脂糖和纤维素等，或无机氧化物、键合硅胶等。固定相粒度较大，因此可以在低压下使流动相保持高流速。可以用紫外检测器或示差折光检测器自动检测系统和自动收集系统。

低压液相色谱法的设备简单，分离快速，分离效率高，可以分离制备克级组分。

3. 中压液相色谱法

中压液相色谱法(middle-pressure liquid chromatography，MPLC)是指柱压为 5～10 MPa 的加压液相色谱法。这种方法比低压液相色谱法能够承载更多的样品，获得 5 g 以上的组分纯品。

中压液相色谱法与低压液相色谱法相似，但是前者的分离柱更长、柱内径更大，使用更高压力维持流动相的流速，因此分辨率更高，分离更快速。中压液相色谱柱主要有塑料柱、玻璃柱或不锈钢柱。中压液相色谱的色谱柱也可以用干法或湿法填装，吸附剂固定相的粒径一般为 25～200 μm，最常用的是 15～25 μm、25～40 μm 和 40～63 μm。可以分离数十克至 100 g 的样品组分。

4. 高压制备液相色谱法

高压制备液相色谱法(high-pressure preparative liquid chromatography，HPPLC)是指柱压大于 10 MPa 的高效制备液相色谱方法，又称为制备高效液相色谱法。该方法的原理与分析型高效液相色谱法一样。与低压及中压液相色谱法相比，高压制备液相色谱法的色谱柱使用粒度范围更窄、粒径更小(5～30 μm)的填料，因此需要高压驱动，其塔板数可以达到 2000～20000，分辨率大大提高。该方法是本节介绍的主要内容。

能够用于制备的高效液相色谱分为三类，即分析型高效液相色谱用于制备，使用 4.6 mm×250 mm 常规分析柱，制备量为 5～100 μg；半制备高效液相色谱使用半制备柱(内径＜10 mm)，制备量＜100 mg；制备型高效液相色谱使用制备色谱柱(内径＞20 mm)，制备量可以大于 10 g。

分析型高效液相色谱和制备型高效液相色谱的特点比较见表 5-1。显然，加上组分收集器，分析型高效液相色谱也可以进行分离纯化，但制备量少。

表 5-1 分析型高效液相色谱和制备型高效液相色谱的比较

类型	分析型 HPLC	制备型 HPLC
目的	高灵敏度定性定量分析	分离、富集、纯化，低成本
理论基础	线性色谱理论	非线性色谱理论
优化目标	最大峰容量	最大通量
分离要求	基线分离	中等分离度(与纯度、回收率有关)
样品分离后	废液	收集，流动相循环使用
色谱柱	内径 1～5 mm，粒径 3～10 μm，柱长 5～30 cm	半制备柱内径 8～10 mm，粒径 5～10 μm，柱长 15～30 cm； 制备柱内径 10～1600 mm，粒径 10～100 μm，柱长 25～50 cm
柱负荷	10^{-10}～10^{-1} g · g^{-1} 填料，越少越好，不超载	10^{-3}～10^{-1} g · g^{-1} 填料，越多越好，超载

续表

类型	分析型 HPLC	制备型 HPLC
样品量	＜0.5 mg	半制备＜100 mg，制备 0.1～100 g，生产＞0.1 kg
流动相	挥发性不重要	挥发性
流速	0.5～1.0 mL · min^{-1}	＞10 mL · min^{-1}
检测器	高灵敏度，线性范围宽	适合于大流量

1) 高压制备液相色谱法的理论基础

高压制备液相色谱依据固定相的不同，同样可以分为正相色谱、反相色谱、凝胶色谱、离子交换色谱、亲和色谱等多种类型。不同的固定相具有不同的分离机理。

需要强调的是，色谱柱的柱负荷对于分析型高效液相色谱来说是指不影响柱效时的最大进样量，不可以超载或过载，即进样量不可以超过柱容量，否则峰变宽，柱效迅速下降。而对于制备型高效液相色谱，柱负荷是指不影响收集物纯度时的最大进样量，往往超载进样，提高进样量可提高制备效率，通常以柱效下降一半或容量因子 k 降低 10%为宜。通常实验室规模的高压制备液相色谱往往是轻微超载，这样可以保证高回收率、高纯度且操作比较简单。

对于低浓度的样品制备，容量因子 k 降低 10%时，色谱柱处于超载状态。超载可以有两种方式，即体积超载和浓度超载。与分析样品的色谱峰对照[图 5-2(a)]，体积超载会出现对称平顶峰[图 5-2(b)]，浓度超载会出现不对称宽峰[图 5-2(c)]，通常浓度超载应用较多。但是当样品浓度过低且难以浓缩提高浓度时，或者在流动相对样品的溶解能力较差的情况下，就使用体积超载方法。

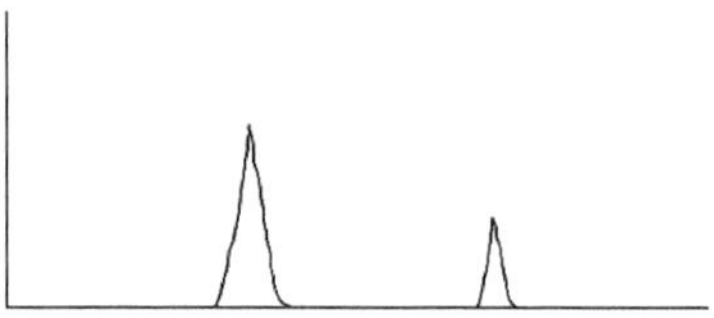
(a) 分析样品

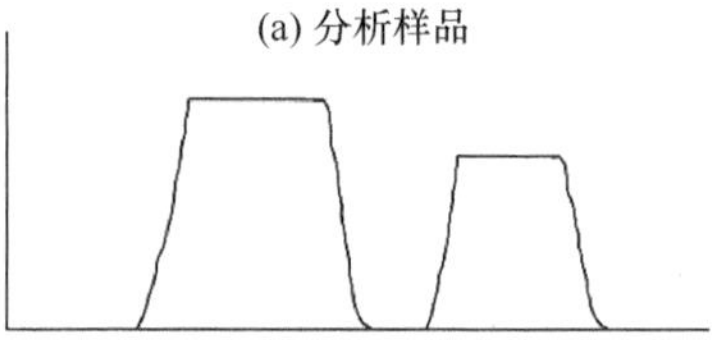
(b) 体积超载

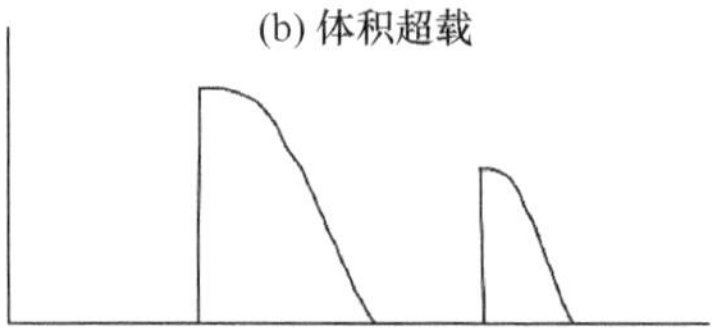
(c) 浓度超载

图 5-2　超载色谱峰

高压制备液相色谱的组分收集有基于时间或基于色谱峰、基于质量等不同的方式。

基于时间的组分收集方式就是依据组分的保留时间及色谱峰宽，用时间作为组分收集器的操作指令参数。这种方式参数设置方便、组分收率高、损失少，主要适合于色谱峰重叠严重，即重叠面积很大的情况。但是保留时间的重现性直接影响组分的收集纯度和收率。

基于色谱峰的组分收集方式是指依据色谱峰的正负斜率触发组分收集器，即以色谱峰的正负斜率作为组分收集器的操作指令参数。该方式收集组分的纯度高，保留时间的重现性不影响组分的收集纯度。但是斜率参数需要计算后才能设置，比较麻烦且收率低，而且色谱峰形状的改变对组分的收集影响大。

基于质量的组分收集方式是依托组分的质量作为操作指令参数，触发组分收集器。以这种方式进行组分收集时，参数设置方便、组分纯度高、收率高，组分纯度不受保留时间重现性和色谱峰峰形改变的影响，但是需要配置质谱检测器，投入大、费用高。

三种收集方式可以根据实际需要进行选择。

针对超载色谱峰形状和实际样品分离情况，高压制备液相色谱收集样品可以结合保留时间和色谱峰出峰形状，进行色谱峰切割和循环色谱分离，具体收集方式有：

(1) 边缘切割和循环色谱分离：当两个或多个主要成分色谱分离选择性不好，色谱峰重叠严重时，可以切割色谱峰中未受共存干扰物影响的前端和后端部分，以获得纯化合物 A 和 B，如图 5-3 所示。还可以进一步对前部和后部的化合物 A 和 B 进行分离，使化合物得到进一步纯化，如此进行多次循环色谱分离，直至达到令人满意的纯度。

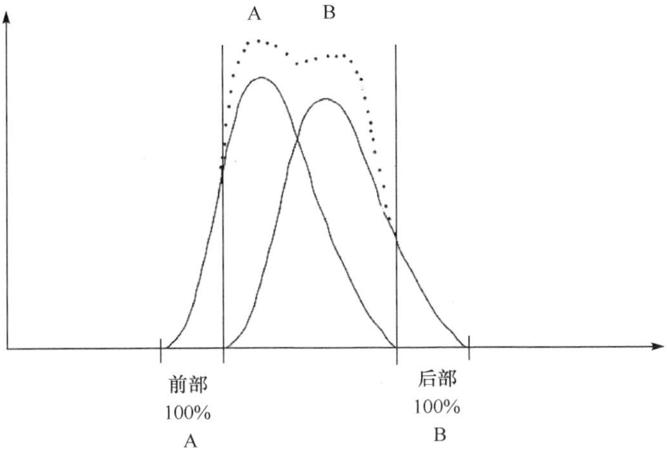

图 5-3　边缘切割

(2) 中心切割和色谱柱超载：对于高含量组分可以超载进样，利用中心切割进行组分的分离，以提高制备速度和分离效率。如图 5-4 所示，样品在分析型高效液相色谱中定位保留时间，加大进样量到达各组分色谱完全分离的进样量的极限，再加大进样量实现超载进样，中心切割法可以实现组分 A 的分离纯化。

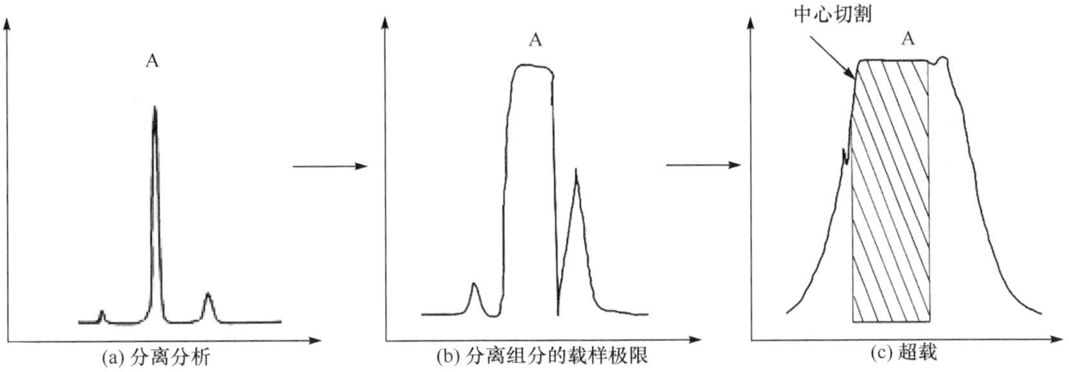

图 5-4　中心切割和色谱柱超载

中心切割法应尽量避免目标主要组分的色谱峰前后相邻组分的夹杂，因此切割后可能造成少量主要组分的损失，但是可以保证目标主要组分的分离纯度。

2) 高压制备液相色谱仪

高压制备液相色谱仪的构成与分析型高效液相色谱仪基本一致，只是高压泵流量和进样量更大，而且使用制备柱，柱后配有组分收集器。制备色谱柱规格见表 5-1。

3) 高压制备液相色谱法的分离条件优化

(1) 分离模式的选择：绝大多数情况下，可以使用反相制备液相色谱进行制备，而溶于有机溶剂的样品适合于键合硅胶正相色谱分离纯化。

(2) 制备柱的选择：首先根据样品的性质选择柱材料，然后参照表 5-1，选择合适的制备柱的规格。

(3) 分离方案的选择：以分离分析方案为基础，确定流动相的组成和流速等，尽量使用等度洗脱方式进行分离。然后加大进样量至目标组分色谱峰与相邻杂质色谱峰刚好基线接触，最后加大流动相流速以缩短分离时间，并调整塔板数至接近目标值。

(4) 柱内径的选择：提高柱内径可以有效提高制备样品量。短而粗的制备柱适合于装填小颗粒固定相填料，有利于难分离组分的分离制备。

4) 高压制备液相色谱法的特点

(1) 使用细颗粒多孔填料(5～30 μm)，分辨率高，常用于样品纯化的最后阶段，分离效率高。

(2) 适合于微量组分的分离纯化。

(3) 检测器种类多，可以根据需要选择，如紫外-可见(UV-vis)检测器、二极管阵列检测器(DAD)、荧光检测器(FD)和蒸发光散射检测器(ELSD)等，可连续自动化操作。

(4) 应用广泛，可以制备纯化极性和非极性、离子型和非离子型、小分子和大分子、热稳定性和热不稳定性等化合物。

5) 高压制备液相色谱法的应用

高压制备液相色谱法既适合于实验室皮克级生物酶、毫克级天然或合成产物的分离纯化，也应用于克级标准品的制备和千克级工厂大规模的生产纯化等，在化工、制药、天然产物、生物技术和生化等领域的分离纯化中有广泛的应用。

例如，高压制备液相色谱常用于中草药活性成分的分离纯化。人参皂苷标准品的提取纯化中，使用 C_{18} 反相分离柱(7.8 mm×150 mm，10 μm)，以乙腈：水(7：13，体积比)为流动相等度洗脱，能够获得人参皂苷 Re 和 Rg1 的高纯度标准品。

扫一扫　视频 5.3　加压液相色谱法

5.4　逆流色谱法

逆流色谱法(counter current chromatography，CCC)是指基于样品组分在两种互不混溶的溶剂之间的分配作用，样品各组分在通过两溶剂相过程中因分配系数不同而得以分离的连续液液分配色谱方法。

20 世纪 50 年代，在多级萃取技术和逆流分溶法基础上产生了逆流色谱这一新型分离方法。这是一种不用固态载体的全液体色谱方法，能采用多种溶剂系统连续有效地对任何极性范围的样品进行分离，实现从微克级、微升级的分离分析到 0.1～10 g 样品的制备提纯，而且可以直接进行粗制样品的分离，也能与质谱、红外光谱等技术联用进行高纯度分析。逆流色谱法的理论研究还在逐步深入，该方法已成为现代分离科学领域备受关注的热点，在分离分析、高效制备和半制备领域得到广泛应用，进而产生了快速分析型 CCC、半制备型 CCC 和制备型

CCC 等。

根据逆流色谱法的发展历程，该方法分为液滴逆流色谱法、离心液滴逆流色谱法和高速逆流色谱法，以及 pH 区带逆流色谱法、离子对逆流色谱法、二元模式逆流色谱法等。其中，高速逆流色谱法应用最为广泛。

5.4.1　液滴逆流色谱法

液滴逆流色谱法(droplet counter current chromatography，DCCC)是指样品和流动相混合后，流动相液体呈现液滴形式，在固定相的液柱中垂直上升(流动相比固定相的相对密度小，上行法)或下降(流动相比固定相的相对密度大，下行法)，在固定相和流动相两种液体中分配比小的组分前行较快，反之前行较慢，如此流动相中的组分在串联的数百根甚至上千根分离柱中经历多次液液萃取分配，实现各组分的逆流色谱分离，如图 5-5 所示。

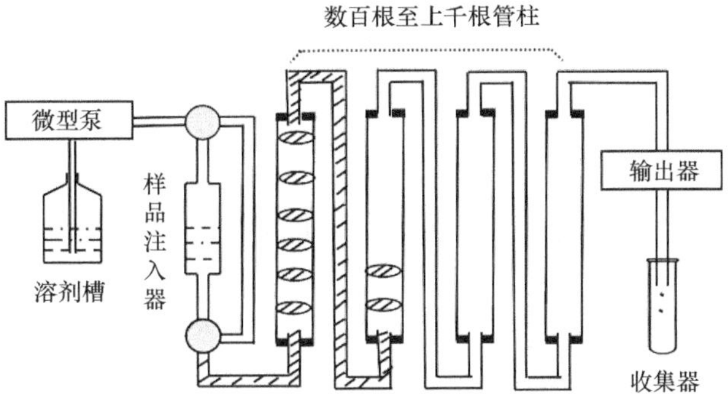

图 5-5　上行法液滴逆流色谱分离示意图

液滴逆流色谱法是 20 世纪 70 年代在逆流分溶法基础上建立的色谱分离方法，流动相能够在通过固定相的液柱时形成液滴是 DCCC 分离的前提条件。与液液萃取法一样，该方法的原理也是基于组分在互不相溶的固定相和流动相中分配能力的不同而实现分离，主要应用于物质的分离纯化。

液滴逆流色谱法的优点包括：液滴比表面积大，分离效率高；仪器轻巧且耐酸碱、耐有机溶剂，可以避免乳化或泡沫的产生；分离时间短，溶剂用量少；样品可以定量回收，制备量为毫克级至克级；特别适合于水溶性成分的分离，如天然产物中极性化合物的制备纯化。其缺点是相对于 HPLC，流动相流速较低，处理时间较长，有时甚至需要数十小时，分辨率较低，样品处理量不够大。

5.4.2　离心液滴逆流色谱法

离心液滴逆流色谱法(centrifugal DCCC)是在液滴逆流色谱法的基础上，以离心的方式加快重力分离的方法。该方法也产生于 20 世纪 70 年代，有行星式和非行星式离心液滴逆流色谱法，可以使用大量的分离直管以增加分离的理论塔板数，提高分离效率。

离心液滴逆流色谱法内容丰富，设备众多。其工作过程就是分离柱绕中心轴高速转动，由此产生的离心力使两相反复剧烈混合分层以达到快速高效分离的目的。尽管分离效率有所提高，但是该方法依然存在分离速度较慢、样品处理量不大的缺点，同时离心液滴逆流色谱仪的接头较多，易产生渗漏问题，对分离系统的密封性要求较高，清洗维护比较麻烦，耗材较贵，增加了成本。

5.4.3 高速逆流色谱法

高速逆流色谱法(high-speed counter current chromatography，HSCCC)是指多层螺旋管进行同步行星式离心运动，在短时间内使样品各组分快速高效分配于互不相溶的固定相和流动相的两相溶剂中，以实现样品各组分分离的连续高效的色谱分离方法。1982 年美国国立卫生研究院的伊藤(Ito)博士在液滴逆流色谱法的基础上建立了现代 HSCCC 分离方法，相当于使用螺旋管式离心分离仪代替高效液相色谱的分离柱色谱体系，分离速度和分离效率与高效液相色谱法相当，是目前最先进的逆流色谱法。因此，HSCCC 在医药、食品、环境、化工和生物等领域得到广泛应用。

我国是继美国和日本之后最早开展逆流色谱应用的国家，之后俄罗斯、法国、英国、瑞士等国也陆续参与了该项技术的开放研究和应用。美国食品药品监督管理局(Food and Drug Administration，FDA)及世界卫生组织(World Health Organization，WHO)都采用高速逆流色谱分离鉴定抗生素成分。20 世纪末至今，高速逆流色谱广泛应用于天然药物成分的分离分析和制备纯化。

1. 高速逆流色谱法的原理

高速逆流色谱结合了液液萃取和分配色谱的优点，是一种不使用任何固态载体或支撑的液液分配色谱新方法。其分离原理与其他色谱技术相同，主要是利用物质在固定相和流动相溶剂之间分配系数的差别进行分配，只是两相溶剂被放置于高速旋转的螺旋管内，螺旋管自转伴随着绕公转轴的公转，类似行星运动模式，如图 5-6 所示。这种行星运动使得组分在两相溶剂中分配体系的离心力场不断发生变化，充分混合后快速分配，样品中的各组分在固定相和流动相两相溶剂中的分配系数不同，致使其在螺旋管柱中的移动速度不同，在流动相中分配能力强的组分先被洗脱出来，反之在固定相中分配能力强的组分后被洗脱出来，由此实现不同组分的依次分离。

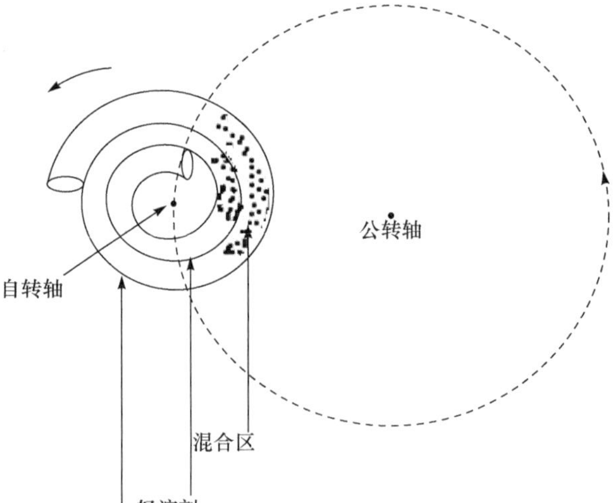

图 5-6　高速逆流色谱分离示意图

HSCCC 属于液液分配色谱，没有固体载体作固定相，因此进样量大，而且不会造成样品组分吸附引起的峰拖尾等问题。

2. 高速逆流色谱仪

高速逆流色谱仪的主要组成部件有储存流动相的储液罐、恒流泵、主机(螺旋管分离柱是核心)、检测器(包括色谱工作站或数据采集软件、记录仪)和组分收集器(制备型 HSCCC)等，如图 5-7 所示。

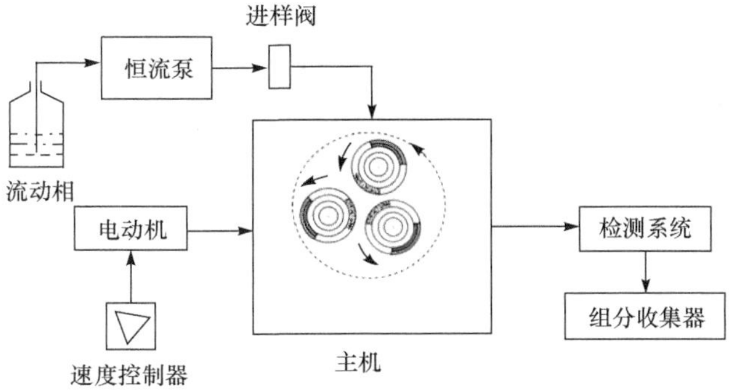

图 5-7　高速逆流色谱仪基本构成

高速逆流色谱的主要分离系统位于主机内，其中由一个电动机带动两个轴，一个是呈水平方向的公转轴，另一个是自转轴。固定相和流动相的两溶剂分配体系置于高速旋转的圆柱形螺旋管内。螺旋管分离柱在围绕自转轴进行自转的基础上同时围绕公转轴进行旋转，形成行星式运动。因此，加在螺旋管柱内分离体系的离心力场的强度和方向不断发生变化，使互不相溶的两相溶剂充分混合和分配。在每个螺旋管分离柱内，靠近公转轴轴心处为混合区，此处固定相和流动相溶剂剧烈混合进行萃取。在流体动力学达到平衡后，形成远离公转轴轴心处的静置区，此时互不相溶的两相溶剂分为两层，相对密度大的溶剂相在每一段螺旋管的外侧，相对密度小的溶剂相靠近内侧，两相沿螺旋管形成一个清晰的线性界面而实现洗脱分离。可以根据所用体系液体的流动趋势选用合适的模式，以其中一相为固定相保留在螺旋管分离柱内，另一相为流动相带动样品进入螺旋管分离柱，样品就可以高频率地反复与固定相进行混合萃取。其中，流动相从固定相流动的相反方向泵入，以阻止固定相的运动，使固定相保留在色谱柱内。例如，当转速为 900 $r \cdot min^{-1}$ 时，在二维力场的作用下螺旋管分离柱内混合和传递的频率可以达到每秒约 15 次，实现各组分的高效分离。

样品中各组分在两相之间的分配系数不同，各组分在螺旋柱中的移动速度不同，从而使样品中的各组分按分配系数大小次序被依次洗脱。在流动相中分配比例大的先被洗脱，在固定相中分配比例大的后被洗脱。

HSCCC 的检测器主要有紫外-可见检测器、蒸发光散射检测器和质谱检测器等。

制备型高速逆流色谱仪的柱容积为 8～530 mL，一次进样量为几十微克至 20 g，最大转速可达 4000 $r \cdot min^{-1}$，分离能力与 HPLC 相近。

3. 高速逆流色谱法的影响因素

高速逆流色谱法的实验过程包括以下步骤：①选择合适的固定相和流动相的溶剂体系；②使固定相溶剂充满螺旋管分离柱，并开动螺旋管柱围绕自转轴自转和围绕中心公转轴公转，形成行星式运动的高速旋转；③以一定的流速用恒流泵将流动相泵入螺旋管柱，待分离系统达到流体动力学平衡，即流动相流出螺旋管分离柱，从进样阀进样，开始柱内分离；④收集分离柱后的组分。

影响 HSCCC 分离效果的因素主要有：①固定相和流动相溶剂系统；②流动相的流速和洗脱方式；③螺旋管分离柱的旋转方向和流速；④样品浓度、体积和进样方式；⑤螺旋管分离柱的柱温等。需要根据不同的样品组成进行分离条件的优化选择，如可以采用多种影响因素的正交试验，以确定最佳分离条件。

1) 溶剂

高速逆流色谱法是利用溶质在不同溶剂中分配系数的不同而进行分离，为了保障分离效率，溶剂体系的选择非常重要。流动相和固定相溶剂的选择是 HSCCC 分离中最重要的实验条件，直接影响样品组分的分配系数及两相的分层速度。

高速逆流色谱中的溶剂体系选择需要考虑溶剂的稳定性、对样品的溶解度、分配系数及溶剂体系易分离为比例合适的两相，还要考虑两相密度差、黏度和界面张力等。

通常，选择 HSCCC 中固定相和流动相的两相溶剂时，应考虑以下几点：

(1) 综合考虑两相溶剂的极性和洗脱能力，保证两相溶剂对样品组分有一定的溶解性，即固定相溶剂对组分有适当的保留能力，流动相溶剂对组分有适当的溶解洗脱能力，并且各组分的分配系数为 0.2～5。

(2) 化学稳定性好，不与样品组分发生化学反应，不造成样品组分的分解或变性。

(3) 固定相和流动相溶剂互不相溶，具有一定的密度差和界面张力，易于分层，并考虑两相溶剂的黏度大小等。

在 HSCCC 中，常用的溶剂体系通常是在二元溶剂体系中添加调节剂，以调整溶剂的极性和分离选择性。按照极性的不同，溶剂体系可以分为强极性溶剂体系、中等极性溶剂体系、弱极性溶剂体系、无水极弱极性体系和加酸体系等。

a. 强极性溶剂体系

正丁醇体系主要由正丁醇和水组成，可以用介于两者极性之间的甲醇、乙醇或丙酮为调节剂调整溶剂体系的极性。

乙酸乙酯体系主要由乙酸乙酯和水组成，可以用介于两者极性之间的甲醇、乙醇或正丁醇为调节剂调整溶剂体系的极性。该溶剂体系是 HSCCC 分离中比较常用的溶剂体系。

b. 中等极性溶剂体系

甲基叔丁基醚体系由甲基叔丁基醚和水组成，也可以加入介于两者极性之间的正丁醇、甲醇、乙醇或乙腈为调节剂改变溶剂体系的极性。

氯仿体系由氯仿和水组成，可以用介于两者极性之间的正丁醇、甲醇或乙醇为调节剂改变溶剂体系的极性。该体系是 HSCCC 分离中常用的体系。

c. 弱极性溶剂体系

正己烷体系由正己烷和水组成，有时也可以加入介于两者极性之间的溶剂正丁醇、甲醇、乙醇、乙酸乙酯、乙腈或氯仿为调节剂调整溶剂体系的极性。该体系也是 HSCCC 分离中常用的体系。

石油醚体系主要由石油醚和水组成，也可以根据实际情况，添加介于两者极性之间的溶剂甲醇、乙醇或乙酸乙酯为调节剂改变溶剂体系的极性，改变分离选择性。

d. 无水极弱极性体系

对于样品中弱极性组分的分离，需要把 HSCCC 中固定相和流动相溶剂中的水替换为弱极性溶剂，常用乙腈代替水，如无水体系中的正己烷体系就是由正己烷和乙腈构成，这属于极弱极性体系。

e. 加酸体系

对于样品中酸碱性组分的分离，如分离生物碱、有机酸和酸性较强的黄酮类化合物等，可以在弱极性溶剂体系中加入盐酸、乙酸或三氟乙酸等酸性物质，或者加入磷酸盐等碱性物质，以提高溶剂体系的极性，改变分离选择性。常见的加酸体系有氯仿、甲醇和稀盐酸的溶剂体系。

实际操作时应充分考虑样品组成和上述不同的溶剂体系，根据相似相溶原则，选择合适的溶剂体系。

此外，随着高速逆流色谱法的发展，超临界流体二氧化碳也用作流动相进行分离，而且三相溶剂体系也被提出用于宽极性范围样品的高效分离。

2) 转速

螺旋管分离柱的自转和公转的转速不同，产生的离心力场不同，直接决定固定相和流动相两相溶剂在流体动力学平衡时的体积比，影响两相溶剂的混合速度和程度，对固定相的保留值影响较大，从而影响分离效率。高转速适合于两相溶剂界面张力较大的分离体系，以加速两相溶剂的混合萃取，促进分配和减少质点传递的阻力。低转速适合于界面张力较小的溶剂体系，以避免固定相的流失及过度混合引起的乳化作用。

3) 流动相流速

流动相的流速主要影响固定相溶剂的保留率和分离时间。固定相保留率与流速平方根之间存在线性关系，流速太大时，固定相溶剂流失太严重，组分的保留时间太短，分离度不理想；而流速太小时，虽然保障了固定相的保留率，但是组分保留时间太长，峰展宽严重，分离柱效下降，同时耗费大量的流动相，从而造成对溶剂的浪费。因此，实际操作中需要选择合适的流动相流速，以满足分离的要求。

4) 柱温

螺旋管分离柱的温度直接影响两相溶剂的性质，如界面张力、黏度、溶解性和分层效率等，也需要优化选择确定。柱温升高时溶剂的黏度降低，直接影响分配系数和分层时间，也会影响亲水性强的正丁醇溶剂体系的固定相保留率。同时需要考虑的是，分离体系有机溶剂的沸点往往较低，因此需要选择适中的温度进行分离。

除此之外，还要考虑进样方式、进样量和梯度洗脱模式等因素的影响。

4. 高速逆流色谱法的特点

与其他分离方法相比，HSCCC 具有以下特点：

(1) 不需要固体载体，没有不可逆吸附损失、污染、失活变性和峰形拖尾等问题，样品利用率高，特别适合于天然生物活性成分的分离。

(2) 回收率和分离效率高，重现性好。

(3) 进样量从微克、微升级到克级或数百毫升，用于制备时的制备量大、纯度高，这是本方法优于其他色谱分离法的最大特点。

(4) 对样品的预处理要求低，粗提物即可进行制备分离或分析，分离高效快速、设备便宜、操作灵活、成本低、应用范围广，既可以分离小分子组分，也可以分离大分子组分甚至细胞等粒子。

(5) 可以实现与质谱、红外光谱等波谱方法的联用，进行实际样品的定性和定量分析。

(6) 溶剂系统的组成及配比可选，应用范围广，特别适合于分离极性物质。

但是，高速逆流色谱仪中的螺旋管分离柱结构比较复杂，操作烦琐，自动化程度也有待完善和提高。

5. 高速逆流色谱法的应用

高速逆流色谱法与传统的分离纯化方法相比具有明显的优势，而且可以与质谱等方法联用，进一步提高其检测能力。因此，该方法广泛应用于生物医药、天然产物、有机合成、环境、化工、食品和化妆品等众多领域，特别在天然产物分离领域已经成为一种有效的新型分离技术。

目前，HSCCC 既可以进行样品的自动快速分离分析，也可以应用于样品的高效纯化制备，如天然植物中的苷类、黄酮类、生物碱类、多酚类、内酯类化合物等已知或未知有效成分的分离纯化和制备；化学合成物质如抗生素的分离纯化、中药指纹图谱和质量控制研究，以及手性化合物的分离；生物样品中的多肽、蛋白质和核酸的分离纯化；药物筛选和研发；化学标准品的纯化制备等。

例如，应用高速逆流色谱法，采用正己烷-正丁醇-水-冰醋酸(1∶1.7∶1∶0.1，体积比)两相溶剂系统，在转速为 800 $r \cdot min^{-1}$、流速为 2 $mL \cdot min^{-1}$ 的条件下，从我国传统中草药小叶金钱草中分离制备杨梅素 3,3′-二-*α*-L-鼠李糖苷、木犀草素-7-*O*-*β*-D-葡萄糖醛酸苷和芹菜素-7-*O*-*β*-D-葡萄糖醛酸苷等三种黄酮苷类化合物。小叶金钱草经过提取分离后，以高速逆流色谱分离制备，获得 4 个组分，如图 5-8(a)所示。组分Ⅱ、Ⅲ和Ⅳ的紫外光谱和核磁共振波谱分析结果推测为杨梅素 3,3′-二-*α*-L-鼠李糖苷、木犀草素-7-*O*-*β*-D-葡萄糖醛酸苷和芹菜素-7-*O*-*β*-D-葡萄糖醛酸苷。经过 HPLC 分析，组分Ⅱ、Ⅲ和Ⅳ的纯度均大于 90%，分别如图 5-8(b)、(c)和(d)所示。显然，高速逆流色谱法对于几种黄酮苷类化合物的制备效率高、纯化效果好。

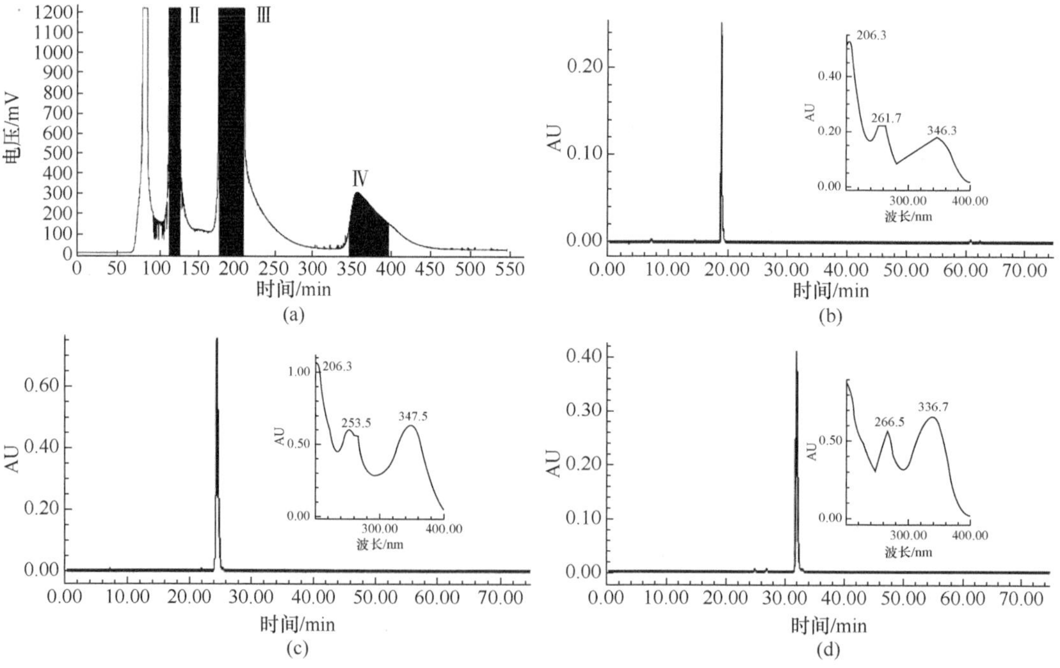

图 5-8　小叶金钱草纯化后的高速逆流色谱图(a)和组分Ⅱ(b)、组分Ⅲ(c)、组分Ⅳ(d)的 HPLC 图
(宋道光等，2019)

扫一扫　视频 5.4　逆流色谱法

5.5　模拟移动床色谱法

模拟移动床色谱法(simulated moving bed chromatography，SMBC)是结合了模拟移动床技术与色谱技术，根据样品中不同组分在固定相和流动相中的吸附和分配系数不同，通过阀切换周期性地改变物料进、出口的位置，模拟固定相与流动相的逆流移动而实现组分连续分离的色谱新方法。

1946 年，美国环球油品公司(UOP)提出了逆流连续循环移动床装置，利用重力使固定相自上而下运动，而流动相自下而上运动，在移动床的中部上料后，弱吸附组分从顶部流出，而强吸附组分从底部流出，实现了样品组分的分离。这种方式利用连续操作提高了分离效率，但固定相运动过程中会引起填料磨损和状态的改变，增加了成本，影响了流动相的分布，降低了分离效率和重现性。1961 年，布劳顿(Broughton)等首次提出利用阀切换改变进样点、流动相注入点及样品目标物的收集点位置，实现逆流操作，称为模拟移动床技术。该技术保留了固定床耗能低、生产效率高的优点，还避免了移动床填料移动所导致的床层磨损等问题。发展至今，该技术在多元组分分离和手性分离固定相研究中取得了更大的进展和应用，特别是在手性分离领域展现出了巨大的应用潜力。

1. 模拟移动床色谱法的原理

移动床色谱法是改变了传统色谱法中色谱柱固定不动的模式，让固体材料在重力的作用下自上而下移动，而荷载样品的气体或液体自下而上相对逆流移动，即固体材料和逆流的另一相连续接触，从而进行组分分离，实现循环操作。与固定床色谱法相比，移动床色谱法实现了连续进样和连续出料，有效利用了资源，提高了生产效率，降低了成本。

模拟移动床色谱一般有 6～12 根色谱柱，依次连接成环路。模拟移动床的固定相实际上并没有移动，而是通过阀切换技术改变，由一个计量泵输送流动相通过回路中所有的色谱柱且不断循环，有两个计量泵分别输送新鲜的流动相和样品溶液进入模拟移动床系统，另两个计量泵分别抽取组分 A 和组分 B，如图 5-9 所示。某一时刻流动相、样品进料(A+B)的入口点和提余液 B、提余液 A 的出口点位置如图 5-9(a)所示。经过一段时间后的另一时刻，各进样点和出样点的状态如图 5-9(b)所示，相当于固定相以一定的速度与流动相相对运动，从而实现逆流操作。

同时，模拟移动床色谱仪被分为四个区，各区的作用与真实移动床完全一样，但由于切换阀操作，四个区所在的位置随时间变化而呈现周期性的改变。

模拟移动床色谱要求计量泵精度高、耐高压，而且流量范围宽，每个区域的流动相的流速可以不相等。

2. 模拟移动床色谱法的影响因素

1) 色谱柱的选择

模拟移动床色谱法的色谱柱总数量越大，分离效率越高，则产品纯度越高，但会使分离系统的结构变化更复杂，分离过程更烦琐。

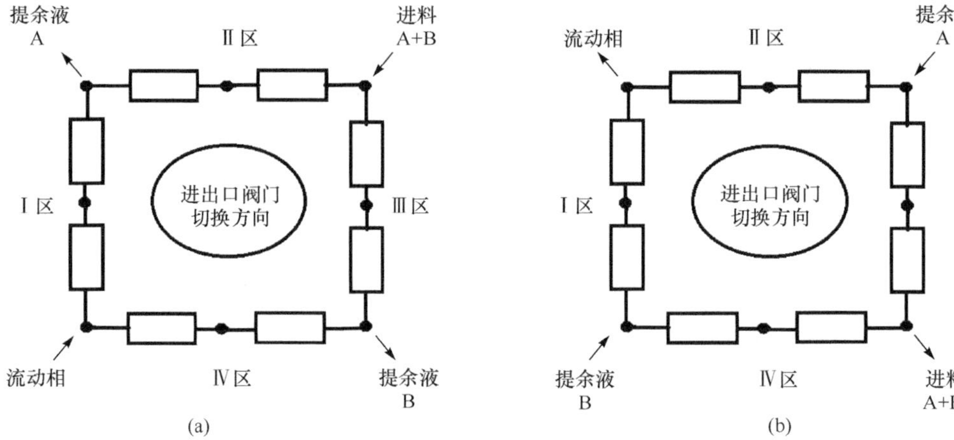

图 5-9　模拟移动床的操作原理

色谱柱数量一定时，增大柱内径可以增加进料量，但会造成流动的径向滞后，流速分布不均匀，引起谱带展宽，柱效下降，产品纯度下降。色谱柱材料一定且填充均匀时，增加柱长可以克服柱内径增大引起的柱效下降问题，但可能会造成柱压降增加。因此，应综合考虑色谱柱内径和长度等结构及填料粒径、泵动力等对柱压降、柱效的影响。一般来说，模拟移动床色谱的柱压降为 0.02 $MPa \cdot m^{-1}$。

在模拟移动床色谱法中，对手性化合物的有效分离制备是其最大的应用优势。手性分离柱需要有较大的吸附容量、耐压性好、耐腐蚀等，而只需要适中的选择性，分离因子 α 为 1.3～2.0，因为选择性差时分离效率低，而选择性太高时不利于外消旋体的模拟移动床拆分。

2) 流动相的选择

与其他制备液相色谱方法一样，模拟移动床色谱法对流动相的要求包括流动相的高纯度、低黏度、低沸点和低毒性等。

此外，模拟移动床色谱法更加强调流动相对样品的溶解度要大于 10 $g \cdot L^{-1}$，以降低分离成本，同时要求流动相与手性分离固定相材料相适应。而且在满足分离选择性的前提下，尽量使用单一组分的溶剂作流动相，以便于分离操作中参数的控制、产品的收集和溶剂的后处理及再利用。

3) 料剂比

料剂比是影响模拟移动床色谱分离能力的关键因素。在模拟移动床色谱法的操作过程中，同样体积的待分离样品溶液需要加入的解吸溶剂越少，即料剂比越大，表明该分离体系分离效果越好。

3. 模拟移动床色谱法的特点

(1) 模拟移动床色谱法最大的优势就是分离两组分混合物，最有价值的应用就是分离手性化合物。

(2) 周期短、分离效率高、设备体积小、投资成本低、便于自动化控制，适合于分离热敏且难分离的物质，适用于大规模工业化连续分离生产。

(3) 流动相循环使用，固定相利用率高。

4. 模拟移动床色谱法的应用

模拟移动床色谱法是化工技术领域的一次革新，应用范围涉及石油化工、精细化工、生物发酵、天然产物、医药、食品等生产领域，尤其在同系物、手性异构体药物、糖类、有机酸、氨基酸和天然活性成分分离中展现出了独特的性能。

例如，模拟移动床色谱法在糖醇分离中应用于分离玉米浆中的果糖和葡萄糖，果糖回收率大于 90%，纯度达到 95%～99%；在发酵工业中应用于赖氨酸、苯丙氨酸和色氨酸的分离制备。

模拟移动床色谱法是当前国际上公认的能够规模化纯化手性药物的最有效手段之一，如已经应用模拟移动床色谱法实现了对酮洛芬、甲霜灵、奥美拉唑、氨鲁米特等药物对映体的有效拆分。

扫一扫　视频 5.5　模拟移动床色谱法

5.6　制备气相色谱法

制备气相色谱法是在分离柱后添加样品收集系统，以气相色谱法进行分离制备的样品纯化方法。该方法主要应用于少量制备，而制备量级的应用比较少见。

制备气相色谱法与分析型气相色谱的原理一样。为了保证制备量，通常使用填充柱进行制备。

制备气相色谱仪与分析型气相色谱仪结构相似，主要包括载气系统(提供流动相，并控制流速)、进样系统、分离系统、检测系统(信号收集及输出)和温控系统(分别控制进样口、色谱柱和检测器的温度)，再加上样品收集系统。

制备气相色谱法的制备过程主要包括进样、分离和样品收集等步骤。分离条件对制备纯化影响较大，主要需考虑载气的种类、进样量、进样口温度、分离柱规格、柱温和检测器种类等。

目前，制备气相色谱法主要应用于挥发性化合物或能够转化为挥发性化合物的分离纯化。

扫一扫　视频 5.6　制备气相色谱法

思　考　题

1. 描述常规制备柱色谱法的实验操作过程，并讨论影响常规制备柱色谱法分离效率的因素。
2. 比较制备薄层色谱法和制备柱色谱法的优缺点。
3. 加压液相制备色谱法有哪些类型？简述高压制备液相色谱法的原理，并从原理、仪器和操作等方面与分析型高效液相色谱法进行比较。
4. 阐述超载对于高压制备液相色谱法的重要意义。
5. 影响高速逆流色谱法分离效率的因素有哪些？如何控制这些因素？
6. 什么是模拟移动床色谱法？该方法的主要技术优势是什么？主要应用于哪些领域？
7. 对于手性药物的分离制备，应选择哪一种适宜的分离方法？
8. 对于天然活性成分的分离制备，有哪些合适的方法？为什么？

第6章 膜 分 离

膜分离(membrane separation)是指以天然或人工合成的选择性透过膜为分离媒介，在分子水平上使不同粒径的分子通过半透膜，实现混合物的选择性分离、纯化或浓缩的方法。膜分离过程是一种分子水平的物理过程，不发生相变化，不需要添加助剂。组分选择性透过膜主要是以外界能量或化学势差为推动力，前者驱动物质发生由低位向高位的流动，后者驱动物质发生由高位向低位的流动。

事实上，大自然包括生物体内广泛存在膜分离过程，只是人们经历了漫长的实践才对膜有了科学的认识，继而对其进行合成与利用。1748 年，法国科学家诺雷(Nollet)观察了水自然扩散到装有乙醇的猪膀胱内的过程，首次发现了渗透现象，这是有记载的首个膜分离技术。1861 年，施密特(Schmidt)首先提出超过滤的概念。1864 年，特劳贝(Traube)合成了亚铁氰化铜膜，这是出现的第一张人造膜。20 世纪见证了膜分离技术的快速发展和广泛应用，如 30 年代硝酸纤维素微滤膜开始商品化，是当前工业应用最广泛的膜分离技术；40 年代出现了渗析膜分离方式；1950 年朱达(Juda)制作了选择性透过的离子交换膜，奠定了电渗析的基础；1960 年洛布(Loeb)和索里拉金(Sourirajan)制备了第一代高性能的非对称反渗透膜，反渗透技术被首次应用于海水淡化，成为应用领域最广的膜分离技术，使膜分离技术进入大规模工业化应用的时代；70 年代超滤和液膜进入工业化应用，主要用于生物分离；1979 年美国孟山都(Monsanto)公司建立了 H_2 和 N_2 的膜分离系统，使气体分离进入工业化应用；90 年代渗透气化用于醇类等恒沸物的脱水。

我国的膜分离技术开始于 1958 年的离子交换膜研究，1965 年开展反渗透研究，1967 年将膜分离应用于海水淡化，促进了我国膜技术的发展应用。直至 20 世纪 80 年代，我国开始膜技术的应用研究，相继出现了微滤、电渗析、反渗透和超滤等各种膜和组器件。膜分离技术逐渐扩展到环境、电子、能源、医药等多个领域，成为这些领域中不可或缺的分离手段。

随着膜技术的发展及其在工业生产中的广泛应用，膜技术分为三代：应用较早而且比较成熟的微滤、超滤、反渗透和电渗析称为第一代膜技术；气体分离膜技术在 20 世纪 70 年代末开始工业应用，称为第二代膜技术；渗透气化于 20 世纪 80 年代开始在工业生产中应用，称为第三代膜技术。

与其他分离方法相比，膜分离的特点突出，具体有以下几点：

(1) 分离效率高、精度高、造价低、能耗低。

(2) 选择性好，可在分子级别进行物质分离，具有普遍滤材无法取代的卓越性能。

(3) 污染小(典型的物理分离过程，不添加试剂，系统可密闭循环，防止外来污染，产品无污染且环保)，透过液可以循环使用。

(4) 常温下进行，分离条件温和，适合于热敏物质分离富集(大部分膜分离在室温下进行)，如抗生素等药物及果汁、酶、蛋白的分离与浓缩。

(5) 工艺简单，操作方便，适用性强，处理规模可大可小，可以连续也可以间歇进行。

(6) 易再生，并且反应过程容易自动化控制。

(7) 大部分膜分离不发生相变，保持样品原有的风味。

(8) 可以直接连接在生产流程中。

膜分离的缺点主要有膜面易污染，会降低分离性能，同时膜的稳定性和耐热耐溶剂能力有限，有时需与其他方法联用提高分离效果。

鉴于膜分离技术的优越性能，其在现代工业生产中具有重要的应用。

6.1　膜分离的原理

膜分离是一门新兴的交叉技术，膜材料及其合成和分离过程涉及化学、材料、物理、数学和工程，以及生物、医学、食品和环境等多学科内容，如无机和高分子材料、传质机理、流体力学、化工动力学和工艺过程等。膜分离的本质是一种基于物理原理的分离技术，利用具有选择性透过能力的膜材料，在分子水平上实现混合物的分离、纯化或浓缩。这种技术通过膜的选择性透过能力，允许某些组分通过膜而阻止其他组分通过，从而达到分离的目的。膜分离过程不涉及相变化，即在整个分离过程中，物质的物理状态(如固态、液态、气态)不发生改变。

膜分离的作用机制是基于膜的选择性透过性能和驱动力，通过复杂的传递过程实现对混合物的分离、纯化或浓缩。其分离过程主要依赖以下几个方面：

(1) 选择透过性能：膜材料具有特定的孔径、电荷或化学性质，这些性质决定膜对不同组分的选择性透过能力。

(2) 驱动力：膜分离的驱动力主要来源于外界能量或化学势差。这些驱动力包括压力差、浓度差、电位差等，它们能够驱动物质从低浓度区域向高浓度区域流动或从高能量状态向低能量状态流动。

(3) 传递过程：膜分离过程中的传递过程极为复杂，涉及多种机制。对于多孔型膜，传递过程可能包括孔模型、微孔扩散模型、优先吸附-毛细管流动模型等；对于非多孔膜，则主要是溶解-扩散模型。

分离膜可以理解为两相之间的一个不连续区间，这个区间很薄，从几微米、几十微米至几百微米，而长度和宽度可以达到数米。分离膜有天然膜和人工膜，种类繁多，各种膜的理化性质相差很大，可以是固态、液态，也可以是气态，但以有机高分子聚合物固态膜应用为主。膜分离可以进行双组分或多组分分离、分级、提纯或浓缩。

6.2　膜 的 分 类

膜的种类众多，可以从不同方面进行分类。

1. 按结构分类

按照膜的结构不同，可以进行分类，如图 6-1 所示。其中，对称膜是指其各部分结构对称均匀，即各部分的渗透率相同，但应用不多。非对称膜是指膜剖界面方向的孔结构不均匀、不对称，膜表皮层是很薄的起分离作用的致密层或细孔层，表皮层下面的支撑层是多孔结构。复合膜是指将起分离作用的表皮层和内部支撑层的材料分别进行优化，使膜的分离性能更加优良。

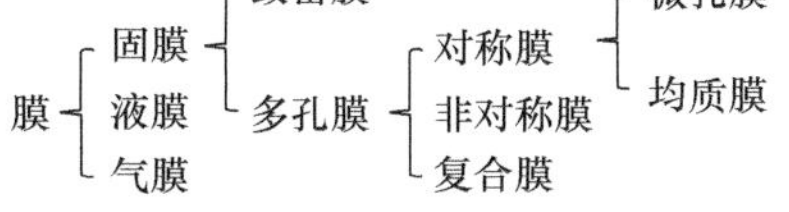

图 6-1　按结构进行膜分类

2. 按材料分类

分离膜有天然膜和合成膜。天然膜有淀粉、糊精、纤维素、明胶、阿拉伯胶、琼脂和海藻酸等。合成膜有无机膜和有机膜等不同材料。无机膜主要是微滤级的陶瓷膜和金属膜。有机膜通常由高分子材料制成，如醋酸纤维素、芳香族聚酰胺、聚醚砜、含氟聚合物等，其中纤维素衍生物类膜在工业应用的膜材料中占有主要地位。

按照材料分类，分离膜也分为高分子材料、金属材料和陶瓷材料。其中，以高分子材料应用最多。近些年无机陶瓷膜发展快速，该类膜材料机械强度高、耐高温，而且化学性质非常稳定，在工业应用中的发展更加突出。

当前，越来越多的研究者开始关注并开发新型分离材料，如金属有机骨架(MOF)、二维纳米材料、碳纳米管和水通道蛋白等。其中，MOF 膜分离材料研究最为广泛。MOF 膜分离材料是一种具有较大的比表面积和孔隙率的新型分离材料。MOF 材料具有高度可调节的孔道结构和表面功能化特性，精确调控 MOF 材料的孔径大小和表面性质，使其具有分离选择性和高通透性。同时，MOF 材料具有较好的化学稳定性和热稳定性，能够在多种恶劣环境下保持稳定的分离性能，在二氧化碳捕集、乙烯/乙烷的分离、染料脱除、脱盐与重金属离子去除、高效海水淡化和药物分离纯化等多个领域展现出优异的性能和广阔的应用前景。

3. 按分离机理分类

按照膜分离的机理不同，可以分为液膜分离和合成膜分离。前者又分为乳化液膜和固定液膜的分离过程，后者包括微过滤、超过滤、反渗透、气体渗透、渗透气化、渗析及电渗析等过程。

按照分离机理不同，也可以将膜分为分离膜和吸收膜，两者的传递机制不同，往往两种分离机制共同存在于一个分离过程中。分离膜又分为多孔膜和非多孔膜，非多孔膜的分离机理是溶解或渗透扩散作用；多孔膜的分离机理包括表面扩散、毛细管冷凝和分子筛分扩散等，传递机制比较复杂。

按照膜的特殊性质，也可分为扩散性膜、离子交换膜和选择性膜等。

4. 按形状分类

按照膜形状的不同，可以分为平板膜、管式膜、中空纤维膜和螺旋卷式膜等。这也是膜分离的四种主要形式。

5. 按膜孔径大小分类

按照膜孔径的大小，常用的分离膜也可以分为微滤膜、超滤膜、纳滤膜和反渗透膜等。

扫一扫　视频 6.1　膜分离的原理和膜的分类

6.3 膜　组　件

膜组件是指以一定形式将较大的膜面积组装起来的器件，是包含膜及其支撑结构的装置，即膜分离单元，是膜装置的核心部件。在工业过程中需要应用较大面积的膜，通常达到数百甚至上千或上万平方米，以实现大量样品的分离、纯化或浓缩。一个组件或多个组件组装成膜分离装置，可以进行实验室研究或工厂生产。

膜组件是由膜、固定膜的支撑体、间隔物和容纳这些部件的容器构成的一个单元。根据装置的外形，膜分离装置主要有四种基本形式，即平板式膜组件、管式膜组件、中空纤维式膜组件和螺旋卷式膜组件。其中，平板式膜组件比表面积大，组装简单，适合于微滤和超滤；管式膜组件表面积较小，适宜处理黏度高的稠厚液体的微滤和超滤；中空纤维式膜组件装填膜面积最大，分离效率高；螺旋卷式膜组件的膜面积大，但装配要求高，不能处理悬浮液浓度较高的料液，可以用于微滤、超滤和反渗透。

四种膜组件的优缺点比较见表 6-1。

表 6-1　四种膜组件的优缺点比较

类别	中空纤维式	平板式	螺旋卷式	管式
装填密度	高	中	中	低
能耗	低	中	高	高
膜通量	一般	很好	好	好
膜清洗	难	易	中	易
压降	高	中	中	低
料液要求	较高	较低	高	低
设备价格	低	高	低	高
膜价格	中	低	中	高
膜污染	严重	中	中	低
对膜限制	有	无	无	无
更换部件	组件	膜片	组件	膜管

6.4　常用膜分离方法

实验室科研和工业生产常用的膜分离方法见表 6-2。

表 6-2　膜分离方法的分离机理、对象及膜孔径范围

膜分离	分离机理	分离对象	膜孔径/nm	主要应用场景
常规过滤	筛分	固体粒子	＞10000	固体颗粒的分离
微滤	筛分	0.05～10 μm 固体粒子	50～10000	消毒、澄清收集细胞
超滤	筛分	分子量 1000～1000000 的大分子，胶体	2～50	大分子物质分离
纳滤	溶解扩散	离子、分子量＜200 的有机物	＜2	小分子物质分离
反渗透	溶解扩散	离子、分子量＜100 的有机物	＜0.5	小分子物质浓缩
渗析	筛分、扩散	＞0.02 μm 截留，血液＞0.005 μm 截留	5～20	小分子有机物/无机离子分离
渗透气化	溶解扩散	离子、分子量＜100 的有机物	＜0.5	小分子有机物与水的分离

1. 常规过滤

常规过滤是一种广泛应用的过滤方法，主要通过多孔性介质(如滤纸、滤网等)截留悬浮液中的固体粒子，使固、液分离。常规过滤膜的材料一般是醋酸纤维、聚丙烯腈、聚酰胺等，依托粒子大小进行分离，主要应用于大颗粒固体粒子的过滤。

微滤、超滤、纳滤和反渗透示意图见图 6-2。

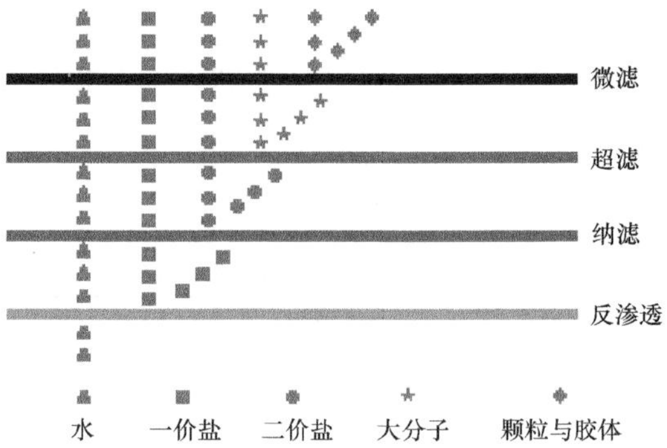

图 6-2　膜分离示意图

2. 微滤

微滤(microfiltration，MF)又称为微孔过滤，是基于微孔膜发展起来的精密过滤技术，主要过滤溶液中微米级和纳米级的微粒、酵母、红细胞、污染物和细菌等，是目前应用最广的膜分离方法。微滤技术产生于 19 世纪初，是膜分离中最早产业化的技术。

微滤是利用筛分截留的原理，以微孔的多孔膜分离截留 0.05～10 μm 大小的粒子，同时膜吸附和电性能也会影响过滤。微滤膜厚度为 120～150 μm，孔径为 0.05～10 μm，采用的推动压力为 0.05～0.5 MPa。此时，溶剂、小分子化合物和一些大分子化合物可以透过膜。

微滤膜材料有硝酸/醋酸纤维、聚氟乙烯、聚碳酸酯、聚砜、聚丙烯、聚酰胺等有机材料膜，以及陶瓷、金属、玻璃和氧化铝等无机材料膜。

微滤的过程有常规过滤和错流过滤两种方式：

(1) 常规过滤，也称为死端过滤，是一种简单直观的过滤方式。如图 6-3 所示，常规过滤是将料液置于微滤膜的上部，在上端加压或下部抽真空使膜两端产生压力差，料液中的溶剂和小于膜孔的粒子透过分离膜，大于膜孔的粒子被截留。随着过滤的进行，膜表面逐渐积累被截留的颗粒，形成一层污染层。污染层会阻碍溶剂和粒子的通过，导致膜渗透性下降，过滤效率降低。因此，常规过滤需定期停止，清洗膜表面或更换膜。这种方式适合于实验室小规模料液的分离，而且料液固含量要小于 0.1%。

(2) 错流过滤，也称为切线流过滤或动态过滤，是一种更高效的过滤方式。如图 6-4 所示，错流过滤是指在压力作用下，料液沿着与膜表面平行的方向流动的过滤方式。被膜截留的颗粒在膜表面也会产生膜污染层，但是料液沿着膜表面平行流动时对膜表面截留物会产生剪切力，促使膜表面截留的部分颗粒返回料液主体流中，从而减少了膜污染，如此膜过滤速度可以在相当长的时间内保持稳定的高水平。因此，当固含量大于 0.1%时，宜选择错流过滤方式。

微滤的主要器材是微滤膜，此外还有内外导流层、滤芯盖、壳体、中心杆等构成的滤芯。膜的物理结构、膜孔形状及大小等影响微滤膜的分离效率。

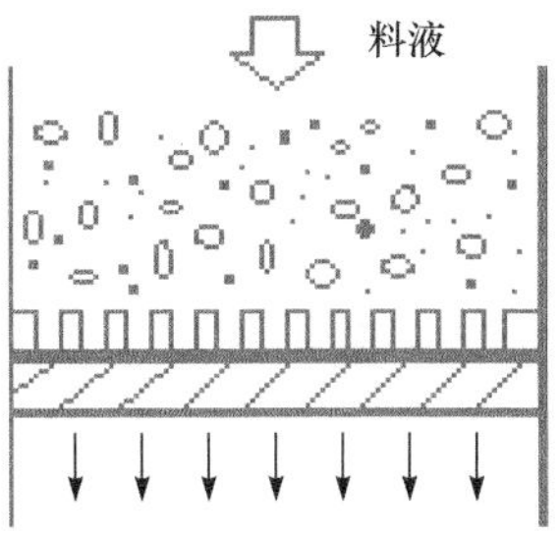

图 6-3 常规过滤示意图

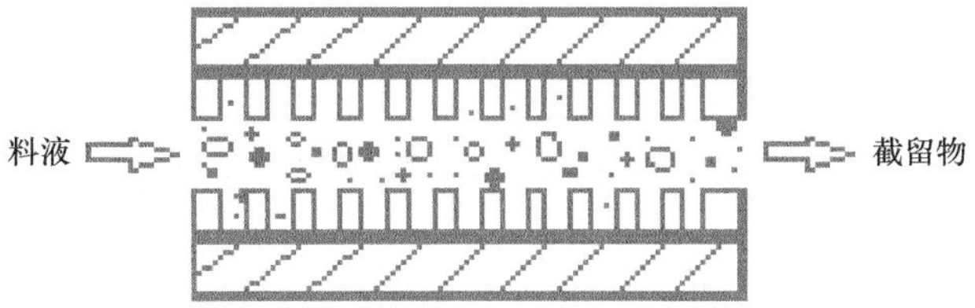

图 6-4 错流过滤示意图

微滤分离方便、高效、成本低，主要应用于制药工业除菌、饮用水和工业水处理、化学工业乳化油水分离、食品工业果汁澄清过滤、酱油和酒类悬浮物的去除等。

3. 超滤

超滤(ultrafiltration，UF)是指微孔膜孔径为 2～50 nm 的膜过滤方法，即以 0.1～1 MPa 压力为推动力，以分离大分子与小分子为目的，能够分离分子量 1000～1000000 的可溶性大分子物质。其分离原理依然是筛分截留，有时也涉及吸附和静电作用。超滤膜的材质主要有聚砜、聚偏氟乙烯、芳香族聚酰胺、硝酸纤维、醋酸纤维等，是最早开发的高分子分离膜之一，从 20 世纪 60 年代开始用于工业化生产过程。同样，超滤也应用陶瓷和金属等无机膜，这种超滤膜寿命比较长、耐腐蚀，缺点是容易堵塞、不易清洗。中空纤维超滤膜的单位容器内充填密度高、有效膜面积大、通量高、易清洗，因而在净水行业得到广泛应用。

超滤膜的机械强度、亲水性、稳定性高，抗污能力很强，在食品、医药、环境和化工等领域应用广泛，如超滤用于废水处理、药物和食品的无菌生产、油/水乳浊液分离、蛋白质的纯化和发酵液的精制等。

微滤和超滤都属于精密过滤，超滤设备占地面积小，通水量可增加一倍，应用性强。同时，超滤可以有效去除细菌和病毒，保证水质生物安全，减少水处理过程中消毒剂的使用量，进而减少消毒副产物的二次污染问题。

4. 纳滤

纳滤(nanofiltration，NF)也是以压力差为驱动力来分离纳米级组分的新型膜分离技术，其分离性能介于反渗透和超滤之间，所以又称为低压反渗透。纳滤技术出现于 20 世纪 70 年代末，卡托特(Cadotte)开展了 NS-300 膜的研究，随后纳滤技术进入了快速发展时期，20 世纪 80 年代中期，纳滤膜材料开始商品化。

纳滤膜的孔径为数纳米，其分离机理主要依赖孔径筛分、溶解扩散及电荷排斥效应等，可以有效去除二价和多价离子以及分子量大于 200 的组分，也可以部分去除一价离子和分子量小于 200 的组分。

纳滤膜是荷电膜，能进行电性吸附，通常是聚酰胺、聚醚砜或聚电解质材料。物料的荷电性、离子价数和浓度对膜的分离效应有很大影响。

纳滤技术优点突出，其分离性能明显优于超滤和微滤且比反渗透技术节能，操作压力和渗透压低，还能部分去除一价离子。

纳滤分离广泛应用于医药、食品、电子、化工和环境等领域，如抗生素的浓缩和纯化、果汁的浓缩、饮用水和工业用水的纯化和废水净化处理、水中消毒副产物和挥发性有机物的去除、溶剂中无机盐的去除或蔗糖、葡萄糖等有机小分子的分离等。

5. 反渗透

反渗透(reverse osmosis，RO)是以压力差为推动力，从溶液中分离出溶剂的膜分离过程。该方法依托各物料的不同渗透压，施加大于渗透压的反渗透压力时只有水透过膜，所有溶液中大分子、小分子有机物及无机盐全被截留，从而达到分离、提取、纯化和浓缩的目的。

将相同体积和相同溶剂的稀溶液(如淡水)和浓溶液(如盐水)分别置于一容器的两侧，中间以半透膜隔离。稀溶液中的溶剂会自然穿过半透膜，向浓溶液侧流动，如此浓溶液侧的液面比稀溶液的液面高，形成一个压力差，达到渗透平衡状态。此压力差称为渗透压，其大小取决于温度和浓溶液的种类及浓度，与半透膜的性质无关，这种现象称为渗透。如果在浓溶液侧施加一个大于渗透压的压力，浓溶液中的溶剂会向稀溶液流动，此时溶剂的流动方向与原来渗透的方向相反，这一过程称为反渗透或逆渗透。

1950 年，美国科学家索里拉金看见了海鸥啜一大口海水后又吐出一小口的有趣现象，之后研究发现，海鸥体内嗉囊薄膜具有将海水过滤为可饮用淡水的功能，吐出的是膜过滤后海水中的杂质及高浓缩盐分，这就是最早发现的反渗透现象。反渗透最早应用于美国太空人将尿液回收为纯水使用，之后反渗透法也用于血液透析及脱除重金属、农药、细菌、病毒等。而且反渗透膜并不分离溶解氧，因此反渗透纯化的水富含氧分，口感清甜。

近年来，反渗透技术在海水中盐分和其他杂质的去除中起着至关重要的作用。美国康涅狄格大学的麦卡琴(McCutcheon)教授等研究者利用一种全新的 3D 打印技术，制备出厚度低至 15 nm 的聚酰胺膜，并能以 4 nm 的增量控制膜厚度，表面粗糙度更可低至 2 nm。与厚度为 100～200 nm、表面粗糙度超过 80 nm 的传统膜相比，3D 打印聚酰胺膜的渗透选择性与商业标准膜(工业化海水淡化聚酰胺反渗透薄膜，Dow SW30XLE)相当，海水脱盐的综合性能明显提升。

目前有不同的模型解释反渗透现象。

溶解-扩散模型认为反渗透膜表面致密无孔，而溶质和溶剂都能溶于均质的非多孔膜表面层内，均在浓度或压力造成的化学势差推动下扩散通过膜，但是物质的渗透能力既取决于扩散系数又取决于其在膜中的溶解度，即溶解度的差异及溶质和溶剂在膜相中扩散性的差异使得溶剂以分子扩散方式透过膜。

优先吸附-毛细孔流理论认为当液体中溶有不同物质时，其表面张力不同，如水中溶有酸、醛、醇和酯等有机物质，其表面张力减小，而溶入某些无机盐，其表面张力会增加。这是因为溶质在溶液表面层中的浓度和内部浓度不同，即溶质不均匀分散，这就是溶液的表面吸附现象。当水溶液接触高分子多孔膜时，若膜的化学性质使膜对溶质负吸附，而对水优先正吸附，则在膜与溶液界面上会形成被膜吸附的一定厚度的纯水层，在外压作用下通过膜表面的毛细孔，从而获取纯水。

氢键理论认为高度有序矩阵结构的醋酸纤维素半透膜聚合物与水或醇等溶剂能形成氢键。盐水中的水分子与醋酸纤维素半透膜上的羰基形成氢键，在反渗透压力推动下氢键断裂，使得与醋酸纤维素膜形成氢键的水分子转移到另一个位置形成另一个氢键。一连串氢键的形成和断裂使得水分子不断移位而通过，直至离开膜的表皮层而进入多孔性支撑层，从而获得淡水。

反渗透膜通常是醋酸纤维素衍生物和聚酰胺材料，其分离原理属于溶解扩散(也有毛细孔流学说)，是一种物理过程。膜孔径小于 0.5 nm，压力通常为 1～10 MPa。

反渗透可以截留水中的各种无机离子、胶体物质、大分子组分和分子量大于 100 的有机物，操作简便，能耗低，安全环保，是水处理领域最高端的单项处理技术，近年来发展迅猛。该方法主要应用于工业产品的分离、浓缩和纯化等，如海水的淡化、锅炉水的软化和废水处理、大分子化合物溶液的预浓缩、乳品和果汁的浓缩，以及生化和生物制剂的分离和浓缩。

纳滤和反渗透是深度分离处理的有效手段，可解决化学污染和有机污染问题。微滤、超滤、纳滤和反渗透在水处理过程中都发挥着重要的作用，广泛应用于各种水处理的终端过滤、工业给水的预处理和饮用水的处理。

6. 渗透气化

渗透气化(pervaporation)是指在料液各组分蒸气压差的推动下，由致密膜对各组分选择性吸附溶解和渗透扩散而实现分离的膜分离方法。

早在 100 多年前渗透气化现象就已经被人们发现，但是直到 20 世纪 50 年代渗透气化才被用于有机混合物的分离。随着制膜技术的发展，20 世纪 80 年代渗透气化方法逐步完善并应用于工业生产过程。

渗透气化方法结合了热驱动的蒸馏法和膜分离技术，在膜的渗透边侧形成真空，以膜两侧的化学势差为推动力进行分离，其过程中伴随着液相到气相的相变，即膜的一侧为液体混合物，另一侧为气相真空状态。这种负压状态下液体中各组分在蒸气压差作用下以不同的速率从膜一侧蒸发并渗透到另一侧后为蒸气状态，蒸气用真空泵抽走或用惰性气体吹扫除去，如此不断进行渗透，即经历了组分溶解—扩散—脱附的过程，实现分离浓缩，如图 6-5 所示。

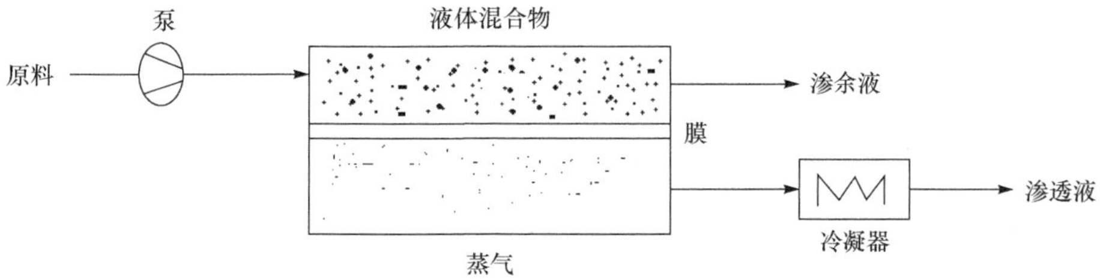

图 6-5　渗透气化分离示意图

渗透气化分离的本质是液体混合物中各组分在膜中的溶解度和扩散速度存在差异，即各组分在膜两侧的蒸气压差是渗透气化分离的推动力，蒸气压差越大，推动力越大。因此，提高膜两侧的蒸气压差，主要是为了提高膜上游的蒸气分压，降低膜下游的蒸气分压，从而提高分离效率。

目前，渗透气化的机理有多种模型，如溶解扩散模型、非平衡溶解扩散模型、虚拟相变溶解扩散模型和不可逆热力模型等。溶解扩散模型是将渗透气化过程分为料液在进料侧蒸发为饱和蒸气及饱和蒸气透过膜到达渗透侧两个步骤。非平衡溶解扩散模型认为渗透气化有料液各组分溶解在膜表面、各组分因浓度梯度而扩散到膜的透过侧表面及各组分进入透过侧三个步骤，其中第一步是非平衡过程。该模型是对溶解扩散模型的补充完善，阐述了溶解速度对于渗透气化分离的重要性。

膜材料是渗透气化的主要部件，其性质决定渗透速率和选择性，因此膜的选择在渗透气化操作中十分重要。渗透气化要求分离膜具有良好的稳定性、机械强度和膜透过选择性。一般来说，常用的渗透气化膜包括有机高分子(如聚丙烯腈、聚乙烯醇和聚丙烯酰胺)膜、无机材料膜和有机-无机复合膜等，膜结构有致密膜(均质膜)、有致密表皮层的复合膜或非对称膜等，其形态有弹性态、玻璃态聚合物或离子型聚合膜等。膜材料的研究开发是渗透气化研究的热点，如无机-有机杂化、表面改性、复合膜和超薄膜的合成等。

温度也是影响渗透气化分离效率的重要因素，升高料液温度，可以增大渗透气化过程的推动力，提高组分的渗透通量。

蒸气压差也是影响渗透气化的操作条件。降低膜后侧组分的蒸气分压，可以提高分离推动力，提高分离效率。按照形成膜两侧蒸气压差的方法，渗透气化可以分为四种类型：

(1) 减压渗透气化：在膜的透过侧抽真空，以增大膜两侧的蒸气压差。这种方式适合于渗透液的分离。

(2) 加热渗透气化：对料液进行加热，同时对膜的另一侧进行冷凝，以提高膜两侧组分的蒸气压差。这种方式操作方便，加热和冷凝费用低，但是其传质动力比减压渗透气化小。

(3) 吹扫渗透气化：以载气吹扫膜的透过侧，再进行冷凝回收以除去渗透的蒸气组分，而且载气可以再利用。

(4) 冷凝渗透气化：以低压水蒸气为载气对透过侧的蒸气进行吹扫，水蒸气冷凝后与透过组分分层，之后水再次蒸发，重新利用。这种方式适合于透过组分与水互不相溶的情况。

渗透气化与超滤、纳滤和反渗透等膜分离技术的主要区别在于其分离过程中样品组分会发生相变，因此分离过程中需要消耗一定的热量，同时膜表面易结垢，导致分离成本增加。但是渗透气化也有其独特的优势，如操作方便、选择性和分离度高、便于放大，而且不受蒸馏法中近沸点、恒沸物的限制，料液中含量较少的组分可以有效气化，实现连续分离和浓缩，直至得到纯有机物，不添加其他试剂，不引起环境污染问题。渗透气化比精馏过程节能，有望在工业生产中取代精馏分离，以降低生产成本。

渗透气化符合工业生产中可持续发展战略的“清洁工艺”，几乎无污染，在石油化工、医药、食品和环境等工业领域中具有广阔的应用前景，如有机物脱水、废水中有机污染物的分离、水中贵重有机物的回收和有机物混合物的分离等。其中，醇类脱水和污水中低浓度有机物去除的渗透气化在工业生产中有广泛的应用。

7. 渗析和电渗析

1) 渗析

渗析(dialysis)是溶质分子在浓度差推动下，从浓溶液扩散并选择性地透过半透膜到达稀溶液的过程，又称为透析。当然，渗析的过程也会伴有渗透，即溶剂分子反方向扩散而透过分离膜。

渗析的推动力也是浓度差，其半透膜能透过小分子和离子，但不能透过胶体粒子，可以从溶胶中除掉杂质小分子或离子。渗析膜分离有三种类型，一是以膜孔大小分离不同大小的粒子；二是以膜结构分离不同性质的粒子，阳离子交换树脂膜透过阳离子，阴离子交换树脂膜透过阴离子；三是以膜选择溶解性能分离不同的组分。

膜的理化性质是渗析分离的关键因素。中性膜渗析原理是依据组分的粒径大小，允许小分子透过膜的微孔，而较大粒径的组分则被截留。这种方法在医学领域，尤其是人工肾的应用中非常关键。这种膜主要有纤维素膜、醋酸纤维素膜、聚砜和聚丙烯腈及其共聚物膜等。离子交换膜渗析原理是依据离子组分的电荷性质进行分离，阳离子交换膜对碱具有选择性，阴离子交换膜选择透过酸。渗析膜的分离效率与膜的厚度、面积和溶质的扩散系数、浓度梯度等诸多因素有关。样品溶液的组成、黏度、温度、膜孔大小影响扩散系数和样品通量。

渗析装置中，膜的一侧是料液，另一侧是接收液(通常是水)，待分离的组分透过膜而进入接收液中，定期更换接收液，有效进行分离。

2) 电渗析

电渗析(electrodialysis)是在直流电场作用下对溶液中的离子、胶体粒子等带电溶质粒子进行分离的渗析方法。电渗析方法产生于 20 世纪 50 年代，长期应用于海水的淡化处理，之后随着膜分离技术的发展，电渗析方法也经历了多次变革而逐步完善。

与渗析一样，电渗析也是利用半透膜的选择性进行分离，但是电渗析的驱动力是直流电场，即电渗析结合了溶液中溶质的电化学过程和半透膜的选择渗透扩散过程，进行溶液的分离、淡化、精制或浓缩。因此，电渗析既是膜分离方法，也是电化学分离方法。

电渗析实质上就是一种除盐技术。如图 6-6 所示，含盐料液置于放有阴离子交换膜和阳离子分离膜的电场中，正、负离子在迁移过程中刚好分别透过阳离子和阴离子交换膜，最终在两膜之间的中间室内盐的浓度降低，靠近阴极和阳极的室内为浓缩室，实现了水的分离淡化。

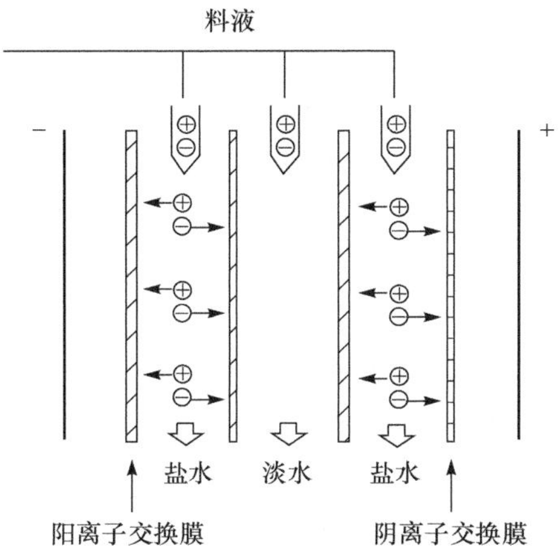

图 6-6　电渗析过程

电渗析过程有多种，如倒极电渗析、填充电渗析、液膜电渗析、高温电渗析、离子隔膜电解和双极性膜电渗析等。每种电渗析过程都有各自的优势，其中倒极电渗析具有较好的应用前景。

目前，电渗析技术已经成为工业生产中大规模的化工单元过程，广泛用于环境保护、医药工业、化工、造纸和冶金等领域，特别在环境“三废”处理和纯水制备中占有重要地位。近些年，电渗析也逐步应用于氨基酸、蛋白质和血清等生物制品的提纯，牛奶脱盐制婴儿奶粉，以及食品级酸碱的生产等方面。

扫一扫　视频 6.2　常用膜分离方法

6.5　浓差极化与膜污染

1. 浓差极化

浓差极化是指当溶质向膜面的流动速度与浓度梯度使溶质向本体溶液的扩散速度达到平

衡时，在膜面附近形成一个稳定的浓度梯度区，即浓度极化边界层的现象。

浓差极化是一个可逆过程，只有在膜分离过程中产生并存在，一旦停止膜分离过程，浓差极化逐渐消失。浓差极化与操作条件有关，可以通过降低膜两侧压差、减小料液中溶质浓度、改善膜面流体力学条件等减轻浓差极化，提高膜的透过流量。

2. 膜污染

膜污染是指在膜分离过程中，物料中的微粒、胶体粒子或溶质大分子与膜存在物理化学相互作用或机械作用而引起的膜表面或膜孔内吸附和沉积，导致膜孔径变小或堵塞，使膜产生透过流量与分离特性不可逆变化的现象。膜污染主要发生在使用多孔膜的微滤、超滤、纳滤和反渗透过程中，而气体蒸发汽化和气体膜分离使用的致密膜一般不会产生膜污染。

膜污染的特性是一旦料液与膜接触，膜污染就会开始，这是由于溶质与膜之间相互作用产生吸附，开始改变膜特性，而且是不可逆过程。膜污染物主要有金属氢氧化物和钙盐等无机沉淀、大分子和生物物质等有机沉淀和颗粒等。

膜污染的成因十分复杂，主要包括膜孔堵塞、膜孔内溶质吸附、溶质在膜表面的吸附层或凝胶极化引起的凝胶层等。尤其在低流速、高溶质浓度情况下，由于浓差极化，在膜面达到或超过溶质饱和溶解度时，便有凝胶层形成，则膜透过通量急剧降低且不依赖于所加压力。膜污染严重影响料液流通量和回收率。

预防膜污染的方法有：①用适当溶剂浸泡分离膜，进行膜的预处理；②调节料液的酸度或事先预过滤除去可能引起膜污染的成分，进行料液的预处理；③选用临界压力进行分离；④选择合适的膜材料减少膜吸附；⑤加大流速等改善膜分离条件，减小浓差极化。

膜清洗是膜分离过程中减少膜污染影响的有效措施。清洗方法通常有物理清洗法和化学清洗法。物理清洗就是利用物理力或机械力的作用进行清洗，清除膜表面的污染物，如水冲洗、振动、空气喷射、CO_2反渗透和海绵球清洗等，物理清洗对膜的损伤较小。当物理清洗不能恢复膜的性能时，可以结合化学药剂进行清洗，通常使用稀酸、稀碱、盐或表面活性剂、氧化剂、配位剂等溶液与污染物发生化学反应，以达到除去污染物的目的。清洗液的选择需要保证实际清洗效果好、廉价且对膜没有影响。当然，膜清洗只能部分去除膜污染，部分恢复膜的分离功能，不可能完全彻底地恢复膜功能，污染严重后往往需要更换。

总之，膜分离法是一种分离过程简单、易于控制的高效节能且环保的分离方法，可以同时实现分子级别的过滤分离、精制、浓缩和纯化，已成为现代分离科学中最重要的手段之一，应用于化工、医药、环境、食品、生物、冶金、石油、机械、电力和纺织等几乎所有的工业生产领域，产生了巨大的经济效益和社会效益，在国民经济发展中具有十分重要的地位。

扫一扫　视频 6.3　膜组件、浓差极化与膜污染

思 考 题

1. 总结膜分离法的特点。
2. 哪些膜分离法是以压力差为推动力？膜分离法还有什么推动力？
3. 膜分类和膜分离法的分类有哪些？

4. 什么是膜组件？其分类有哪些？
5. 从原理、操作和应用等方面比较微滤、超滤、纳滤、反渗透、电渗析和渗透气化等膜分离法的异同点。
6. 与其他分离方法相比，膜分离法的应用对象主要有哪些？
7. 什么是浓差极化？其影响作用是什么？
8. 什么是膜污染？膜污染的原因有哪些？减少膜污染的措施有哪些？

第 7 章　其他分离方法

随着化学及其相关学科的发展，现代分离方法一直在不断地改进和创新，用以解决众多学科前沿及工农业生产问题。

7.1　磁 分 离 法

磁分离法(magnetic separation)是指以外加磁场力为推动力的一种强化物质分离方法。作为一种新兴的现代分离技术，广义的磁分离是指利用外磁场的作用进行物质分离的所有方法，如磁固相萃取等。狭义的磁分离主要是指应用于水处理工艺中的利用水体中磁性物质和非磁性物质进行分离的方法。磁固相萃取方法在 4.5 节中已经有所介绍，本节主要介绍应用于水处理过程中的磁分离法。

1. 磁分离法的原理

磁性物质一般分为铁磁性物质、顺磁性物质和反磁性物质。其中，铁磁性物质是常用的磁种，如铁粉、磁铁矿和赤铁矿微粒等。不同物质的磁性差异是磁分离的理论基础。

水处理中的磁分离主要是借助外加磁场的作用，利用水溶液中不同悬浮颗粒的磁性差异进行分离，从而达到水质净化的目的。对于弱磁性或非磁性的颗粒，可以用磁性接种的方法使其具有磁性，从而扩展磁分离法的应用范围。

2. 磁分离法的分类

按照分离装置原理的不同，磁分离法分为磁凝聚分离法、磁盘分离法和高梯度磁分离法等；按照分离操作方式的不同，磁分离法分为直接磁分离法、间接磁分离法和微生物磁分离法等；按照磁场产生方法的不同，磁分离法分为永磁分离法和电磁分离法(包括超导电磁分离法)；按照去除颗粒物方式的不同，磁分离法分为磁凝聚沉降分离法和磁力吸着分离法等；按照工作方式的不同，磁分离法分为连续式磁分离法和间断式磁分离法等。下面介绍几种磁分离方法，重点介绍超导磁分离法。

1) 磁凝聚分离法

磁凝聚分离法是利用磁盘吸引磁性颗粒而促使固液分离的方法，该方法是有效提高沉淀池或磁盘工作效率的预处理方法。斯托克斯定律表明，大磁性颗粒比小磁性颗粒更容易被磁盘吸着去除。废水中的磁性颗粒在外加磁场中被磁化，由于磁场梯度为零，产生的小磁体受到大小相等方向相反的作用力而不被磁场捕集，磁性颗粒之间相互吸引而聚集成大颗粒，进而凝聚沉降分离。

磁凝聚分离法操作简便，成本低，沉积量少，不会引起二次污染，分离效率高，可以回收再利用。

2) 磁盘分离法

磁盘分离法是将水体中的磁性微粒吸着在转动着的磁盘上，随磁盘带出水体，刮除磁盘吸附的泥渣后循环进入水体中，重新吸附磁性颗粒而分离的方法。

磁盘分离法是以动态旋转的磁盘进行吸附分离，因此分离快速高效，设备简单，成本低。该方法与药剂絮凝等其他方法联用可以更有效地提高分离效率，如用超导可获得磁场强度为 2 T 的电磁体，而且超导体还可获得很高的磁力梯度。超导电磁过滤器的特点是可以获得很高的磁场强度和磁力梯度，电磁体不发热，耗电较少，运行费用较低，能制成可以连续工作的磁过滤器。

3) 高梯度磁分离法

高梯度磁分离法是指以高饱和磁密不锈钢聚磁钢毛为磁性作用介质，捕捉水体中的污染物，对废水进行污染物去除，实现水体净化的方法。

高梯度磁分离法是以高梯度磁场外力促进分离，因此分离快速、效率高，水体净化效率高，应用广泛。

4) 超导磁分离法

超导体是指用超导导线制作的磁体，超导体在某一临界温度下具有完全的导电性，即电阻为零，无热损耗，可以使用大电流得到很高的磁场强度。超导磁分离法就是以超导体为磁体材料的磁分离方法，该技术产生于 20 世纪 70 年代，直至 2005 年日本学者才将超导磁分离技术应用于水处理研究。之后我国学者在超导磁分离技术领域进行了大量的研究和技术改进。

超导磁分离法是预先加入改性的磁种子颗粒材料，以分离工业废水中无磁性的有机污染物和无机污染物，实现工业污水的分离净化。与常规磁分离技术相比，超导磁分离法具有场强高、能耗低、生产能力强的特点，能够分离常规技术难以分离的组分。因此，该方法在造纸、化工、医药工业废水的分离净化，以及选矿、燃煤脱硫、高岭土纯化等领域具有广阔的应用前景。

3. 磁分离法的特点

与其他分离方法比较，磁分离方法具有以下特点。

1) 分离效率高、处理能力大

磁分离的载体磁粉比表面积大，分离效率高，特别是在废水处理过程中分离速度快、处理能力大，不受温度影响，能够有效分离其他方法难以除去的极细悬浮物、重金属、磷、藻类和浮油等。

2) 成本低、设备小巧且结构简单

通常，磁分离设备比较小巧，耗能少，因此占地面积小，分离成本低，维护简单，而且容易实现自动化操作。

3) 适合去除强毒性病原微生物、细菌和难降解的有机物

高梯度磁分离法是分离去除耐药性和毒性强的病原微生物、细菌和一些难降解有机物的有效方法，而且没有二次污染。

当然，磁分离技术还存在磁粉价格较高且回收效果有待改进的问题。

4. 磁分离法的应用

随着强磁场和高梯度磁分离技术的诞生与发展，磁分离技术的应用更加广泛，从分离强

磁性大颗粒到去除弱磁性及反磁性的细小颗粒，从磁性与非磁性粒子的分离到抗磁性流体均相混合物组分间的分离、从矿物分选到废水处理等均展示了磁分离方法的实用性。

作为一种节能洁净的新兴技术，磁分离法具有其他分离方法无法比拟的优势，也显示出突出的应用前景，是 21 世纪现代分离科学的热点研究领域之一。目前，该技术突出的应用是饮用水净化和电镀、造纸、食品等工业废水净化等。

扫一扫　视频 7.1　磁分离法

7.2　泡沫分离法

泡沫分离法(foam separation)是以泡沫或气泡为分离介质，利用具有表面活性的组分(离子、分子、胶体颗粒、固体颗粒或悬浮颗粒)与泡沫表面的吸附作用而黏附于上升的气泡表面后浮升于液面，实现表面活性组分或能与表面活性剂结合的组分从溶液中分离的方法。该方法又称为气浮分离法、气泡吸附分离法、浮选分离法或泡沫浮选法等，是痕量物质分离富集的有效方法。

泡沫分离法产生于 1915 年的矿物浮选。该方法 20 世纪 50 年代应用于金属离子的分离研究，50 年代末应用于离子、分子和胶体颗粒的分离，并被广泛研究和应用，60 年代应用于污水表面活性剂脱除，1977 年应用于 DNA、蛋白质和液体卵磷脂等生物活性物质的分离。当前，随着工业的发展和环境保护、资源综合利用的要求，泡沫分离法在工业中的研究应用更加广泛。

1. 泡沫分离法的原理

泡沫分离法是利用待分离组分的表面活性或能与表面活性剂结合而吸附在气泡表面，在鼓泡塔中借气泡上升溢出溶液，达到净化溶液和浓缩待分离组分的目的。

泡沫分离的本质是各种组分在溶液中的表面活性存在差异，即各组分在气-液界面上吸附的选择性和吸附程度不同。泡沫不同于气体在液体中的分散体，是由极薄的液膜所隔开的许多气泡组成。普通气泡难以长时间存在，很快就会破灭，而表面活性剂存在时水溶液中产生的很多气泡拥挤在一起，能够比较长时间地存在。

气泡的形成过程是氮气或空气气体在含有表面活性剂的水溶液中发泡后，液体内部形成被包裹的气泡，表面活性剂分子瞬间在气泡表面形成单分子膜，极性亲水基朝向外部水溶液，而非极性疏水基朝向气体内部，如图 7-1(a)所示。气泡借助浮力上升冲击溶液表面的单分子层，

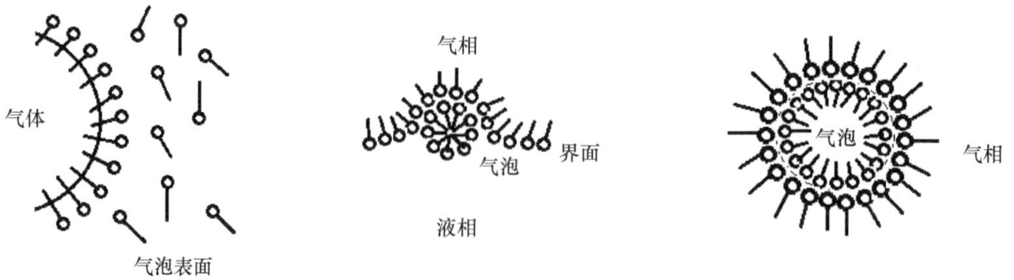

(a)　(b)　(c)

图 7-1　气泡的形成过程

如图 7-1(b)所示，此时在气泡表面的液膜外层上，表面活性剂分子又形成与原单分子层排列完全相反的另一层单分子膜，从而构成稳定的双分子层气泡体，最后形成在气相空间相当于球形的单个气泡，如图 7-1(c)所示。气泡表面的双分子层含有大量的溶液，其厚度约为数百纳米。许多气泡聚集产生球状气泡聚集体，更多的气泡聚集体聚集在一起，便形成了泡沫。

2. 泡沫分离法的分类

实际上，凡是利用泡沫为吸附介质进行分离的方法都称为泡沫吸附分离法，这类分离方法种类较多，一般按照图 7-2 所示进行分类。

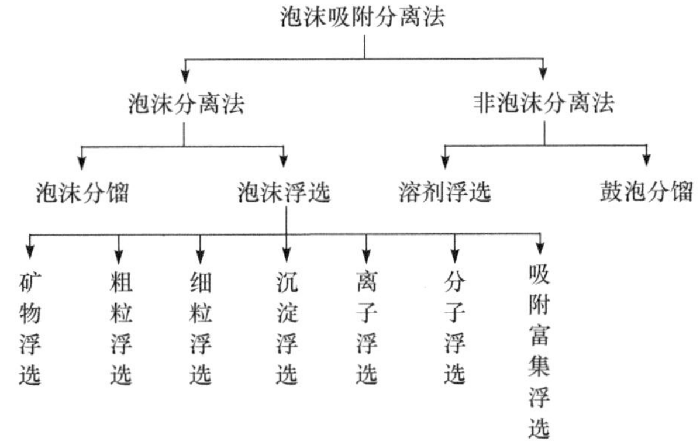

图 7-2　泡沫吸附分离法的分类

泡沫吸附分离法包括泡沫分离法和非泡沫分离法。非泡沫分离过程中也需要鼓泡，但不一定形成泡沫层。泡沫分离法又分为泡沫分馏和泡沫浮选。

泡沫分馏类似于精馏过程，主要应用于分离溶液中易溶解的物质，如表面活性剂和能与表面活性剂结合的一些非表面活性剂等。泡沫浮选主要应用于分离水溶液中不易溶解的组分，该方法按照分离对象形态，如分子、胶体、小颗粒或大颗粒的不同，又细分为矿物浮选、粗粒浮选、细粒浮选、沉淀浮选、离子浮选、分子浮选和吸附富集浮选等。各种方法的特点不同，应用对象也不同，其中矿物浮选常用于从矿石中分离出矿物粒子；粗粒浮选和细粒浮选分别用于分离共生矿中的粒径 1～10 mm 亲水性、疏水性离子及 1 μm～1 mm 胶体、高分子和矿物液等；沉淀浮选是通过加入沉淀剂分离富集稀溶液中的痕量金属元素；离子浮选和分子浮选分别用于分离非活性物质的离子或分子；吸附富集浮选是以胶体粒子为溶液中的收集剂，选择性地吸附分离目标物，再用浮选的方法除去。

3. 泡沫分离法的条件选择

泡沫不是很稳定的体系，其稳定性受表面活性剂种类及浓度、溶质性质、温度、压力、气泡大小和溶液酸度、盐度等条件影响。

1) 表面活性剂种类及浓度

表面活性剂结构中的非极性部分碳链不宜过短或过长，否则泡沫表面活性低而使得泡沫不稳定，或者泡沫过于稳定，气浮平衡过慢。

表面活性剂的浓度太低时泡沫层不稳定，太高时分离效率不好，只有接近临界胶束浓度时气泡寿命较长。

2) 溶质性质

待分离的溶质往往多组分共存，应根据不同溶质的表面活性和分离方法的特点，选择离子缔合或沉淀等转化反应，提高分离效率。

3) 温度

温度过低不易形成气泡，温度升高会造成气泡内压升高及气泡膜液体黏度降低，从而降低气泡的稳定性。因此，需要选择合适的温度，并且结合吸附平衡类型进行温度的优化选择。

4) 压力和气泡大小

小气泡比大气泡内压大，气体会从小气泡通过液膜向大气泡扩散，导致小气泡消失，大气泡变大，而气泡太大，不容易形成稳定的泡沫层，需要选择合适大小的气泡进行分离。

5) 溶液酸度

溶液的酸度直接影响泡沫分离效率，如蛋白质等天然表面活性组分的泡沫分离中，往往调节酸度为等电点以达到最高的分离效率。而对于非表面活性组分，调节酸度的目的是使其表面过剩量与其溶液浓度比值最大，以利于从混合物中分离目标物。

6) 溶液盐度

离子强度对不同的泡沫分离方法影响程度不同。溶液中盐度过高时，相同电荷离子会竞争离子表面活性剂而被吸附，所以有些泡沫分离法会因为溶液盐度过高而使分离效率下降。但是，用十二烷基苯磺酸钠进行氢氧化铜浮选时，离子强度对分离效率没有影响。

此外，泡沫的性质、气流速度、搅拌和排沫方法等也会影响泡沫分离效率。

4. 泡沫分离法的特点

(1) 设备简单、操作方便、耗能低。

(2) 可连续或间歇操作，易于放大。

(3) 适合于直接分离含有细胞或细胞碎片的生物料液。

目前，能够用于泡沫分离法中的表面活性剂较少，通常是大分子化合物，消耗量大、回收困难，分离的影响因素多，并且分离塔中的返混现象严重影响分离效率，这些缺点还有待进一步研究克服。

5. 泡沫分离法的应用

泡沫分离法适合于表面活性物质和天然、合成表面活性剂的分离，也适合于可以通过配位、沉淀等方法转化为表面活性物质的非表面活性物质的分离，在生物样品、植物样品活性成分提取和水处理、矿冶工业中的矿物浮选等领域应用广泛。

例如，用月桂酸和硬脂酰胺或辛胺为表面活性剂，数分钟内可以除去含细胞的大肠杆菌中约 95%的细胞；从来源于植物和微生物的糖类中去除蛋白质；从链球菌培养液中分离链激酶；从人参皂苷和三七皂苷等天然植物中提取皂苷。

扫一扫　视频 7.2　泡沫分离法

7.3　场流分离法

场流分离法是基于样品各组分与外力场相互作用而建立的分离方法，又称为场流分级法(field flow fractionation，FFF)。该方法不需要固定相，相当于单相色谱分离方法。

1966 年，吉丁斯(Giddings)基于分离理论提出并建立了类似于色谱的场流分离方法。该方法是将样品液流通过上下两个相距很近的平板构成的扁平带状通道，在此通道垂直方向施加外场，如电场、重力场、流体场、温度梯度或热场、磁场、光场、半透膜等，使样品不同组分处于不同位置，移动速度不同而分离。该方法类似于色谱分离方法，但没有固定相和填充材料，只有流动相的流动，特别适合于剪切力敏感的生物样品、颗粒样品的连续高效分离，如大分子、聚合物、胶体和微粒，而且不需要过多的样品前处理，操作简便。

1. 场流分离法的原理

场流分离法的分离过程包括进样、聚集松弛和分离三步。

场流分离法的基本原理是样品以很窄的样品带或脉动液流的方式进入分离通道(或称为分离室)后[图 7-3(a)]，以连续流动的液体为分离载液或称为载流液，推动样品带前行。在分离通道垂直方向施加外场，在外场的作用下流经扁平通道的样品粒子除了随着载流的纵向流动外，还受到两种作用力而产生垂直于通道的飘移运动[图 7-3(b)]，一种是布朗运动驱使组分粒子向通道中心扩散，另一种是外场力驱使组分粒子向通道底部运动。而载流的通道高度极小，粒子扩散很短的距离后就会达到两种作用力的平衡状态，尺寸较小的粒子扩散系数大，所受到的外场作用力较小，容易朝向扁平通道中心平移扩散，样品层的中心位置靠近通道中心，而通道中的流体流型为抛物线状的层流，流速不均一，靠近通道中心位置的横流流速最大，靠近通道内壁处的横流流速最小。因此，粒径较小的组分首先流出分离通道进入检测器，获得该组分的信号。反之，尺寸较大的粒子扩散系数较小，所受到的外场作用力较大，容易朝向通道底部的内壁聚集，该内壁称为积聚壁。如此，在通道中心朝向底部内壁方向形成不同大小粒子的梯度，而靠近底部内壁的流体流速相对较慢，所以按照分离尺寸大小顺序，粒子尺寸相对较大的组分流出较慢，出峰较晚，从而实现不同组分的分离[图 7-3(c)]。

(a) 进样

(b) 聚集松弛

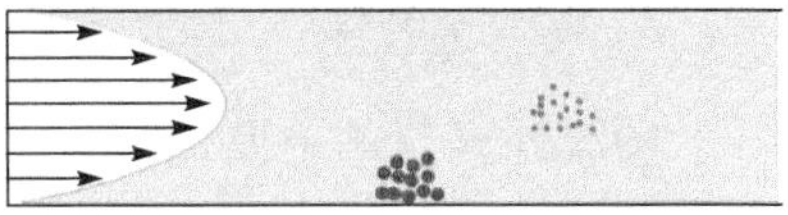
(c) 分离

图 7-3　场流分离原理示意图

在场流分离中，除了分子尺寸大小不同的组分可以分离，利用外场力的不同也可以对分子的质量、电荷和扩散系数等物理性质不同的组分实现分离。场流分离法使用没有固定相的空分离柱，以外场作用力实现分离，因此具有很宽的检测范围，而且系统压力较低，与一般的色谱分离方法不同，有效避免了剪切效应和吸附问题。

场流分离法可以按照物理场不同进行分类。

1) 电场流分离法

电场流分离法(EFFF)是指在垂直于扁平通道的方向施加外电场，基于不同组分粒子的电泳淌度和尺寸大小(或扩散系数大小)或荷质比的不同而进行分离的方法。样品组分粒子自身结构或电学性质不同，所受的电场作用力不同，而当电场力和扩散力达到平衡时，不同组分粒子就会处于积聚壁的不同距离处，于是各组分粒子的流速不同，进而实现不同组分粒子在通道出口的时间上的分离。EFFF 是 1972 年建立的分离方法，主要用于蛋白质、糖类、乳状液、胶体、细胞及纳米粒子的分离。通常，减小分离通道为微米级和外加 2 V 以内的弱电场，可以有效减少样品损失。

2) 热场流分离法

热场流分离法(ThFFF)又称为热力场流分离法，是指约 10 μm 厚扁平通道的上下两侧是可以控温的导热块，上端加热而下端降温，使温差达到约 100 K，在通道的垂直方向形成温度梯度，促使组分因热扩散作用向低温处聚集。当组分的热扩散作用和自身扩散作用达到平衡时，该组分处于平衡位置，因为横流流速不同，驱动不同组分进行分离。ThFFF 主要用于聚合物的分离。

3) 沉降场流分离法

沉降场流分离法(SdFFF)的外加物理场是指重力(重力场流分离)或离心力(离心力场流分离或沉降场流分离)，利用组分粒子的等效球体直径和密度差异进行分离。该方法灵敏度不高，但选择性高，主要应用于微米级以内粒子之间的分离，如胶体和细胞等。

4) 流场流分离法

流场流分离法(FFFF)的外加物理场是垂直于流体通道方向的横向流体，流体通道的上下壁是具有渗透能力的膜材料，只允许载流通过膜。样品组分粒子被横流推向半透膜内壁时，组分粒子积聚在膜内。不同的组分粒子在外加横向流的作用下处于横流通道层流的不同流速处，于是不同组分粒子流出通道出口而到达检测器的时间不同，从而实现分离。该方法主要适合于粒径为 1 nm～100 μm 的微粒分离及微粒尺寸测定等。

不同的场流分离法有不同的特点和应用对象，其中沉降场流分离法、热场流分离法和流场流分离法等已经得到较为广泛的应用。

2. 场流分离仪

场流分离仪的主要部件包括载液储瓶、输液泵、进样阀、柱槽、检测器、控制和数据处理系统。

1) 载液储瓶

场流分离使用的载液或流动相通常由水、缓冲液和有机溶剂组成。常用的有机溶剂有甲醇、乙醇、乙腈、四氢呋喃、苯、甲苯和二甲亚砜等。

2) 输液泵

场流分离法的流动相流速一般控制为 0.1～30 mL · min^{-1}，而输液泵的操作压力一般小于 2 MPa。

3) 柱槽

柱槽是场流分离最核心的部件，一般是在两块平行板之间放置塑料或金属薄片，构成两头为三角形的矩形带状通道。载液或流动相在通道内流动，外场自上而下垂直作用于通道。一般来说，平行板是金属、塑料、玻璃或多孔陶瓷材料，柱槽的长度为 30～90 cm，宽度为 1～2 cm，厚度为 50～500 μm。

另外，因为场流分离的工作压力较低，所以可以应用 HPLC 的各种进样装置、检测器、数据收集和处理的计算机控制系统。

3. 场流分离法的特点

与其他分离方法相比，场流分离法的特点有以下几点：

(1) 设备简单，操作简便，分离成本低。

(2) 分离速度快，分离效率高，选择性好，分辨率高。

(3) 对于大分子分离测定，无固定相，可以消除吸附、剪切、过滤、失活和变性等缺点，试样回收率高。

(4) 溶剂和外场可选余地大，应用范围广，适合于粒径 0.001～100 μm、分子量 10^3～10^{22} 的组分分离。

4. 场流分离法的应用

场流分离法已经有 50 多年的发展历史，在比较严谨的理论基础之上，随着仪器的商品化和更加广泛的应用，该方法的仪器自动化、微型化理论和应用研究具有广阔的前景。

鉴于场流分离法的特点，该方法在生物、医学、材料、环境和食品等领域得到广泛应用，主要应用于蛋白质、DNA 和多糖等生物大分子及合成聚合物、病毒、细菌、细胞、胶体和颗粒的分离，也可以用来测定聚合物的分子量等。

扫一扫　视频 7.3　场流分离法

7.4　分子蒸馏

分子蒸馏(molecular distillation，MD)是一种在高真空下操作的特殊液液分离或精制方法，又称为短程蒸馏(short-path distillation)。该方法不同于传统蒸馏依托各组分沸点不同分离的原理，而是靠不同物质分子运动平均自由程的差别实现分离。

20 世纪 30 年代，随着液液分离技术的发展和微观分子动力学及表面蒸发现象的深入研究，分子蒸馏技术得以产生。自 20 世纪 70 年代起该技术迅速发展，在世界范围内备受关注并获得了广泛应用，特别适合于高沸点和热敏化合物的分离提纯。

1. 分子蒸馏的原理

分子蒸馏是在 0.1～1 Pa 高真空下进行的非平衡蒸馏，是一种具有特殊传质传热机理的连续蒸馏过程。在分子蒸馏的过程中，物料分子从蒸发液面挥发至冷凝面冷凝的行程小于其分子运动平均自由程，而不同物质的分子运动平均自由程不同，在液液状态下得到有效分离。

分子与分子之间存在相互作用力。当两个分子相距较远时，分子之间的作用力主要是吸引力，而当两个分子靠近一定距离时，分子之间的作用力就变为排斥力，当分子越来越近时，这种排斥力会迅速增加，接近到一定程度时由于排斥力的作用，两分子发生分离。这种开始靠近而后分离的过程就是分子的碰撞过程。在碰撞过程中，两个分子质心的最短距离，即刚好发生分离的质心距离，称为分子的有效直径。一个分子相邻两次碰撞之间所经历的路程称为分子运动自由程。不同物质的分子自由程不同，同一物质的分子自由程在运动过程中也是变化着的。在某时间段内分子自由程的平均值称为平均自由程，用 λ_m 表示。由热力学原理得出

$$\lambda_m = \frac{k}{\sqrt{2}\pi} \times \frac{T}{d^2 p} \tag{7-1}$$

式中，k 为玻尔兹曼常量；T 为运动分子的环境温度；d 为分子有效直径；p 为运动分子所处空间的压力。

根据分子运动理论，液体受热后，其中的分子从液面逸出，不同种类的分子，其平均自由程不同。如图 7-4 所示，为达到分离的目的，首先对液体混合物进行加热，加快溶液中分子的运动，获得足够大能量的分子会逸出液面，变成气态分子。随着液面上方气态分子的增加，一部分气态分子又回到液相，一定条件下气、液两相达到动态平衡。轻分子的平均自由程大，重分子的平均自由程小，若在离液面小于轻分子平均自由程而大于重分子平均自由程处设置一冷凝面，轻分子落在冷凝面上被冷凝，从而破坏了轻分子的动态平衡，使得轻分子继续不断逸出。而重分子因达不到冷凝面，很快到达气、液动态平衡，溶液中的重分子表观上不再从溶液中溢出，从而实现混合物的分子蒸馏分离。

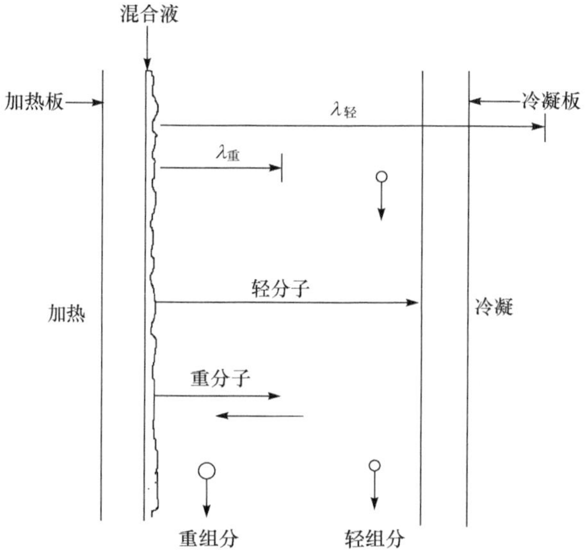

图 7-4　分子蒸馏分离原理示意图

与常规蒸馏压力 10^2～10^4 Pa 相比，分子蒸馏的压力只有 0.1～1 Pa，在这样的高真空状态下，分子在加热面的溶液表面进行蒸发时，几乎毫无阻力地冲向冷凝面而被冷凝下来。

分子蒸馏过程有四步，第一步是分子从液相主体向蒸发表面扩散，尽量降低液层厚度及强化液层的流动，以加快扩散速度，提高分子蒸馏速度；第二步是分子在液层表面上的自由蒸发，综合物质热稳定性和蒸发速度选择恰当的蒸馏温度；第三步是分子从蒸发表面向冷凝面飞射，保持高真空度可以减少空气对蒸发效果的影响；第四步是分子在冷凝面上冷凝，一般保证冷、热两面间的温度差为 70～100℃，且冷凝器表面光滑，提高冷凝速度和效果。

2. 分子蒸馏的影响因素

由自由程的表达式可见，影响分子蒸馏的因素主要有温度、压力、组分性质，以及进料

速度、蒸发膜厚度和覆盖面积等。

1) 温度

蒸馏操作温度、蒸发面和冷凝面温度差是分子蒸馏分离的重要条件。最佳的蒸馏操作温度是能够让轻分子获得足够高的能量到达冷凝面，而重分子无法到达冷凝面。通常蒸发面和冷凝面温度差为 70～100℃，温差越大，分离速度越快。实际应用时，应根据实际溶液组成和被分离物质的理化性质，再通过实验优化选择温度条件。

2) 压力

温度一定时，压力越小，即真空度越高，组分的沸点越低，分子的平均自由程越大，轻分子从蒸发面到达冷凝面的阻力越小，分离效率越高。对于高沸点、热敏组分，可以降低蒸馏温度，提高真空度以达到理想的分离效果。一般来说，分子蒸馏的压力为 0.1～1 Pa。

3) 组分性质

被分离化合物的分子量和分子结构等直接影响分子蒸馏的分离效果。共存的轻、重分子的分子量和蒸气分压的差异越大，越容易分离。也可以用合适的方法增加这种差异，以提高分离效率。

4) 进料速度

若进料速度太慢，分离效率低；若进料速度太快，组分无法充分蒸发就流到蒸发面板底部，也影响分离效率。实际进料速度可以通过实验进行优化确定。

5) 蒸发膜

蒸发膜的厚度、覆盖面积和均匀度直接影响分子蒸馏效果。蒸发膜越薄，覆盖面积越大，越均匀，蒸馏效率越高。不同的蒸馏器和不同的样品组成需要的蒸发膜厚度和覆盖面积不同。

6) 携带剂

携带剂是为了改善料液的流动性，解决分子量大、沸点高、熔点高和黏度大的组分造成的物料流动性降低的问题，避免物料长时间滞留在蒸发面上而发生固化或焦化。一般来说，选择沸点高、对物料溶解性好，且不发生化学反应、易分离去除的携带剂，帮助提高分子蒸馏效率。

3. 分子蒸馏的特点

与传统蒸馏相比，分子蒸馏具有以下特点。

1) 蒸馏温度低、真空度高、受热时间短、分离效率高

分子蒸馏在远低于沸点的温度下进行分离，保持一定的温度差就可以达到分离目的，这是分子蒸馏与传统蒸馏的本质区别。蒸馏过程高真空且受热时间只有数秒，物料不易氧化分解。因此，分子蒸馏特别适合于高沸点、热敏性和易氧化组分的分离。

2) 物理分离过程

分子蒸馏是单纯的物理分离过程，保护组分在分离过程中不被污染，能保障天然提取成分固有的品质。

3) 无沸腾鼓泡现象

分子蒸馏是组分在低压下液层表面的自由蒸发，液体中没有溶解的空气，因此蒸馏过程中不会使液体沸腾鼓泡，分离程度高。

4) 环保无污染、无残留

分子蒸馏不使用有机溶剂，不存在污染和残留问题，产物纯净。

5) 分离程度高

分子蒸馏能分离难以分开的物质，能够有效脱除液体中的有机溶剂和臭味等，也能够脱色。

但是，分子蒸馏的设备比较昂贵，对材料密封要求较高，设备加工难度大，分离的运行成本也比较高，限制了该方法的应用。

4. 分子蒸馏的应用

根据分子蒸馏的原理和特点可知，该方法特别适合于分子量相差较大、高沸点、热敏性、不稳定的易氧化或易聚合的物质分离，如同系物的分离和天然活性成分的分离精制。对于分子量相近而沸点或分子结构相差较大的组分，也可以用分子蒸馏分离。因此，分子蒸馏法在医药、化工和食品等工业领域得到广泛应用。

例如，天然维生素 A 和维生素 E、胡萝卜素和类胡萝卜素的分离提取；化妆品中的羊毛脂及其衍生物的脱臭、脱色；硅油、石蜡油、高级润滑油的精制；从发酵液中分离乳酸等活性成分；鱼油精制和油脂脱酸等。

扫一扫　视频 7.4　分子蒸馏

7.5　分子印迹分离

分子印迹分离(molecular imprinting separation)是指应用分子印迹材料为分离介质的分离方法。分子印迹技术(molecular imprinting technique，MIT)又称为分子烙印技术，是高分子化学、材料科学和生物化学相互结合渗透而形成的一门新型交叉学科。该方法的产生源于 20 世纪 40 年代的免疫学，之后在 70 年代开始受到关注。1972 年，伍尔夫(Wulff)研究小组首次成功制备出分子印迹聚合物，获得了分子印迹技术的突破性进展。80 年代后出现了非共价型模板聚合物。1993 年，弗拉塔基斯(Vlatakis)在 *Nature* 上报道了茶碱分子印迹聚合物，并展示了分子印迹聚合物的通用性和立体专一识别性。30 多年来，分子印迹技术得到飞速发展，研究成果呈直线上升。目前，该技术已广泛应用于色谱分离、抗体或受体模拟、生物传感器、生物酶模拟和催化合成等诸多领域，成为化学和生物学交叉的前沿领域之一。

1. 分子印迹分离的原理

分子印迹分离是借助分子印迹材料的分子识别性能而进行的高选择性分离。分子印迹聚合物是目前在分离领域应用最主要的印迹材料，该聚合物的制备主要是依据抗原-抗体的形成机理，首先把模板和单体混合预聚，两者之间形成多重作用点，再以交联剂通过聚合反应过程把这种结合体固定在聚合物网络结构中，除去模板分子后，留下模板分子所在的三维空穴，该空穴对模板分子及其类似物具有选择识别特性。分子印迹聚合物制备过程如图 7-5 所示。

分子印迹聚合物内部具有固定大小和形状的分子印迹位点，兼具物理空腔大小识别和分子功能基团相互作用的化学识别性能。

分子印迹聚合物具有三大特点：

(1) 预定性：可以根据不同的需要制备不同的分子印迹聚合物。

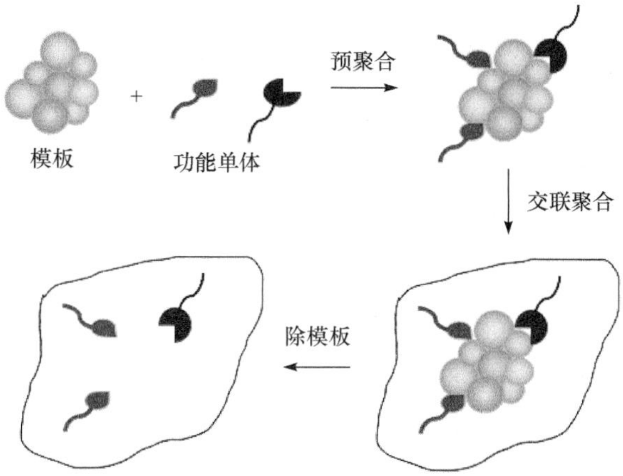

图 7-5　分子印迹聚合物制备过程

(2) 识别性：分子印迹聚合物对模板化合物具有专一识别能力。

(3) 实用性：分子印迹聚合物的分子识别能力类似于抗原与抗体、酶与底物，但是该材料由化学合成方法制备得到，稳定性好，使用寿命长。

2. 分子印迹聚合物的制备

分子印迹技术分为共价键法和非共价键法。

共价键法又称为预组装方式，是指先将印迹模板分子与功能单体反应，形成硼酸酯、席夫碱、亚胺或缩醛等衍生物，再通过交联剂聚合生成高分子聚合物，最后以水解等方法去除印迹模板分子，获得具有印迹模板分子空缺空间的分子印迹材料。该材料对印迹模板分子具有选择性识别功能。共价键法制备的分子印迹材料去除印迹模板化合物比较困难，难以清洗干净。

非共价键法又称为自组装制备法，是目前最常用、最有效的制备方法。该方法将印迹分子与功能单体以氢键、静电作用、金属螯合、电荷转移、疏水作用及范德华力等非共价键方式预结合而制备成分子印迹聚合物。这些非共价键作用中，主要是离子之间的静电作用和氢键作用。

两种分子印迹聚合物制备方法的比较见表 7-1。

表 7-1　共价型和非共价型分子印迹聚合物比较

分子印迹聚合物类型	共价型	非共价型
功能单体	含乙烯基的硼酸和二醇、含硼酸酯的硅烷混合物	丙烯酸、甲基丙烯酸、丙烯酰胺和苯乙酸类
模板和功能单体结合力	可逆共价键	分子间作用力
聚合反应速率	较慢	快
选择性	强	弱
模板去除方法	化学方法	溶剂洗脱

非共价型分子印迹聚合物制备简单，模板分子比较容易去除，在萃取分离中应用较广。分子印迹聚合物的制备方法有以下几种。

1) 本体聚合法

本体聚合法是最早最常规的分子印迹聚合方法。将功能单体、模板分子、引发剂、交联剂按照一定比例混合于惰性溶剂中，在加热或光照条件下发生聚合反应得到块状聚合物。该方法制备条件易于控制、操作简单、适用性广。但是这种包埋聚合法使得部分印迹位点包埋在颗粒中，印迹位点的利用率不高。而且在块状聚合物粉碎、研磨、筛分的过程中，印迹位点部分被破坏，颗粒粒径分散不均匀，模板难以除去，易发生模板泄漏，对痕量分析会产生干扰。

2) 悬浮聚合法

悬浮聚合法是指加入分散剂，在机械搅拌或振荡下将单体分散成液滴，悬浮于与一般有机溶剂互不相溶的悬浮介质中发生自由基聚合，又称为珠状聚合法。通过控制分散剂的用量，合成出均匀圆滑、形状规则、粒径范围分布窄的球状聚合物。该材料具有良好的选择性和色谱性能。

3) 沉淀聚合法

沉淀聚合法是指聚合物产物不溶于单体，或者引发剂和单体能溶于反应介质但聚合物产物不溶于反应介质而发生沉淀，这是一种非均相反应制备方法，又称为非均相溶液聚合法。其制备过程是将功能单体、模板、引发剂和交联剂混合，产生低聚物，随后交联成核析出，继续聚结成高交联聚合物沉淀。该制备方法操作简便，聚合物微球粒径均匀、分散性好。但是产物受反应溶剂影响大，且溶剂毒性大、产率低。

4) 表面印迹法

表面印迹法是将基体引入模板和单体混合溶液中，在基体的表面生成聚合物，结合位点分布在聚合物表面，方便印迹模板分子的洗脱与结合。表面印迹法适合于制备生物大分子的印迹聚合物。

5) 原位聚合法

原位聚合法是指在固定形状的容器内一步合成分子印迹聚合物，通常聚合于各种尺寸规格的玻璃管、金属管或塑料管内，所以又称为整体柱法。该方法不需要研磨、筛分、装柱等过程，减少了印迹位点的破坏和聚合物的浪费，而且聚合物微孔可以通过改变致孔剂用量进行控制，具有骨架和孔道的双连续性结构特征，渗透性高、背压低、实用性强，是目前应用最广的分子印迹聚合物制备方法。

3. 分子印迹聚合物的制备条件

影响分子印迹聚合反应的因素有很多，除了聚合方式、反应温度和时间等条件的优化，模板化合物、功能单体、交联剂、引发剂和溶剂的选择也十分重要。

1) 模板化合物

一般来说，有强极性活性基团存在的化合物才能较好地进行分子印迹聚合反应，并获得良好印迹位点，从而制备出高效的印迹聚合物，如药物、氨基酸、多肽等。

2) 功能单体

顾名思义，功能单体具有与模板分子共价或非共价作用的功能团。常用的功能单体有丙烯酸、甲基丙烯酸、丙烯酰胺和苯乙烯类，以及能够与一些金属离子发生螯合反应的亚氨基二乙酸衍生物等。

3) 交联剂

交联剂是指使模板和功能单体形成高度交联的刚性聚合物的反应物。常用的有乙二醇二甲基丙烯酸酯、三羟甲基丙烷、三甲基丙烯酸酯和季戊四醇三丙烯酸酯等。

4) 引发剂

分子印迹聚合物的制备过程是自由基引发聚合，常用的引发剂是偶氮二异丁腈(AIBN)和偶氮二异庚腈(ABVN)。引发方式有光照、加热、加压和电合成等，其中紫外光引发和热引发比较常用。

5) 溶剂

在聚合反应中，溶剂的作用是溶解模板和单体等反应物，也是致孔剂。一般来说，溶剂的极性越大，分子印迹聚合物的分子识别能力越差，因为极性较强的溶剂减弱了模板分子与功能单体之间的相互作用。在选择聚合反应溶剂时，应尽量与识别溶剂一致，以免聚合物发生溶胀。

4. 分子印迹分离的特点

1) 选择性高

分子印迹聚合物对于模板及其结构类似化合物具有立体的分子识别选择性，这是其最突出的特点。

2) 稳定性好

分子印迹聚合物耐高温高压、强酸强碱及有机溶剂等极端环境，可以在水相和有机相中重复使用。

3) 成本低、设备简单

分子印迹聚合物制备简单、分离方法高效灵活。

5. 分子印迹分离的应用

分子印迹聚合物具有独特的分子识别选择性，在分离科学领域及化学仿生传感器、控缓释药物、天然抗体模拟和模拟酶催化中应用广泛。下面介绍分子印迹聚合物在分离领域的应用。

1) 色谱分离

分子印迹聚合物应用于色谱分离，能够延长固定相和模板及其类似物的保留时间，有利于与其他组分的有效分离。该材料既可以分离药物等小分子，也可以分离蛋白质等大分子，分离效率高。

2) 固相(微)萃取

分子印迹聚合物作为固相(微)萃取分离介质，在水和有机溶剂中均可以循环多次使用，寿命长，方便上样、清洗和洗脱，适合于生物、食品、医药和环境样品中痕量组分的分离和富集。

随着分子印迹聚合物合成方法的不断改进和分子印迹识别机理的深化研究，有望在水相合成、吸附容量的提升、手性分离及大分子甚至生物活体细胞的识别等方面获得更大的进展和更广泛的应用。

扫一扫　视频 7.5　分子印迹分离

7.6　超分子分离

超分子分离(supramolecular separation)是指利用主客体超分子形成的分子识别作用而进行的物质分离方法。

超分子(supermolecule)是指两种或两种以上化学物质以静电作用、氢键或范德华力等分子间非共价弱相互作用缔结的复杂有序且有特定功能的分子结合体。1967 年，美国杜邦公司的佩德森(Pedersen)发现冠醚具有与金属离子及烷基伯胺阳离子配位的特殊性质。克拉姆(Cram)将冠醚称为主体(host)，将与其形成配合物的金属离子称为客体(guest)。这种主体与客体之间以非共价相互作用结合形成的主客体配合物称为超分子配合物。酶及其底物、激素及其受体、金属离子与冠(穴)醚的包合物等都是典型的超分子配合物。超分子不是指其分子的大小，而是一种特殊的结合方式。

超分子化学(supramolecular chemistry)是指基于分子间非共价相互作用而形成的分子聚集体的化学。超分子化学是近代化学、生命科学和材料科学相交叉的一门前沿学科。超分子化学的发展与冠(穴)醚、环糊精、杯芳烃(calixarene)、C_{60} 等大环化学和双分子膜、胶束、DNA 双螺旋等分子自组装，以及分子电子器件、有机新材料的研究密切相关。超分子化学主要研究分子间的非共价弱相互作用，如氢键、配位键、亲水键相互作用及它们之间的协同作用而生成的分子聚集体的组装、结构与功能。

基于对超分子化合物高选择性的研究和贡献，美国的佩德森和克拉姆，以及法国的莱恩(Lehn)这三位超分子化学家获得了 1987 年诺贝尔化学奖。从此，超分子化学进入迅速发展的鼎盛时期，也是 21 世纪备受关注的非共价键前沿领域。

超分子的形成包括分子识别和自组装两个方面。其中，分子识别是指主体和客体之间的选择性结合，这种结合遵循互补性和预组织原则。互补性原则是指分子之间的空间结构互补(类似于钥匙与锁的关系)和电学特征互补(键合点和电荷分布适合非共价键形成)；预组织原则是指主体在与客体结合之前，先组织好容纳客体的环境，以更好地识别和形成稳定的配合物。

下面介绍几种在分离中有所应用的超分子配合物。

1. 小分子聚集体超分子包接配合物及其分离应用

小分子聚集体是指小分子之间通过分子间作用力构成的特殊空间构型的超分子体系，可以作为主体分子构成超分子配合物，用于一些组分的分离。

常见的有尿素类和苯酚类。

1) 尿素类聚集体

尿素、硫脲和硒尿素是最早发现并用于分离的主体分子。这些分子中带孤对电子的—NH_2 与极化的双键相邻，共轭效应使分子的极化增强，即分子中存在正电荷和负电荷中心，如图 7-6 所示。当两个极化的分子相遇时，静电相互作用会形成环状二聚体，图 7-7 是硫脲的六元环状二聚体结构。

六元环状的二聚体仍然带有极性氨基、S(或 O、Se)原子及双键，依然是静电作用使环状二聚体分子相互叠加或多个分子形成螺旋状结构，最终呈现笼状或筒状的空间网格结构。显然，尿素、硫脲和硒尿素的环状二聚体的空间大小不同，则各自的网格结构具有不同的固定空腔大小，尿素聚集体空腔直径 0.525 nm，硫脲聚集体空腔直径 0.61 nm，硒尿素空腔更大。

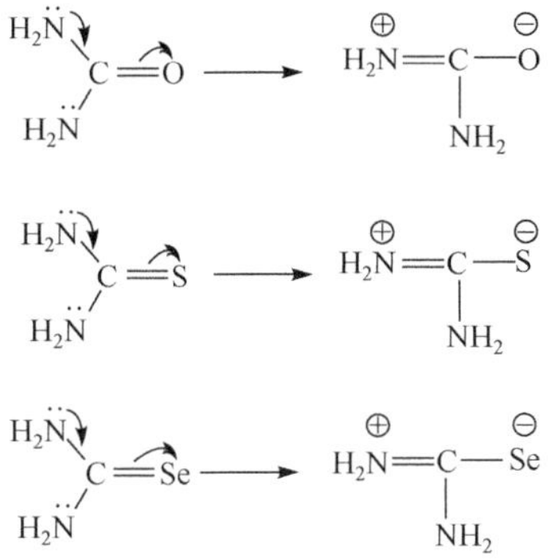

图 7-6 尿素、硫脲和硒尿素分子的极化过程

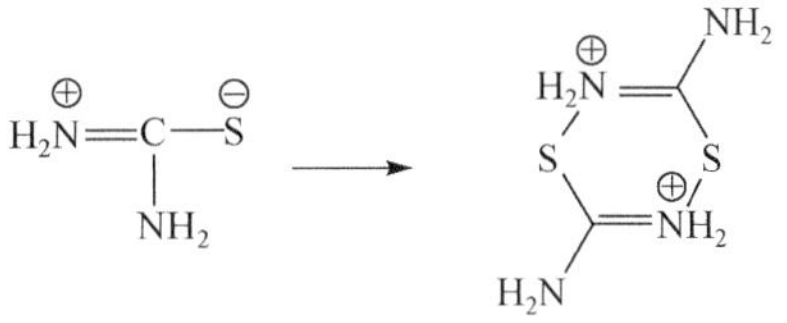

图 7-7 硫脲二聚体

这些聚集体依靠空腔的空间尺寸大小与特定大小分子有选择性相互作用，即具有分子识别作用，从而构成高选择性的超分子分离体系。一般来说，尿素聚集体对直链烷烃和烯烃具有较好的选择性，硫脲聚集体选择分离支链烷烃和环烷烃，见表 7-2。硒尿素聚集体对几何异构体具有良好的分离选择性。

表 7-2 尿素和硫脲聚集体的稳定常数(25℃)

主体	客体	$K_{稳}$	主体	客体	$K_{稳}$
尿素	正庚烷	1.75	硫脲	2,2-二甲基丁烷	10
	正辛烷	3.57		环己烷	45.5
	正癸烷	111		甲基环己烷	2.33
	正十六烷	476		甲基环戊烷	3.85

尿素和硫脲都是强极性固体，而烷烃为非极性液体，在分离体系中需加入极性溶剂以改善体系的动力学性质，增加尿素和硫脲主体分子的溶解速度并改善体系的热力学性质，增加超分子配合物的稳定性和选择性。甲醇、二氯甲烷、乙二醇单甲醚是这些分离体系常用的极性溶剂。

2) 苯酚和对苯二酚

苯酚和对苯二酚结构中的羟基相互作用形成分子间氢键，产生多分子氢键缔合物，如图 7-8 所示。缔合达到一定长度后会发生卷折而形成筒状物。如图 7-9 所示，6 个对苯二酚筒状氢键缔合物直径为 0.42～0.52 nm，与对应尺寸大小的客体分子能够形成超分子包接配合物，具有良好的选择性。

2. 冠醚、穴醚超分子配合物及其分离应用

1967 年，佩德森在碱性介质中以四氢吡喃保护邻苯二酚的一个羟基，与二氯乙醚进行缩合反应，合成[双(2-邻羟基苯氧基)乙基]醚时，意外得到了极少量的大环多醚化合物。此后又陆续合成了几十种大环多醚化合物，即冠醚。这类化合物对碱金属和碱土金属离子、NH_4^+、RNH_3^+、Ag^+、Au^+、Tl^+、Hg^+、Hg^{2+}、Cd^{2+}、Pb^{2+}、La^{3+}和 Ce^{3+}等表现出很好的选择性配位能力。

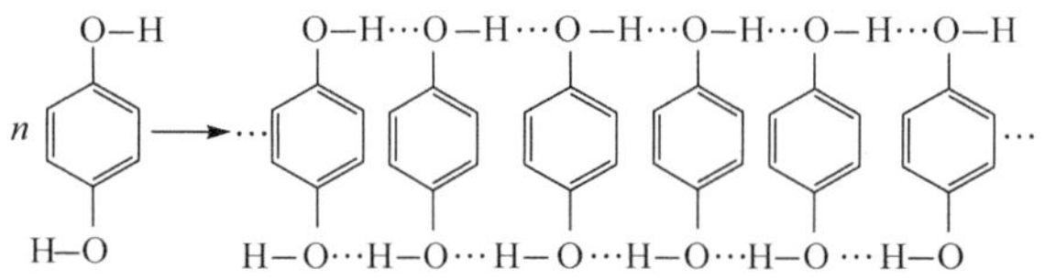

图 7-8　对苯二酚氢键缔合物

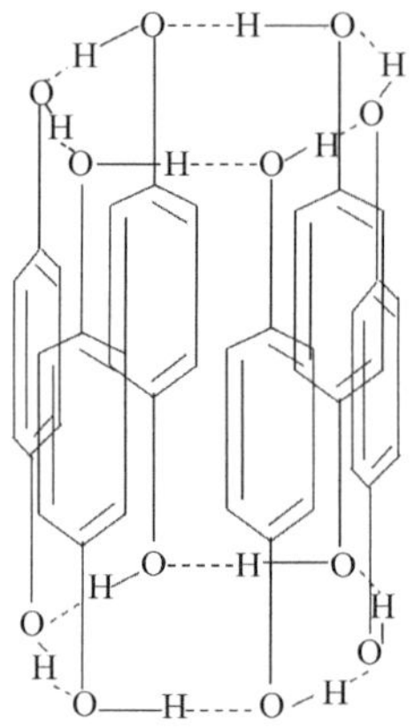

图 7-9　对苯二酚筒状缔合分子

1969 年，莱恩发现了一类以氮原子为桥头的双环配位体，并根据其分子结构图形命名为穴醚。

冠(穴)醚化合物有数千种，其结构中的杂原子有 O、N，也有 S、P 或 As。碳原子数目及杂原子种类和数目的不同直接改变孔穴尺寸，甚至可以引入其他芳香环或杂环取代基以改变其空间结构，优化其配位能力。

冠(穴)醚化合物与客体分子或离子之间可以通过偶极-偶极或偶极-离子相互作用，也可以通过氢键或电荷转移相互作用形成主客体配合物，主要体现在主体分子孔穴的选择性和客体分子尺寸大小、配位基团特性等。

基于主客体配合物形成过程的高选择性，冠(穴)醚化合物广泛应用于包接物化学、萃取化学、同位素分离化学、旋光异构体拆分、分子识别、色谱和电泳等分离领域。

3. 杯芳烃超分子配合物及其分离应用

杯芳烃是指苯酚衍生物与甲醛反应得到的一类环状缩合物。与冠(穴)醚一样，杯芳烃也具有特殊的空间结构和杂原子，是典型的超分子主体。该类化合物发现于 18 世纪后期，但是直到 20 世纪 70 年代古奇(Gutsche)等合成了杯芳烃，这类化合物才得到深入研究。从此，杯芳烃被认为是继环糊精和冠醚之后的第三大类充满魅力的新型主体化合物。

杯芳烃合成简单，原料价廉，易于按需求进行化学改性，也可以制得空腔大小不同的环状低聚体，满足不同体积和形状的客体分子，而且热稳定性和化学稳定性好，难溶于绝大多数溶剂，毒性较低，柔性好。因此，杯芳烃可以用于分离科学的超分子配位识别，选择性高，如应用于 K^+和 Na^+的高选择性分离、从海水中提取铀元素、从核废料中回收金属铯等。

4. 环糊精超分子配合物及其分离应用

环糊精(cyclodextrin，CD)是指含有 6～12 个 D-(+)-吡喃葡萄糖单元的环状低聚糖。1891 年，维利尔斯(Villiers)从淀粉降解物中分离出这种环状低聚糖，每个糖单元呈椅式构象，通过 α-1,4-苷键首尾相连，形成大环分子。根据成环的吡喃糖的数目，环糊精分为 6 糖环的 α-环糊精(α-CD)、7 糖环的 β-环糊精(β-CD)和 8 糖环的 γ-环糊精(γ-CD)。其中，β-CD 应用较多，其结构如图 7-10(a)所示。

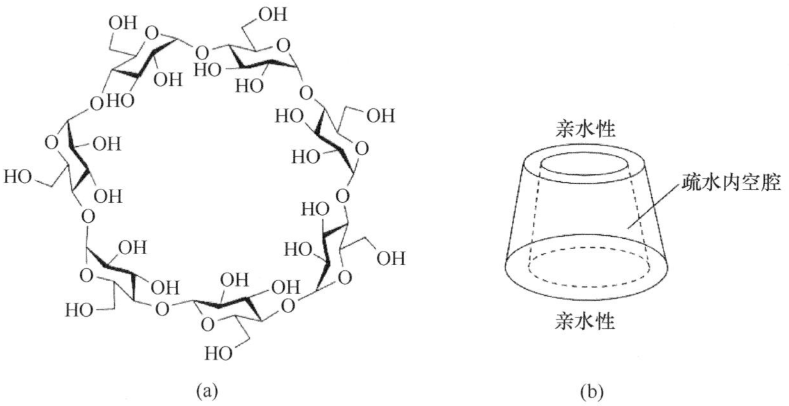

图 7-10 β-环糊精的结构示意图

环状的环糊精呈中空圆筒状，每个单糖 C-6 上的一级羟基(—CH_2—OH)位于圆筒窄口边，而 C-2 和 C-3 上的两个二级羟基处于圆筒宽口边。因此，环糊精圆筒结构的两端口边具有亲水性，而内空腔有两层 C—H 键，中间是缩醛氧(醚氧)，具有一定的疏水性。*β*-CD 的圆筒结构如图 7-10(b)所示。

构成环糊精的单糖数目不同，圆筒的内孔和外孔尺寸不同。*α*-CD、*β*-CD 和 *γ*-CD 的内空腔内径分别为 0.5 nm、0.65 nm 和 0.85 nm，其环的大小分别为 30 nm、35 nm 和 40 nm。作为主体化合物，环糊精和客体化合物的尺寸匹配和极性匹配是形成超分子配合物的条件，如苯和苯酚与 *α*-CD、萘与 *β*-CD、蒽和冠醚与 *γ*-CD 比较匹配。

综上所述，环糊精主要是依托其化学结构的极性匹配和物理形貌的空腔尺寸大小匹配，才能与客体化合物形成稳定的超分子配合物，包括客体分子进入主体分子圆筒内部的包接配合物及客体分子在主体分子孔穴入口处形成的缔合配合物等。

环糊精在超分子分离中主要是作为固定相的修饰剂应用于色谱分离，特别是手性化合物的分离，如将环糊精修饰在硅胶基质上对烃类化合物的手性分离；在样品前处理中利用环糊精的分子识别功能，将环糊精修饰于新型材料整体柱中、Fe_3O_4 磁芯表面、核壳材料结构表面等，作为固相(微)萃取或磁萃取、分散固相萃取的吸附分离介质，广泛应用于食品、生物和环境样品中微量组分的分离富集。

扫一扫 视频 7.6 超分子分离

7.7 电化学分离法

电化学分离法(electrochemical separation)是指依据原子或分子的电性质和离子的带电性质及行为而进行分离的方法。

与其他分离方法相比，电化学分离法消耗试剂少、分离快速、操作简便和污染少，近年来发展快速，应用广泛。

电化学分离法主要包括自发电沉积法、电解分离法、电泳分离法、电渗析分离法、化学修饰电极分离法、溶出伏安法和控制电位库仑分离法等。其中一些传统的电分离方法，如自发电沉积法和电解分离法，在仪器分析的电分析化学中已经学习过，电泳分离法和电渗析分离法分别见 3.6 节和 6.4 节。本节主要介绍化学修饰电极分离法、溶出伏安法和控制电位库仑分离法。

1. 化学修饰电极分离法

化学修饰电极分离法是指利用化学修饰电极特殊的表面微结构多种势场，对待测物进行有效分离富集的方法。该方法可以通过控制电位有效提高选择性。

化学修饰电极(chemically modified electrode，CME)是指通过化学或物理化学的方法对导体或半导体电极表面进行修饰，形成某种微结构，赋予电极某些特定的电化学性质，可选择性地在电极上进行期望的氧化还原反应而实现分离、分析或合成等。1975 年化学修饰电极问世，之后随着谱学技术的发展，可以观察和表征电极表面微结构，推动了化学修饰电极的研究和应用，目前化学修饰电极在化学传感器、电催化、立体有机合成、分子电子器件和分离富集等领域中已经取得了较好的成果。

1) 化学修饰电极的制备方法

化学修饰电极的制备方法主要有滴涂法、共价键合法、吸附法(包括自组装法)、电化学法和组合法等，一般需要根据电极基体性质和制备目的选择合适的修饰方法。

(1) 滴涂法：抛光处理基体电极表面后，将均匀分散在溶剂中的聚合物或纳米材料滴涂于电极表面，溶剂蒸发后，电极表面形成修饰的涂膜。修饰过程可以将电极浸于修饰液中，也可以用微量注射器量取一定量的修饰液均匀滴加到电极表面，或者是电极在修饰液中旋转，最后溶剂挥发成膜。

(2) 共价键合法：首先对基底电极进行表面预处理以引入键合基团，然后在电极表面进行有机合成反应，使电极表面键合预定的官能团。共价键合修饰电极稳定性高、选择性好，是最早应用的电极表面修饰方法。

(3) 吸附法(包括自组装法)：修饰剂与基底电极之间以非共价作用成膜，有化学吸附法、自组装膜法、欠电位沉积法和 LB 拉膜法等。

(4) 电化学法：以电化学氧化法、电化学沉积法和电化学聚合法制备化学修饰电极。其中，电化学氧化法是指反应物在电极表面发生电化学氧化反应，产物在电极表面通过吸附、组装、共价或非共价键合等作用而被固定；电化学沉积法是将电极浸于含有修饰材料的电解液中，以恒电位或恒电流等方式在电极表面电沉积成膜；电化学聚合法是以电化学氧化还原反应引发单体聚合于电极表面成膜，主要制备聚合物薄膜修饰电极。

(5) 组合法：将化学修饰剂与电极材料研磨混合，制备成修饰电极。常用的是碳糊修饰电极，即将黏合剂、石墨粉和化学修饰剂一起研磨制得。

2) 化学修饰电极的分离机制

将化学修饰电极用于物质分离时，不同的分离体系有不同的分离机制。

(1) 基于离子交换作用：电极表面通过静电作用吸引相反电荷离子而实现分离富集。分离过程中，电荷数高、溶剂化体积小和极性高的离子优先进行交换。

(2) 基于配位反应：目标物与修饰电极表面发生配位反应而实现分离富集。

(3) 基于共价键合：目标物与修饰电极表面基团发生共价键合反应而实现分离富集。

(4) 基于疏水作用：对于表面有疏水性修饰基团的电极，选择富集疏水性有机物。

(5) 其他机制：如电极表面修饰膜对特定离子或分子组分的选择性渗透，而在修饰电极膜上进行分离。

3) 化学修饰电极分离法的应用

化学修饰电极对特定组分具有选择性分离富集作用，可以有效提高分析方法的选择性和灵敏度，如阴离子修饰电极分离富集和检测多巴胺阳离子；聚酰胺修饰碳糊电极分离检测色氨酸和酪氨酸等。

2. 溶出伏安法

溶出伏安法(stripping voltammetry)是指在大体积溶液中痕量待测物极谱分析产生极限电流的电位下电解一定时间后，再改变电极电位，该微小体积电极表面富集的组分重新溶出，利用溶出过程的伏安曲线完成定量分析。

溶出伏安法包括电解富集和电解溶出两个步骤，又称为反向溶出极谱法，具有很高的灵敏度和选择性。

溶出伏安法有三种方式：

(1) 阳极溶出伏安法：在一定的电位下，样品溶液中的痕量待测组分进行恒电位电解，选择性地被还原富集在工作电极上，静置片刻后改变工作电极电位由负向正方向变化，使待测物重新溶解，即“阳极溶出”，溶出过程中所产生的峰电流与原样品溶液中待测物的浓度成正比。

(2) 阴极溶出伏安法：与上述相反。

(3) 电位溶出伏安法：在恒电位下电解样品溶液中待测组分后，断开电解电路，溶液中的溶解氧或加入的氧化剂将电极上的电沉积物氧化，在电位-时间曲线上呈现平台“过渡时间” τ，在一定条件下，τ 与待测物浓度成正比。

溶出伏安法在金属离子的分离富集分析中有较好的选择性和灵敏度，如用悬汞电极的阴极溶出伏安法分离测定 V(Ⅴ)和 Al(Ⅲ)；以碳纤维修饰电极电位溶出伏安法测定 Zn(Ⅱ)和 Pb(Ⅱ)；用玻碳汞膜电极电位溶出伏安法测定 Mn(Ⅱ)和 Cu(Ⅱ)等。

3. 控制电位库仑分离法

控制电位库仑分离法又称为控制电位库仑滴定法(controlled potential coulometric titration)，是将工作电极电位调至设定值，进行恒电位电解，直至电解电流为零。这一过程实现了待测物与溶液中其他组分分离，在电流效率为 100%的前提下电解消耗的电量就是待测物所需的电量，据此计算待测物的含量。

控制电位库仑分离分析过程分为两个步骤：

(1) 预电解：向电解液中通 N_2 几分钟以除去溶解氧，或隔绝空气进行电解以保证电流效率 100%。在加入试样前，先以比测定电位小 0.3～0.4 V 进行预电解，使电解电流降至本底电流，以消除电活性杂质。

(2) 电解：将电位调至测定电位，不切断电流，将试样溶液加入电解池中，接通库仑计电解。当电解电流降低到本底电流时停止，由库仑计记录的电量计算待测物的含量。

控制电位库仑分离分析方法具有灵敏度、准确度和选择性高及不使用基准物质的特点，在混合物的分离分析中有广泛的应用，可以进行几十种金属、非金属元素及其化合物的分离测定及生物样品中有机物的分离分析，如血清中尿酸的分离分析等。

扫一扫 视频 7.7 电化学分离法

思 考 题

1. 描述磁分离法的原理和应用。
2. 与其他磁分离法相比，超导磁分离法的优点有哪些？
3. 查阅相关中外文文献，综述磁分离法的发展历史和前景。
4. 描述泡沫分离法的原理及特点。
5. 与其他分离方法相比，场流分离法的特点有哪些？
6. 比较场流分离仪和高效液相色谱仪的异同点。
7. 场流分离法主要的应用对象有哪些？
8. 分子蒸馏和传统蒸馏的区别是什么？其应用特点和应用对象主要有哪些？
9. 分子印迹分离的基本原理是什么？分子印迹材料的制备方法有哪些？
10. 查阅文献，综述分子印迹分离的主要应用与最新进展。
11. 举例说明超分子分离的主要机理。查阅文献，阐述超分子分离的主要进展。
12. 电极表面进行化学修饰的目的是什么？修饰电极主要有哪些类型？说明化学修饰电极对于提高分离选择性的重要性。

第三篇

分离分析方法

第 8 章　毛细管气相色谱法和超高效液相色谱法

气相色谱法和高效液相色谱法是成熟且被广泛应用的现代色谱分离分析方法。为了进一步提高分离柱效，毛细管气相色谱法和超高效液相色谱法应运而生，近年来也得到了广泛的应用。本章在学习了填充柱气相色谱法、高效液相色谱法和质谱法的基础上，介绍毛细管气相色谱法和超高效液相色谱法及其与质谱的联用方法。

8.1　毛细管气相色谱法

毛细管气相色谱法又称毛细管柱气相色谱法(capillary column gas chromatography)，是指以毛细管柱为气相色谱分离柱的快速高效、高灵敏度的分离分析方法。

1941 年，马丁(Martin)和辛格(Synge)在液相色谱的基础上提出了可以用气体代替液体作为色谱分离的流动相，并于 1952 年获得诺贝尔化学奖。1953 年，马丁和詹姆斯(James)建立了完整的气相色谱分离分析方法。但是填充柱色谱往往因为柱内的填料颗粒大小不均一、填充不均匀、渗透性差而出现色谱峰展宽导致柱效低的问题。

1957 年，戈利(Golay)在美国仪器学会组织的首届气相色谱会议上首次提出了涂壁毛细管气液分配色谱法，即基于色谱动力学理论，在细长的毛细管内壁均匀地涂渍固定液薄膜用于气相色谱的分离，有效提高了分离效果。这种毛细管柱的中心是空的，常称为开管柱(open tubular column)。次年，戈利在阿姆斯特丹的气相色谱会议上发表了著名的戈利方程，并阐述了各种参数对毛细管柱分离效能的影响，为毛细管气相色谱法的发展奠定了重要的基础。1979 年，随着熔融二氧化硅毛细管气相色谱柱的制备及应用，毛细管气相色谱法迅速发展。20 世纪 80 年代，固定液固定化技术的产生提高了色谱柱的稳定性和使用寿命，改进了色谱柱的性能。1983 年，美国惠普(HP)公司推出了大孔径毛细管柱，之后出现了集束毛细管柱、耐高温毛细管柱和手性毛细管柱等。

20 世纪 50 年代后期，我国开始对毛细管气相色谱进行研究，并且逐步应用于石油化工和食品、环境、药物、生物等领域的定性和定量分析。

8.1.1　毛细管色谱柱的种类

毛细管色谱柱的规格一般为内径 0.1～0.5 mm、柱长 20～200 m，可以从材质、内径、填充方式等不同方面进行分类。

1. 按照材质分类

(1) 不锈钢毛细管柱：机械强度好，能耐高温，活性中心较多，内表面有一定的催化活性，但是惰性差，不透明且不易涂渍固定液，故需要在特定条件下使用，使用较少。

(2) 玻璃毛细管柱：玻璃材料透明易观察，具有一定的吸附性，内表面惰性较好，但是机械强度差，易折断，安装困难。

(3) 熔融石英毛细管柱：石英材质有弹性，极少有羟基等活性位点，降低非特异性吸附，化学惰性和热稳定性好，机械强度高，应用广泛。

2. 按照内径分类

(1) 常规毛细管柱：内径为 0.1～0.3 mm(常用 0.25 mm)的玻璃或熔融石英毛细管柱。

(2) 小内径毛细管柱：内径小于 0.1 mm(常用 0.05 mm)，适合于快速分析。

(3) 大内径毛细管柱：内径一般为 0.32 mm 和 0.53 mm，液膜比较厚，为 1～5 μm，由于载样量高，可代替填充分离柱。

3. 按照填充方式分类

1) 填充型毛细管柱

(1) 填充毛细管柱：先将惰性载体装入玻璃管中，再拉长加工成毛细管，最后涂渍固定液。

(2) 微型填充柱：以匀浆等方法用高压或真空将数十至数百微米的惰性载体填充入内径 50～320 μm 的毛细管中。

填充型毛细管柱的分离柱效不理想，近年来使用较少。

2) 开管型毛细管柱

(1) 涂壁开管毛细管柱(wall coated open tubular column，WCOT)：是指固定液被直接涂渍在预处理后的毛细管内壁上的毛细管柱。这种类型的毛细管柱在毛细管气相色谱法中比较常用。

(2) 壁处理开管毛细管柱(wall treated open tubular column，WTOT)：是指首先对毛细管内壁进行物理化学处理，以减少毛细管内壁的化学活性，增加涂敷性，然后在内壁上涂渍固定液。

(3) 多孔层开管毛细管柱(porous layer open tubular column，PLOT)：在毛细管内壁涂上分子筛、氧化铝、石墨化炭黑或高分子微球等多孔固体吸附物质，形成色谱分离固定相，相当于气固色谱分离。

(4) 载体涂层开管毛细管柱(support coated open tubular column，SCOT)：将细颗粒(＜2 μm)载体黏附在毛细管的内壁上，再涂渍较厚的固定液以获得大涂渍量，即分离柱的柱容量较大。

(5) 化学键合相毛细管柱：将固定相以化学键合的方式键合到硅胶涂覆的毛细管内表面或经过表面处理的毛细管内壁上，使固定相热稳定性提高。

(6) 交联毛细管柱：以交联聚合的方式将固定相交联到毛细管内壁上，因而热稳定性高，耐溶剂，分离柱效高，柱寿命长，应用广泛。

8.1.2 毛细管色谱柱的特点

与填充柱相比，毛细管色谱柱具有以下特点：

(1) 渗透性好：毛细管柱的渗透率是填充柱的 100 倍左右，在同样的柱前压下可以使用较长的毛细管柱(100～200 m)，而载气的线速可保持不变，由此提高了柱效。

(2) 柱效高：毛细管柱单位柱长的柱效优于填充柱，但仍处于一个数量级，但是毛细管柱比填充柱长很多(一两个数量级)，使得毛细管柱的总理论塔板数可达到 10^6，适合于分离性质相近和组成复杂的化合物样品。

(3) 相比大：固定相的液层薄而均匀(固定液厚度 0.35～1.50 μm，总涂渍量为数十毫克)，传质快，有利于提高柱效。毛细管柱的相比 β 为 50～250，即柱保留能力、柱容量等较低，容量因子 k 值比填充柱小，因此进样量小(1～10 nL 或使用分流进样技术)，避免过载。

(4) 分离快速：没有填充颗粒，不存在涡流扩散，可以使用高流速的流动相进行毛细管柱的色谱分离，从而缩短分离时间，提高了分离速度。

(5) 灵敏度高：毛细管色谱柱配合氢火焰离子化检测器，灵敏度高，应用广泛。

8.1.3　毛细管气相色谱仪

毛细管气相色谱仪和填充柱气相色谱仪的构造基本相同，即主要部件包括载气系统、进样系统、分离系统、检测系统和温控系统。但是与填充柱气相色谱仪相比，毛细管气相色谱仪的进样系统部分增加了分流放空的控制流路，而且色谱分离柱后和检测器前也增加了尾吹气流路，见图 8-1。

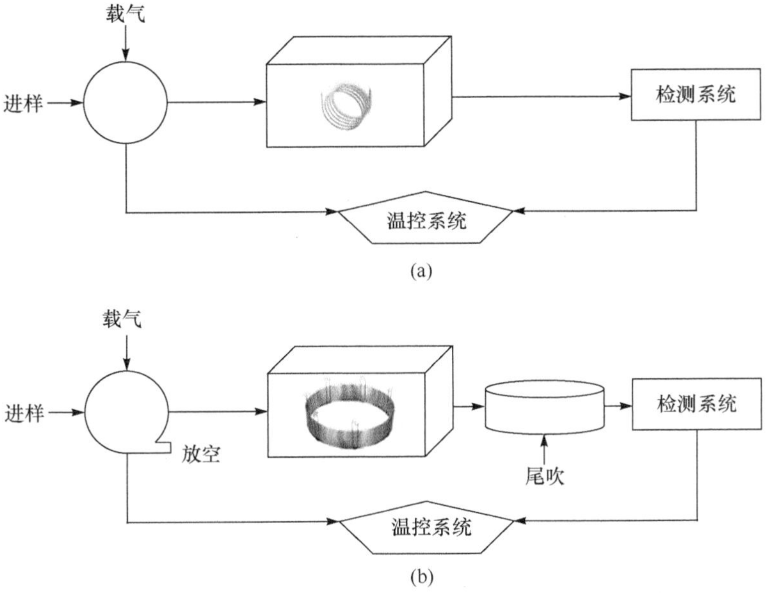

图 8-1　填充柱气相色谱仪(a)和毛细管气相色谱仪(b)的基本构成

下面主要介绍毛细管气相色谱仪的进样系统和尾吹气辅助气路。

1. 分流进样和不分流进样

毛细管气相色谱仪的进样系统包括进样器和分流器两个部分，见图 8-2。

进样器的作用是将样品导入汽化室而进入毛细管柱进行分离，有内插不同规格的玻璃套管的不同进样方式。分流器包括分流比阀、针形阀和电磁阀等控制部件。

分流器的作用是对样品进行分流或不分流处理，由此决定了毛细管气相色谱有分流进样和不分流进样两种进样方式，以及后期改进的直接进样和冷柱头进样等方式。

1) 分流进样法

毛细管柱容量小，用常规的微量注射器进样必然会超载，但又难以直接进行 0.01 μL 试样的准确进样。因此，采用分流进样方式，即较大体积的样品在进样口汽化后与较大流量的载

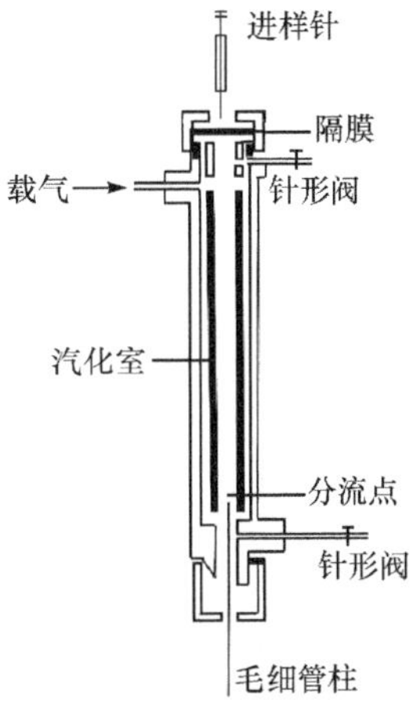

图 8-2　分流和分流进样示意图

气混合均匀，少量样品进入色谱柱进行分离，而大部分样品放空。放空的样品量与进入毛细管的样品量比称为分流比，一般为 50∶1～500∶1，即分流后进入毛细管柱的样品只是进样量很少的一部分，有效避免超载。而且放空了较大量的载气，只有小流量的载气进入毛细管柱，保证了分离过程的最佳流速。同时，汽化室大流量的载气快速将样品载入毛细管柱，样品停留时间短，减少死体积的影响，载气也能够快速吹洗汽化室，避免了因非瞬间进样而引起的谱带展宽。

分流进样方式简便易行，应用广泛。但是分流器的设计直接决定分流后的试样组成是否代表原有试样，也不适合于痕量组分分析。因此，对于痕量组分分析和要求比较高的定量分析，为了提高方法的灵敏度和分析结果的准确度，发展和应用了新型的不分流进样和冷柱头进样等。

2) 不分流进样法

使用分流进样器时，先打开分流比阀和电磁阀，以载气清洗整个进样器，然后关闭电磁阀后再进样，样品不发生分流作用，汽化的样品基本进入或大部分进入毛细管柱，进样结束后重新打开电磁阀，再次清洗整个进样器，残留在汽化室的样品气体通过分流气路放空，去除溶剂，避免溶剂峰拖尾。因为进样速度较慢，汽化室温度较低，所以不分流进样允许较大的进样量，比分流进样量可以大数个数量级，适合于痕量组分和热不稳定化合物分析，如在天然产物、代谢物、食品、环境和药物痕量或超痕量分析中得到广泛应用。

对于常量或微量组分分析，样品必须事先用适当的溶剂进行稀释，稀释比例为 $1:10^4$～$1:10^5$，通常控制进样体积为 0.5～3 μL。

3) 直接进样法

毛细管气相色谱直接进样法和填充柱气相色谱的直接进样方法相同，样品不经过稀释而直接注入汽化室汽化，再进入毛细管柱进行分离。此时，通常使用大柱容量和 0.4～0.8 mm 大口径的毛细管分离柱。为了保证较好的起始峰形和分离柱效，在等温分离条件下的直接进样法一般要控制进样量尽可能少(小于 0.5 μL)，当样品量大于 0.5 μL 时需要使用程序升温分离模式。

直接进样法适合于浓度相差较大的样品分离分析。

4) 冷柱头进样法

冷柱头进样法是将装有样品的外径约 0.18 mm 的细针头石英或不锈钢微量注射器用气体冷却，直接将样品注入毛细管柱的柱头顶端，使用程序升温模式对样品进行分离。其原理与不分流进样法类似，利用了冷捕集技术和溶剂效应，即样品在毛细管柱头预浓缩后再进行柱分离，对于沸程宽的样品可以获得良好的准确度和重现性，也适合于热不稳定组分的分离分析。

2. 尾吹气辅助气路

毛细管柱两端连接管路的接头部件、进样器和检测器等各部分的死体积不能太大，否则试样组分在这些部分扩散将影响毛细管柱的分离和柱效(柱外效应)，引起谱带扩展。因此，在毛细管柱后增加尾吹气辅助气路，即在毛细管柱后和检测器前的流路中增加尾吹气装置，从而增加毛细管柱出口到检测器的载气流量，减少死体积的影响。同时还可以增加 N/H 值(接近 1)，克服毛细管柱系统载气 N_2 流量过小($1\sim5\ mL\cdot min^{-1}$)对氢火焰离子化检测器灵敏度的影响，即提高了检测器的灵敏度。

8.1.4 毛细管柱的速率理论

与填充柱气相色谱一样，毛细管气相色谱的柱效也是用理论塔板数 n 表示：

$$n = 5.54\left(\frac{t_R}{W_{1/2}}\right)^2 \tag{8-1}$$

式中，t_R 为组分的保留时间；$W_{1/2}$ 为半峰宽。

相邻组分的分离程度同样是用分离度 R 表示：

$$R = \frac{\sqrt{n}}{4}\left(\frac{\alpha-1}{\alpha}\right)\left(\frac{k_2}{1+k_2}\right) \tag{8-2}$$

式中，α 为选择性因子；k_2 为保留时间较长组分的容量因子。

毛细管气相色谱和填充柱气相色谱的分离原理相同，都是基于各组分在固定相和流动相之间的分配比不同而实现分离的目的，因此其基本理论相同。但是两者的分离柱结构不同，对分离柱效的影响因素有些差别。

在速率方程中，因为空心的毛细管柱不填充载体，不存在涡流扩散，即涡流扩散因素可以忽略，A=0，弯曲因子 γ=1。1958 年，戈利指出影响毛细管柱分离中的峰展宽因素有三个方面，即纵向分子扩散、流动相中传质阻抗和固定相中传质阻抗，并导出类似的戈利速率方程，即

$$H = \frac{B}{u} + (C_g + C_l)u$$

将各项展开，则有

$$H = \frac{2D_g}{u} + \frac{1+6k+11k^2}{24(1+k)^2}\left(\frac{r_g^2}{D_g}u\right) + \frac{kd_f^2}{6(1+k)^2 D_L \beta^2}u \tag{8-3}$$

式中，H 为板高；D_g 为气体扩散系数；k 为容量因子；u 为流动相线速度；r_g 为自由气体流路半径；d_f 为液膜平均厚度；D_L 为液相扩散系数；β 为相比率。

可见，影响毛细管气相色谱柱效的因素很多。在实际复杂样品的分离分析工作中，可以参考相关文献，并通过选择优化固定相、载气及流量、柱温等分离条件，以获得理想的分离柱效。

8.1.5　气相色谱-质谱联用法

仪器分析中的联用法是指由两种或多种分析方法联合而组建的新方法，这种联用法能够兼具各方法的优点，克服各方法的缺点，可以建立更实用的新方法。联用方法是分析科学领域极具应用性的前沿研究领域，特别是计算机技术的发展和应用，使得联用方法的研究和应用发展迅速。

色谱法具有优良的分离能力，质谱法、核磁共振波谱法、红外光谱法及原子光谱法等都具有很好的定性分析能力。色谱法与这些波谱或光谱方法联用，有效提高了色谱法的定性和定量分析能力，也提高了波谱或光谱方法的选择性和实际样品的应用性，相当于后者成为前者的检测器，能够获得更多的化学信息，前者为后者的样品预处理步骤。在这些联用方法中，气相色谱-质谱联用法和液相色谱-质谱联用法最实用也最为成熟，已经有不同型号和性能的商品化联用仪得到了广泛应用。

下面主要介绍气相色谱-质谱联用法(gas chromatography-mass spectrometry，GC-MS)。

1. 气相色谱-质谱联用法的原理

1957 年，霍姆斯(Holmes)和莫雷尔(Morrell)首次提出了气相色谱-质谱联用法，这是建立

较早的联用方法，也是发展最完善、应用最广泛的联用方法，是有机物分析最常用的定性分析方法之一。鉴于质谱法的高灵敏度，相对于填充柱气相色谱，毛细管气相色谱更适合与质谱组合联用。

在 GC-MS 分析过程中，GC 相当于 MS 的样品预处理器，对样品中的不同组分进行色谱分离，而 MS 相当于特殊的 GC 信号检测器。GC-MS 可以提供组分总离子流色谱图或质量色谱图中的保留时间、峰高及峰面积，用于定性和定量分析。同时，各组分的质谱图可提供分子离子峰、同位素峰、碎片峰和选择离子的子离子质谱图等，使定性结果更加可靠。另外，选择离子检测和多反应检测等质谱的数据处理技术有效提高了定性和定量分析的选择性，并且没有分离的组分也可以实现定性、定量或结构分析。

2. 气相色谱-质谱联用法的特点

GC-MS 具有分析速度快、灵敏度高、选择性好、定性能力强、应用广泛的优点，适合于热稳定性好、低沸点的小分子组分的复杂样品分析。对于热稳定性差、沸点高的组分往往需要衍生化，或者选择 HPLC-MS 或超高效液相色谱(UPLC)-MS 方法直接进行分析。

3. 气相色谱-质谱联用仪

GC-MS 仪器就是 GC 和 MS 仪器的组合，GC 柱分离后的组分和流动相都是气体状态，与 MS 进样要求匹配，因此比较容易实现 GC 和 MS 的联用。但是 GC 柱后压力一般为大气压(约 10^5 Pa)，而 MS 是在高真空下(一般小于 10^{-3} Pa)运行，压差约 10^8 倍，因此 GC-MS 联用时需要一个接口以降低压力，去除 GC 柱后的大流量载气，只让很少量的组分分子通过而进入质谱仪，这个接口又称为分子分离器。

图 8-3 是 GC-MS 喷射式分子分离器接口示意图。GC 分离柱后的高压气流到达直径约 0.1 mm 的细口径喷嘴时发生膨胀喷射扩散，组分的喷射扩散速度与其分子量的平方根成反比，因此分子量相对较小的载气，如 GC-MS 中常用的氦气扩散速度快，被真空泵抽出而分离，被分离的目标化合物通常比载气分子量大得多，扩散速度较慢，在原有的运行方向上从喷嘴经过 0.15～0.3 mm 的行程直线进入口径更细的毛细管。还可以采用两级分子分离器以提高载气的去除效率、降低压力和提高组分的浓缩效率。待测组分被浓缩后经毛细管进入 MS 分析，而载气被分离出去。其中，载气的流量和分子分离器的温度是影响分离效率的主要因素，需要优化选择。但是对于易挥发的组分，这种喷射式分子分离器接口的传输效率不理想。

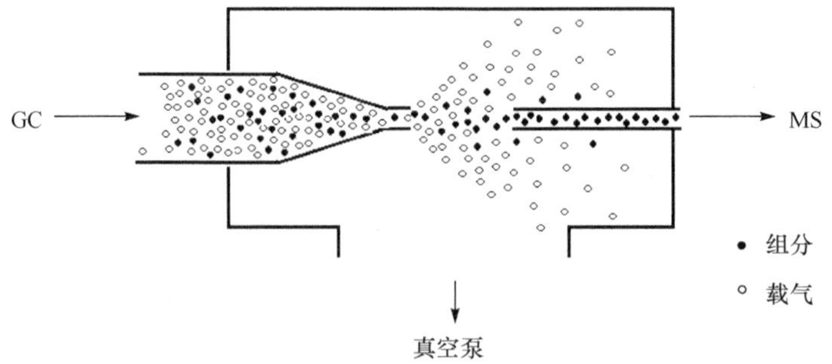

图 8-3 GC-MS 喷射式分子分离器接口示意图

对于载气低速运行的毛细管气相色谱，在不破坏质谱真空度时，毛细管柱尾的气体流出物可以直接进入质谱离子源。另外，GC-MS 仪配有计算机控制系统、数据处理及谱库等，见图 8-4。

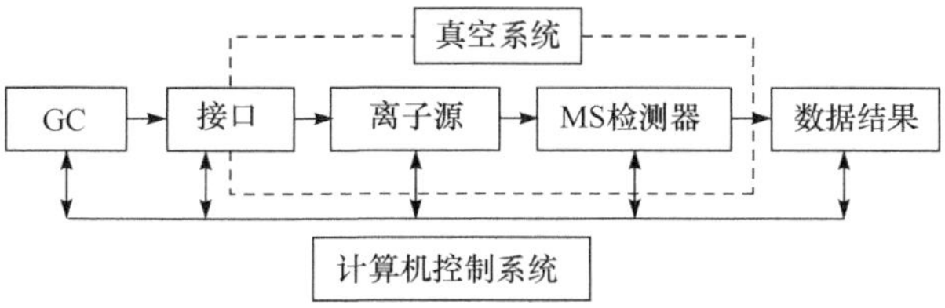

图 8-4　GC-MS 仪的基本构成

4. 气相色谱-质谱联用法的分析方法及应用

1) 定性分析

在 GC-MS 分析结果中，有关定性分析和结构分析的信息有组分的保留时间、质谱图中的分子离子峰、同位素峰、碎片峰和中性丢失等。

对于已知化合物的定性分析，可以用组分的保留时间和一级或多级质谱图与标准品进行对照分析，后者提高了定性分析的能力。

对于未知化合物的定性分析，即组分的结构分析等同于质谱的结构分析，即首先识别分子离子峰以获得分子量，然后根据同位素峰及相对丰度，对照贝农(Beynon)质谱数据表，找出可能的分子式，再依据碎片峰、中性丢失等推断出分子结构中的基本骨架和官能团，由此获得分子结构式，最后用谱库检索或对照，也可以与类似结构化合物质谱图对照，得到可靠的分子结构式，并配合其他谱学方法确定组分的结构式。

2) 定量分析

与 GC 一样，GC-MS 定量分析的依据主要是峰高或峰面积，但是 MS 为检测器的 GC-MS 联用法有独特的获得色谱图的扫描方式或数据处理方式，如全扫描、选择离子扫描或选择反应扫描等，可获得更高的选择性和灵敏度。

与 GC 一样，GC-MS 定量分析方法也有外标法、内标法和标准溶液加入法。其中，外标法误差较大，内标法准确度高，当内标物选择困难时，只需加入待测组分的纯物质，即可利用标准溶液加入法，通过加入前后的高峰和面积计算其含量。目前，比较常用的是以稳定同位素标记物为内标物的内标法。

例如，茶青中 18 种多氯联苯超声提取后分散固相萃取净化，以 GC-MS 进行定性和定量分析。该方法快速准确，灵敏度高，定量限为 $5\ \mu g \cdot mL^{-1}$，回收率为 92.5%～111%，相对标准偏差(RSD)小于 10%。图 8-5 是茶青样品中加标 18 种多氯联苯的 GC-MS 选择离子色谱图。可见，18 种多氯联苯在约 30 min 内全部出峰，而且各组分之间的分离度良好，符合定量分析要求。

GC-MS 具有分析快速、定性能力强、选择性好和灵敏度高等突出的特点，在食品、环境、药物和石油化工等领域得到广泛应用，也成为许多痕量组分分析的国家标准或行业标准方法。

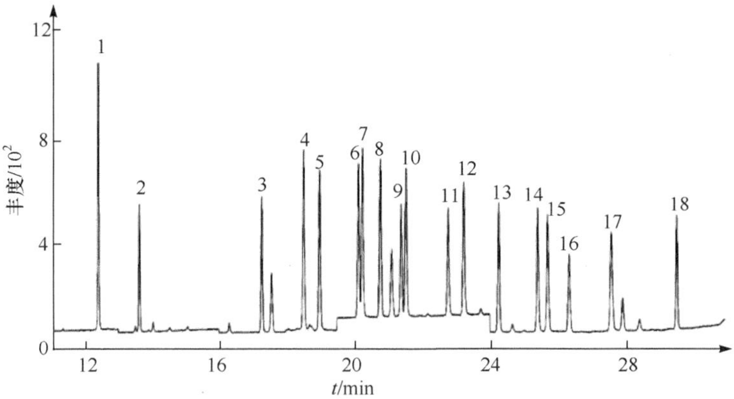

图 8-5　茶青样品中加标 18 种多氯联苯的 GC-MS 选择离子色谱图(刘腾飞等，2018)

1. 2,4,4′-三氯联苯；2. 2,2′,5,5′-四氯联苯；3. 2,2′,4,5,5′-五氯联苯；4. 3,4,4′,5-四氯联苯；5. 3,3′,4,4′-四氯联苯；6. 2′,3,4,4′,5-五氯联苯；7. 2,3′,4,4′,5-五氯联苯；8. 2,3,4,4′,5-五氯联苯；9. 2,2′,4,4′,5,5′-六氯联苯；10. 2,3,3′,4,4′-五氯联苯；11. 2,2′,3,4,4′,5′-六氯联苯；12. 3,3′,4,4′,5-五氯联苯；13. 2,3′,4,4′,5,5′-六氯联苯；14. 2,3,3′,4,4′,5-六氯联苯；15. 2,3,3′,4,4′,5′-六氯联苯；16. 2,2′,3,4,4′,5,5′-七氯联苯；17. 3,3′,4,4′,5,5′-六氯联苯；18. 2,3,3′,4,4′,5,5′-七氯联苯

扫一扫　视频 8.1　毛细管气相色谱法

8.2　超高效液相色谱法

高效液相色谱法(high performance liquid chromatography，HPLC)是目前应用最广泛的分析方法之一。该方法的分离度好、灵敏度高，对分析物的沸点、热稳定性、分子量、极性、活性等没有限制，从毛细管级到制备级均能够实现分离分析或制备。尽管如此，根据色谱法的速率理论，HPLC 的分离分析速度、通量和灵敏度等仍有改进的空间，以满足大量样品的快速分析、复杂样品的高通量分析及与质谱联用所需要的更高要求等。

2004 年，美国沃特世公司提出了超高效液相色谱法(ultra performance liquid chromatography，UPLC)，研制出第一台超高效液相色谱仪，依托 HPLC 的基本理论，以 1.7 μm 的小颗粒填料为新型固定相(高效液相色谱仪最小为 2.5 μm)和超高压 140 MPa(高效液相色谱仪一般为 41.3 MPa)系统输送流动相，仅在 5 min 内就可以分析高效液相色谱仪需要 30 min 分析的样品，具有超高柱效。该新方法以非常低的系统体积和快速检测手段实现了高通量、高灵敏度和大峰容量的液相色谱分析。

2015 年，二代超高效液相色谱仪的耐压甚至达到了 150 MPa。与高效液相色谱法相比，超高效液相色谱法的分离速度、柱效、峰容量、灵敏度、分离度和溶剂损耗等性能均得到显著提高，该技术突破也使其应用仪器实现了商品化和快速推广。从此，超高效液相色谱新方法能够解决众多的实际复杂问题和学科前沿问题，巩固了液相色谱法在分离科学中的重要地位。

8.2.1　超高效液相色谱法的基本原理

超高效液相色谱法与高效液相色谱法的基本原理相同，其理论基础都是塔板理论和速率理论。只是基于速率理论的范第姆特(van Deemter)方程中影响分离柱效的因素及仪器硬件设计的技术参数等对高压泵、进样器、色谱柱和检测器等进行了较大的改进。

速率理论中的范第姆特方程如下：

$$H = 2\lambda d_{\mathrm{p}} + 2\gamma D_{\mathrm{g}} + \left[\frac{0.01k^2}{(1+k)^2} \frac{d_{\mathrm{p}}^2}{D_{\mathrm{g}}} + \frac{2}{3} \frac{k}{(1+k)^2} \frac{d_{\mathrm{f}}^2}{D_{\mathrm{l}}} \right] u \tag{8-4}$$

即色谱分离柱填料粒径 d_{p} 减小，塔板高 H 减小，柱效升高。

UPLC 色谱柱填料从 HPLC 的常规粒径 5 μm 减小到 2 μm 以下，显著提高了分离柱效，并获得更高流速的最佳线速度，即伴随着柱效提高，分析速度显著提升。

当然，色谱柱填料粒径的减小势必成倍增大系统的压力。UPLC 采用耐超高压的输液泵解决超高压下的耐压及渗漏问题，以获得理想的流动相线速度，实现 UPLC 的快速分离，也减少了溶剂的损耗。

同时，自动快速进样和降低系统体积，特别是减少死体积，都能够减少组分扩散，提高柱效。通过缩小流通池体积、快速灵敏检测以及系统的自动控制和数据处理等，UPLC 可以实现快速、高柱效和高通量分离分析，能够与质谱完美联用，提高液相色谱法解决化学、药学、医学和生物学等学科领域前沿问题的能力。

8.2.2　超高效液相色谱仪

超高效液相色谱仪和高效液相色谱仪基本构成相同，主要包括高压输液系统、进样系统、分离系统和检测系统等。但是超高效液相色谱仪的各部件性能有较大的提升，主要体现在以下几点。

1. 超高压输液泵

超高效液相色谱仪使用超高压输液泵，具有耐高压、精确、可靠、重现的梯度性能，流动相可以采用优化的高流速，以实现快速分离的目的，如流动相流速为 1 mL · min^{-1} 时柱压可达到约 100 MPa。

2. 自动进样系统

基于快速进样的要求，UPLC 的自动进样器中配置了针内进样探头和压力辅助进样装置等配件，保证了进样的可靠性和重现性，降低了死体积，有效降低了组分的扩散和进样时的交叉污染等。

3. 小粒径固定相填料

超高效液相色谱分离柱填料机械强度高、耐高压、耐酸碱，颗粒度分布窄，具有理想的孔体积及孔径，粒径装填需小于 2 μm，装填技术先进。

4. 快速灵敏检测器

快速响应的检测器可以保证在短时间内对众多非常窄的色谱峰快速进行数据信号采集。同时，使用很小体积的流通池(约 0.5 μL，仅是 HPLC 流通池体积的 1/20)以降低组分扩散，缩短了组分在检测池中的驻留时间，采样速度达每秒 40 点，降低了噪声，以保证检测的灵敏度很高。

就超高效液相色谱仪的整体设计而言，各个硬件在性能改进之后降低了整体系统的体积和死体积，保证组分低扩散和快速分离分析，减少了溶剂的用量，缩短了分析时间，降低了液相色谱分离分析的成本，也实现了与质谱更协调的匹配。同时，以系统控制及数据管理解决仪器的自动化控制、大量数据的采集和处理问题。因此，UPLC 的分析速度、灵敏度及分离度都比 HPLC 有了显著的提高。

8.2.3 超高效液相色谱法的特点

超高效液相色谱法的建立是对液相色谱法的重大改革，该方法的优点突出。

1. 柱效高、速度快

UPLC 分离柱效高，色谱柱的塔板数可达 $2\times10^5\ m^{-1}$，分离速度快，比 HPLC 分离速度提高 5～9 倍。

2. 分离度好、通量高

UPLC 的分离度明显提高，可达 HPLC 的 1.7 倍，其最大压力高达 140 MPa，可实现超快速(约 10 s)进样和样品容量的最大化。

3. 灵敏度高

UPLC 的光导纤维传导流通池能够全反射，检测光损失小，灵敏度比 HPLC 提高 2～3 倍。

4. 自动化

UPLC 使用针内进样探头等进样装置，压力波动小，死体积小，能够有效阻止谱带扩展，分离柱效高，从进样到分离分析和数据处理可以做到无人看守，完全实现仪器的自动化分析。

当然，超高效液相色谱仪在分析过程中超高压运行，也会产生相应的问题，如高压泵的寿命受影响、各连接部件容易老化、单向阀等部件损坏较快等，从而增加了分析成本或影响整个仪器的寿命。

8.2.4 超高效液相色谱法的应用

基于方法的特点和优越的分析性能，UPLC 在化学及相关学科领域的应用十分广泛，包括药物分析、生物化学分析、食品及环境分析等。

例如，UPLC 应用于天然产物特别是中药活性组分的分离分析，包括酯类、酚类、苷类和生物碱类的定性和定量分析；以 UPLC 方法建立中药指纹图谱用于中药材的质量控制和中药现代化研究；UPLC 应用于中药组学研究和中药活性成分的药效研究等。

又如，UPLC 用于蛋白质及蛋白质组学研究、多肽和氨基酸分析、代谢组学和药物体内过程研究、食品农药残留分析、环境毒素分析，以及日化品中违禁品的检测等。

8.2.5 超高效液相色谱-质谱联用法

与 GC-MS 一样，高效液相色谱-质谱(HPLC-MS，简写为 LC-MS)联用法兼顾了 HPLC 和 MS 的优点，克服了两者的缺点，具有分离效率高、定性能力强、灵敏度高的特点，HPLC 也相当于 MS 的样品预处理器，而 MS 成为 HPLC 的检测器。而且，LC-MS 对化合物的热稳定性、沸点、极性和分子量没有限制，比 GC-MS 应用更加广泛。

LC-MS 方法的研究始于 20 世纪 70 年代，而商品化的仪器出现在 20 世纪 80 年代中期。LC-MS 联用的困难在于两种方法的诸多分析条件不匹配，如液相色谱分离柱后流出物是有大量流动相溶剂的液体，被分析的组分可以是热稳定性较差、沸点较高、极性较大，甚至是大分子的化合物，而质谱离子源需要对样品进行加热、汽化和离子化。因此，合适的 LC-MS 接口是实现联用的关键。

1. LC-MS 接口

LC-MS 接口主要用于去除 LC 柱后的流动相溶剂的影响，同时进行组分的有效离子化。早期的 LC-MS 接口如直接导入接口、热喷雾接口和粒子束接口等均存在不同的缺陷。目前，应用最广泛的新接口是大气压电离(atmospheric pressure ionization，API)接口，包括电喷雾电离(electrospray ionization，ESI)和大气压化学电离(atmospheric pressure chemical ionization，APCI)两种。这里 API 既是联用仪的接口，也是质谱的电离源。

电喷雾电离接口或电喷雾电离源的主要构成见图 8-6。液相色谱分离后，色谱柱后的组分溶液在高压泵和大流量雾化气(常用 N_2)产生的负压推动下，在内径 0.1 mm 的不锈钢毛细管中以 0.5～5 $\mu L \cdot min^{-1}$ 的速度从多层套管组成的电喷雾喷嘴喷出、雾化产生小液滴。同时，毛细针尖外加 3～8 kV 的电压形成高电场强度，在毛细管针尖构成圆柱形电极，在雾化的瞬间使雾化的小液滴中的组分带上电荷。在加热和辅助气的作用下，液滴的溶剂快速蒸发而缩小，电荷密度瞬间增大，使得电荷之间的排斥力大于液滴表面张力，发生库仑爆炸而裂分为更小的液滴，如此反复，获得单电荷或多电荷的离子，在喷嘴和锥孔的电压的作用下进入取样孔。改变加在喷嘴上的电压为正或负，可以获得组分的正离子或负离子，实现质谱的正离子或负离子分析。

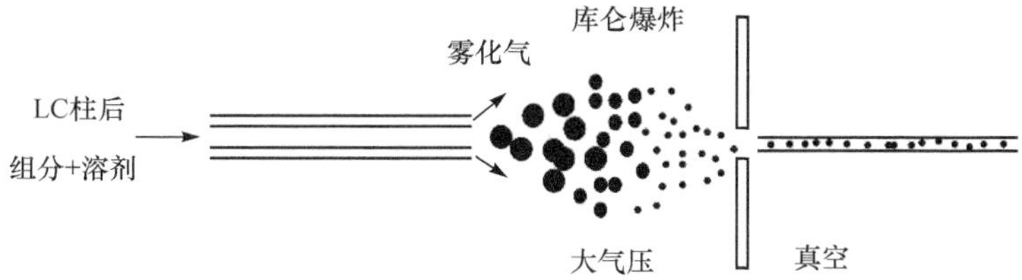

图 8-6　电喷雾电离接口示意图

大气压化学电离源和电喷雾电离源结构相似，不同之处在于喷嘴下方有一个针状放电电极，通过该放电电极的高压放电，空气中的一些中性分子和溶剂分子发生电离，产生的 H_3O^+、N_2^+、O_2^+和溶剂离子与被测的组分分子之间发生离子-分子反应，从而使组分分子离子化。

电喷雾电离源和大气压化学电离源各有特色，互相补充，可以根据样品的组成、组分的结构和性质等进行选择。两者的比较见表 8-1。

表 8-1　电喷雾电离源和大气压化学电离源特点的比较

电离源	电喷雾电离源	大气压化学电离源
软硬电离	最软电离	软电离
离子化方式	液相离子化	气相离子化
化合物分子量	小分子和大分子	＜1000
化合物电荷数	单电荷或多电荷(大分子)	单电荷

续表

电离源	电喷雾电离源	大气压化学电离源
化合物极性	中等极性和强极性	非极性和中等极性
分子离子	加和的准分子离子	加和的准分子离子
联用方法	HPLC、CE	HPLC、CE
应用范围	广泛	较窄

与 HPLC 相比，UPLC 分离效率更高、更快速、峰容量大，是 MS 理想的样品前处理方法。MS 响应快、灵敏度高，具有丰富的结构信息而定性能力强，是 UPLC 理想的检测器。目前，由于价格、操作和标准方法等因素限制，HPLC 和 MS 的联用得到较广泛的应用。但是，UPLC 和 MS 联用更加匹配，更能凸显 UPLC 的优越性，如 UPLC 系统流动相流速较低，最佳线速度一般为 0.2～0.5 mL · min^{-1}，与 MS 进样要求更加匹配。同时，UPLC 分离度高，色谱峰窄，有利于组分的有效离子化，可以提高灵敏度。因此，UPLC-MS 联用法必将解决更多学科前沿的难题。

2. 超高效液相色谱-质谱联用法的特点及应用

作为一种新型的联用方法，UPLC-MS 联用法具有分离能力强、快速、灵敏度高、通量高、专属性好的优点，定性和定量分析能力强，同时对组分的热稳定性、沸点、极性、分子量没有限制。

在 HPLC-MS 应用领域，UPLC-MS 也得到了广泛的应用，如生物学领域的蛋白质组学研究，以及多肽、寡核苷酸、核酸和多糖结构研究；药学研究中的药物筛选、生物样品的药物分析、药物代谢产物和药代动力学研究及中药分析、中药组学研究；食品分析中营养成分、农药残留、兽药残留、添加剂及其他毒素分析；环境分析中的环境样品中农药残留、微污染物分析；医学中的抗体研究；日用品中的色素、染料和表面活性剂检测等。

例如，以靶向超高效液相色谱-串联质谱联用方法同时测定 6 名结直肠癌患者血浆中 32 种代谢物(氨基酸)含量，采用反相色谱柱 C_{18}，二元梯度洗脱系统(流动相 A 为 0.02%七氟丁酸-0.2%甲酸溶液，流动相 B 为甲醇)，电喷雾电离正离子模式获取数据。结果显示，32 种氨基酸提取回收率为 50.4%～182.4%，基质效应为 41.0%～136.4%，相应线性范围内的线性相关系数均大于 0.99。图 8-7 展示了 32 种氨基酸和 3 种内标氨基酸的总离子流色谱图。图 8-8 显示了其中两种氨基酸的正离子模式串联质谱图。

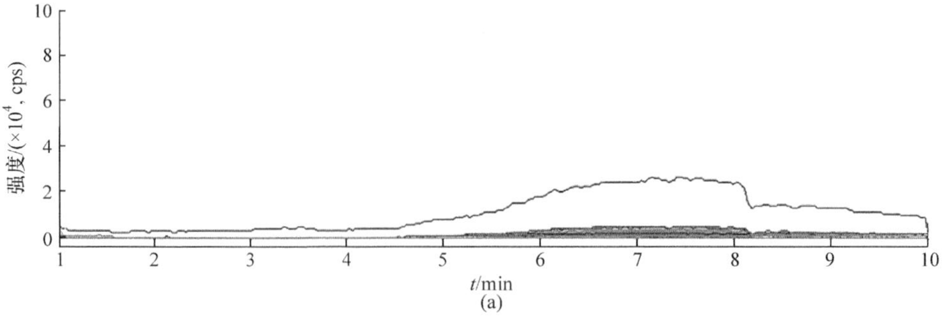

(a)

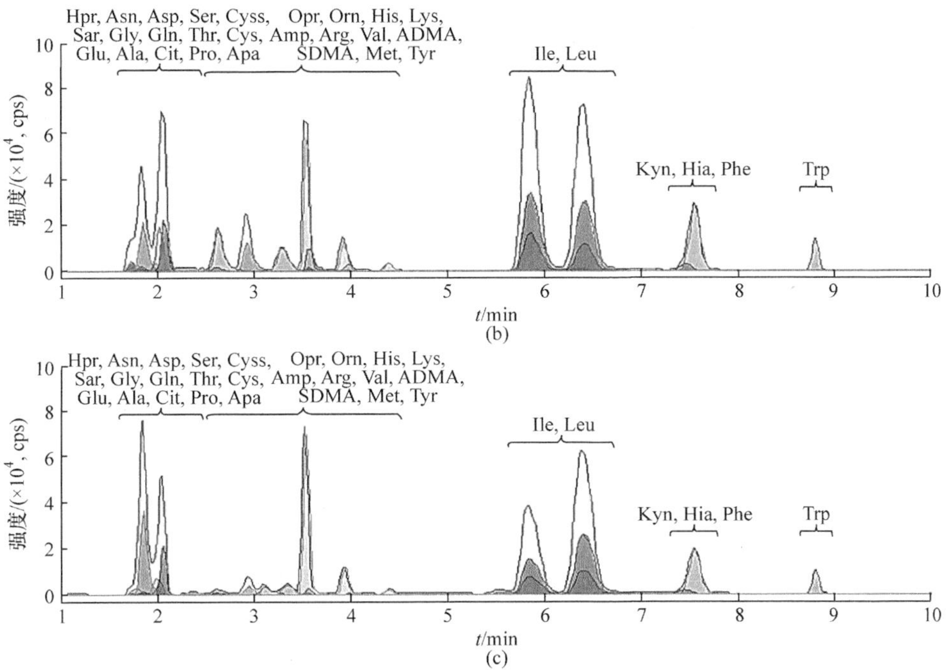

图 8-7 32 种氨基酸和 3 种内标氨基酸的代表性总离子流图：空白基质(a)；标准添加 32 种氨基酸和 3 种内标氨基酸的空白基质(b)；血浆实测样本(c)

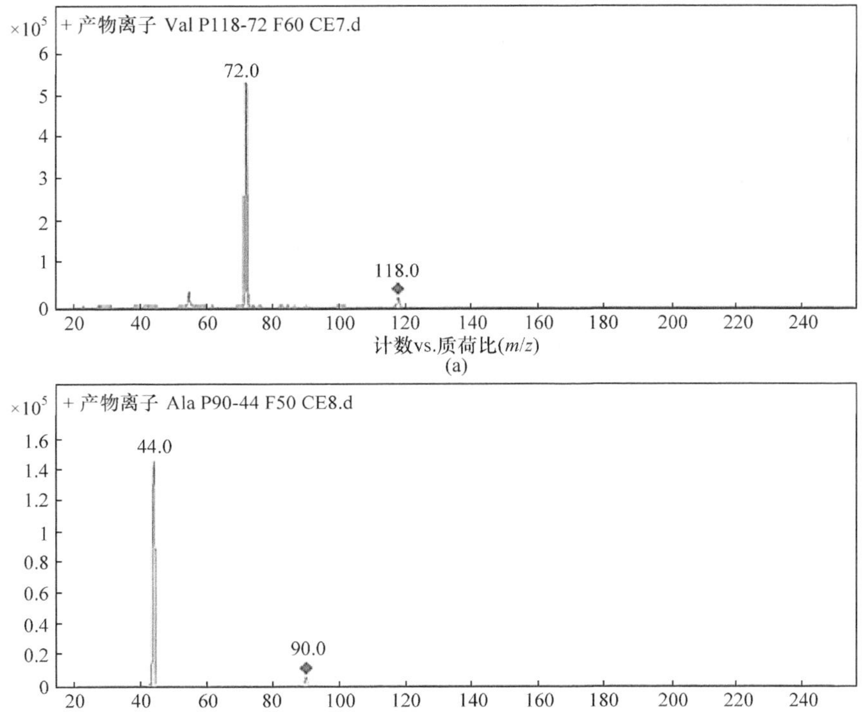

图 8-8 其中两种氨基酸：L-缬氨酸 Val (a)和 L-丙氨酸 Ala (b)及其 3 种内标氨基酸的正离子模式串联质谱图(杨阳等，2022)

扫一扫　视频 8.2　超高效液相色谱法

思　考　题

1. 毛细管气相色谱和填充柱气相色谱的异同点有哪些？
2. 在气相色谱中，毛细管柱和填充柱的区别有哪些？
3. 与 GC 相比，GC-MS 联用法的特点有哪些？
4. GC-MS 和 GC 的定性定量分析方法有什么异同点？
5. 描述 GC-MS 接口的作用。
6. 比较超高效液相色谱和高效液相色谱的异同点。
7. UPLC-MS 的特点有哪些？
8. 为什么说 UPLC 比 HPLC 与 MS 更匹配？
9. 实际样品分析时，如何选择电喷雾电离源和大气压化学电离源？

第 9 章　毛细管电泳法和毛细管电色谱法

高效毛细管电泳(high performance capillary electrophoresis，HPCE)又称为毛细管电分离法，简称毛细管电泳(CE)，是一种以高压直流电场为驱动力，以毛细管为分离通道，基于不同组分的迁移率和分配系数的差异实现样品分离的新型液相分离技术。

电泳法是生物学和医学领域常用于分离氨基酸、多肽、蛋白质、核酸和脂类等生物物质的方法，已有近百年的发展历史。然而，传统的电泳法操作烦琐、分离效率低、重现性差、定量分析困难。其最大的缺点是在高压电场作用下，电解质离子流引发自热现象，即焦耳热导致谱带展宽，分离柱效能下降。1981 年，美国学者乔根森(Jorgenson)和卢卡奇(Lukacs)在内径为 75 μm 的石英毛细管内，在 30 kV 的高电压下建立了自由溶液电泳的高效毛细管电泳方法，获得了 $4\times10^5\ m^{-1}$ 的理论塔板数，并从理论上阐述了分离机理。1988～1989 年，第一批毛细管电泳仪开始商品化。随后，CE 凭借其快速、高效和低成本的特点，成为 20 世纪分析化学领域最重要的进展之一，并迅速成为分离科学研究的热点和前沿领域，广泛应用于无机离子、中性分子、药物、多肽、蛋白质、DNA 及糖等物质的分离与分析。

毛细管电泳法是在经典电泳技术基础上，通过毛细管高效散热和电渗流调控发展出的高分辨分离技术。部分扩展模式(如胶束电动色谱 MEKC)通过引入伪固定相，兼具电泳与色谱的分离特性。该方法将样品消耗量从微升降至纳升水平，为单细胞及单分子分析提供了可能。与 HPLC 等其他分离分析方法相比，HPCE 的优点有：

(1) 试样量少：所需的样品量较少，纳升级进样量约为 HPLC 微升级进样量的千分之一。

(2) 柱效优越：细内径的毛细管散发热量快，大大减小了焦耳热的温度效应，这使得电场电压可以增高到数千伏，增大电场推动力，同时可使用更细、更长的毛细管，因此每米塔板数可达到数十万，甚至数百万或数千万。

(3) 灵敏度极高：紫外-可见光谱检测器的绝对检测限为 10^{-15}～10^{-13} mol，质谱检测器的绝对检测限为 10^{-17}～10^{-16} mol，激光诱导荧光检测器的绝对检测限为 10^{-21}～10^{-19} mol。

(4) 速度快：样品的运行时间通常在数十秒到 30 min 内完成，如 1.7 min 分离 19 种阳离子；3.1 min 分离 36 种无机及有机阴离子；4.1 min 分离 24 种阳离子等。

(5) 成本低：在水介质中进行分离，流动相的消耗仅为 HPLC 的约百分之一，且毛细管的价格相对较低。

(6) 操作简便、应用范围广：仪器组成简单，易于操作和普及，广泛应用于化学、生物学、医学、药学、生物学、食品、环境和材料等领域，适用于无机物、有机物、带电荷的离子、中性分子、小分子和大分子的分离分析，尤其在蛋白质、多肽、抗体和核酸等生物组分的分离分析中表现出优异的性能。

但是，HPCE 在进样准确度、迁移时间重现性、精密度和灵敏度等方面不如 HPLC。此外，HPLC 在制备时可以处理微量和常量样品，而 HPCE 仅适用于微量制备。因此，HPCE 和 HPLC 相辅相成，形成互补关系。

新型毛细管电泳模式的不断出现显著扩展了该方法的应用范围。例如，胶束电动色谱(MEKC)结合了电泳和色谱的原理，有效解决了中性分子组分的分析问题；阵列毛细管电泳

(ACE)实现了 DNA 的高效测序及其他大规模分析应用；芯片式毛细管电泳(CCE)实现了大批量样品的快速分离分析。

9.1　毛细管电泳的理论基础

毛细管电泳法(CE)是以电泳分离原理为核心的高分辨分离技术，其分离机制主要基于带电粒子在电场作用下的电泳迁移(由电荷-质量比和流体动力学半径决定)和毛细管电渗流(EOF)的协同作用。部分扩展模式如胶束电动色谱(MEKC)通过添加表面活性剂形成动态伪固定相，毛细管电色谱(CEC)通过填充色谱固定相，在保留电泳高效性的同时引入了色谱分配原理，从而拓展了对中性分子的分离能力。CE 的理论基础以电泳动力学为主导，其衍生模式可选择性结合色谱理论优化分离效果。这种融合电泳高效率和色谱选择性的特点，使 CE 在药物分析、生物大分子分离等领域展现出独特优势，特别是通过调控电渗流和添加剂可实现对手性化合物等复杂体系的高效分离。

9.1.1　毛细管电泳的基本概念

1. 双电层和 Zeta 电势

毛细管电泳法通常使用石英毛细管柱，其内表面富含酸性硅羟基(Si—OH)，其 pK_a约为 3。当溶液 pH＞3 时，石英毛细管内壁的硅羟基会大量解离为 SiO^-，使得内表面带负电荷。由于静电作用，这些负电荷会吸引溶液中带相反电荷的粒子，形成内壁的双电层(或称电双层)。该双电层由紧贴内表面的部分[称为斯特恩(Stern)层或紧密层]及向外扩散的部分(称为扩散层)组成。从紧密层到扩散层，电荷密度随着与内表面距离增加而急剧减小，最终达到整体电荷平衡，如图 9-1 所示。

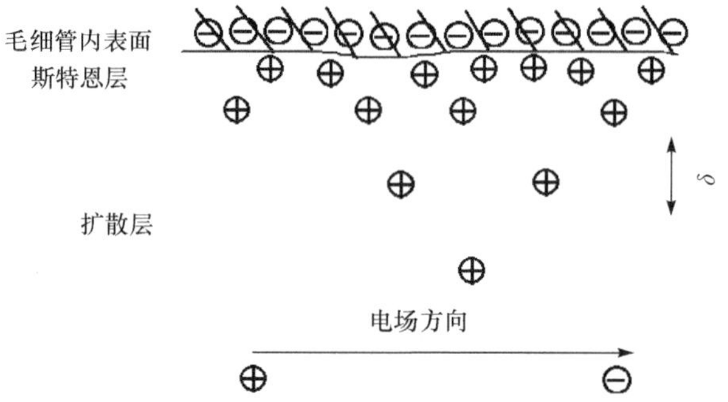

图 9-1　毛细管内壁双电层的形成示意图

紧密层和扩散层之间的边界电势称为管壁的 Zeta 电势或 Zeta 电位(ζ)。在扩散层中，Zeta 电势的数值随着距离内表面的增加呈指数函数衰减，衰减一个指数单位的距离定义为双电层的厚度(δ)。Zeta 电势的大小受毛细管材质、电解质溶液的酸度及离子强度的影响。对于水溶液等极性溶剂，无论是在极性还是非极性毛细管的内表面，Zeta 电势可以达到 10～100 mV；相对而言，对于正己烷等非极性溶剂，无论是极性还是非极性毛细管的内表面都不会产生 Zeta 电势，除非在非极性溶剂中添加了极性物质。

2. 淌度和电渗流

1) 淌度

由 3.6 节可知，在电场强度为 E 的电场作用下，电荷为 q 的带电粒子以速度 v_{ep} 向相反电

性的电极匀速移动时，其迁移速度为(对于球形离子)

$$v_{ep} = \frac{qE}{f} = \frac{q}{6\pi r\eta}E \tag{9-1}$$

显然，影响带电粒子电泳速度的因素有粒子的电荷数、表观液态动力学半径、电场强度和介质黏度等。在同一电泳系统中，电场强度和介质黏度一定，但不同带电粒子的有效半径、形状和大小不同，因此在电场中的迁移速度也会不同，进而导致差速迁移，从而实现电泳分离。

在毛细管电泳中，单位电场强度下带电粒子的平均电泳速度，也就是带电粒子的迁移率称为带电粒子的淌度 μ_{ep}，即

$$\mu_{ep} = \frac{v_{ep}}{E} = \frac{q}{6\pi r\eta} \tag{9-2}$$

带电粒子的淌度不同是电泳分离的基础。

(1) 绝对淌度(absolute mobility)μ_{ab}：指在无限稀释溶液中，带电粒子在单位电场强度下的平均迁移速度，简称淌度。绝对淌度表示带电粒子在没有任何环境影响时的电泳能力，是带电粒子在无限稀释的理想溶液中的特征物理量，其数值可在相关的手册中查阅。

(2) 有效淌度(effective mobility)μ_{ef}：指实际溶液中，带电粒子表现出的实际淌度。有效淌度包含了非理想溶液中各种因素的影响，如介质的酸度、盐度、黏度、介电常数、温度及带电粒子的电荷性质、溶剂化效应、大小、形状和解离程度等，也就是说，有效淌度是由实验测量得到的。其大小可以表示为

$$\mu_{ef} = \sum \alpha_i \mu_i \tag{9-3}$$

式中，α_i 为溶质 i 在该溶液条件下的解离度；μ_i 为溶质 i 在该解离状态下的绝对淌度。

当然，组分的解离度与介质溶液的酸度有关。溶液酸度的改变可以影响组分的解离度，从而改变有效淌度，进而有效调整分离效率。因此，在 HPCE 中，酸度的选择对分离效果非常重要。

(3) 表观淌度 μ_{ap}：带电粒子在 HPCE 分离过程中的迁移速度不仅取决于其有效淌度和电场强度，还与电渗流速度有关。带电粒子在实际电泳分离过程中的迁移速度称为表观迁移速度 v_{ap}，即

$$v_{ap} = \mu_{ap}E \tag{9-4}$$

式中，μ_{ap} 为带电粒子的表观淌度。

带电粒子的表观淌度的大小等于其有效淌度和电渗淌度的矢量和，即

$$\mu_{ap} = \mu_{ef} + \mu_{eo} \tag{9-5}$$

在实际分离过程中，优化各种分离条件的目的是使各组分表观淌度不同，即表观迁移速度不同，从而实现 HPCE 的分离。

2) 电渗现象与电渗流

毛细管内壁形成双电层后，在外电场的作用下，溶剂化的扩散层粒子带动整体溶液相对于毛细管内表面向阳极或阴极定向迁移或流动，这一现象称为电渗(electroosmosis)。在电渗现象中，整体移动的液体称为电渗流(electroosmotic flow，EOF)。

电渗流的方向取决于毛细管内表面电荷的性质，如石英毛细管柱内的溶液 pH>3 时，其内表面带负电荷，溶液中的扩散层粒子带正电荷，在高电场的作用下，电渗流的方向就是由阳

极到阴极。

如果需要改变电渗流方向，可以采取的措施主要是对毛细管内壁进行化学或物理改性。化学改性是在毛细管内表面通过化学反应键合阳离子基团；而物理改性可在内表面涂覆阳离子表面活性剂，使石英毛细管内壁带正电荷，溶液中形成带负电荷的扩散层，如图 9-2 所示。阳离子表面活性剂的正电荷极性头通过与石英毛细管内壁负电荷的静电作用吸附在内壁表面，其非极性头与另一个表面活性剂分子的非极性头相互作用，使该表面活性剂分子的正电荷极性头裸露在溶液中，从而改变内壁电荷性质。化学或物理改性可以使电渗流的方向由阴极流向阳极。

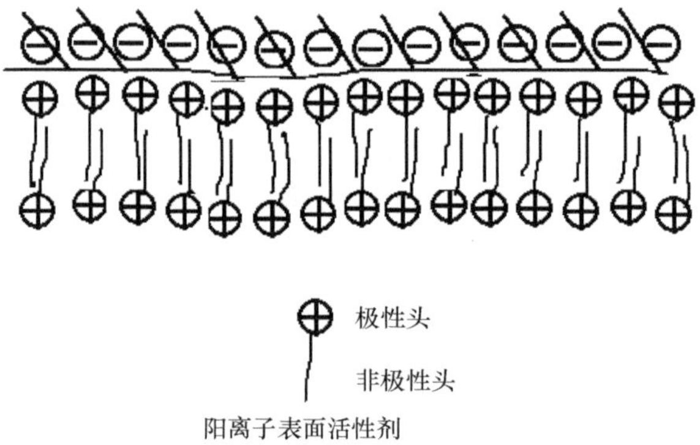

图 9-2　阳离子表面活性剂改变石英毛细管内表面电荷性质示意图

电渗流的大小用电渗流速度 v_{eo} 表示，其主要取决于电渗淌度 μ_{eo} 和电场强度 E，可以写为

$$v_{eo} = \mu_{eo} E \tag{9-6}$$

电渗淌度 μ_{eo} 是指单位电场下的电渗流速度，取决于电泳介质和双电层的 Zeta 电势，即

$$\mu_{eo} = \frac{\varepsilon_0 \varepsilon \zeta}{\eta} \tag{9-7}$$

式中，ε_0 为真空介电常数；ε 为电泳介质的介电常数；ζ 为毛细管壁的 Zeta 电势(近似等于扩散层与吸附层界面上的电位)。

因此

$$v_{eo} = \frac{\varepsilon_0 \varepsilon \zeta}{\eta} E \tag{9-8}$$

在实际分析中，电渗流大小是在实验测定相应参数后计算得到

$$v_{eo} = \frac{L_{ef}}{t_{eo}} \tag{9-9}$$

式中，L_{ef} 为毛细管的有效长度；t_{eo} 为电渗流标记物(中性物质)的迁移时间(死时间)。

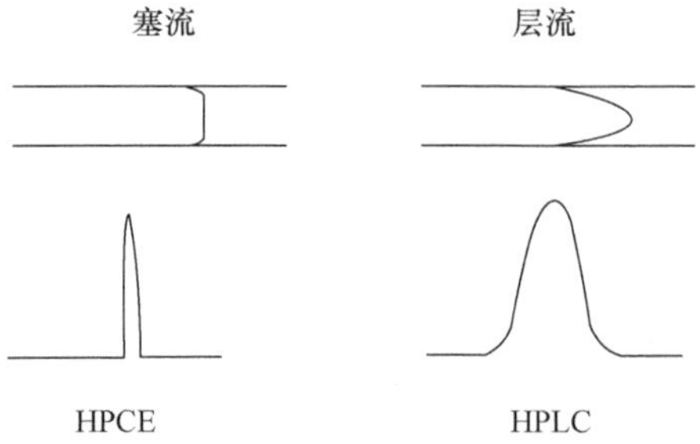

图 9-3　HPCE 和 HPLC 流动相流型及区带展宽比较

电渗流的流型为平流(flat flow)，这是因为毛细管内壁的扩散层中带电粒子分布均匀。在外电场驱动下，溶液整体向电极方向移动，从而呈现出平流状态，即塞式流动，又称为塞流(plug flow)。除了紧贴毛细管内壁的液体因为摩擦力流速减小外，其余溶液流速相同，因而 HPCE 中的谱带展宽很小，这是 HPCE 柱效高的主要原因，如图 9-3 所示。而

HPLC 的流动相通过高压泵提供的高压驱动，紧靠内壁的溶液流速较小，而中心区域的流速较大，大约是平均流速的两倍，呈现抛物线形的层流(laminar flow)，这导致了区带展宽，从而影响柱效。

影响电渗流大小的因素包括许多方面。从电渗流速度的表达式可以看出，主要包括电场强度、温度、溶液酸度及盐度、电解质的种类和浓度、毛细管的材质等。

a. 电场强度

在固定毛细管长度的条件下，电渗流速度 v_{eo} 与电场强度 E 成正比。然而，当电场强度过大时，焦耳热效应变得显著。此时，毛细管内部溶液中的电流会产生热量，温度升高导致溶液黏度降低，使得扩散层的厚度增加。因此，电渗流速度 v_{eo} 与电场强度 E 的线性关系开始偏离。

b. 温度

毛细管内温度升高，溶液黏度降低，同时毛细管内壁硅羟基的解离度增加，因此电渗流随之增大。

c. 溶液酸度

电渗流与毛细管内壁的 Zeta 电势成正比。对于相同材料的毛细管，改变管内溶液的 pH 时，毛细管内壁电荷性质会发生变化，导致 Zeta 电势不同，从而使电渗流大小发生变化。图 9-4 展示了不同材质毛细管在内部溶液酸度改变时电渗流的变化趋势。例如，石英毛细管的内充液 pH<3 时，内表面的硅羟基电离度较小，因此电渗流也很小。随着 pH 的增大，硅羟基的电离度提高，电渗流也增大，直到 pH≈7 时，硅羟基的电离程度达到较高水平，电渗流也变得较大。

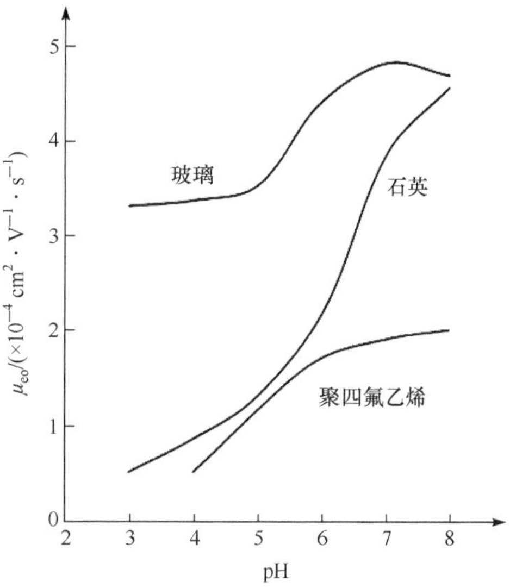

图 9-4　不同材质毛细管电渗流与溶液 pH 变化的关系

此外，样品中各组分的解离程度及其存在形式也会受到溶液 pH 的影响，因此需要控制适当的酸度以实现有效分离。在 HPCE 分析中，使用缓冲溶液保持溶液 pH 稳定是非常重要的。

d. 电解质成分及浓度

在相同条件下，浓度相同但阴离子不同的电解质会导致毛细管中的电流差异显著，进而产生不同的焦耳热，对电渗流的影响也各不相同。当缓冲溶液的组成相同但浓度不同，即离子强度不同时，双电层的厚度、溶液的黏度和工作电流都会发生变化，从而导致电渗流的大小也随之变化。

具体来说，缓冲溶液的离子强度增加时，双电层的厚度会减小，电渗流相应下降，同时焦耳热增加，这会对分离过程产生不利影响。因此，在 HPCE 分离分析中，优化缓冲溶液的组成及浓度是至关重要的。

e. 毛细管材质

在相同条件下，不同材质毛细管的表面电荷特性不同，因此产生的电渗流大小不同，如图 9-4 所示。

f. 添加剂

缓冲溶液中的不同添加剂具有各自的使用目的：

(1) 中性盐的添加。在缓冲溶液中加入大浓度的 K_2SO_4 等中性盐，静电作用可以使大量的阳离子与毛细管内壁的硅羟基解离产生的负电荷吸附位点结合，从而降低内壁对组分的吸附影响，特别是多肽和蛋白质等生物组分的吸附。这种作用提高了毛细管电泳的重现性和准确度。中性盐的加入也会增大溶液的离子强度和黏度，从而导致电渗流减小。

(2) 表面活性剂的应用。表面活性剂可以改变电渗流的方向和大小。例如，当加入一定量的十二烷基硫酸钠(SDS)等阴离子表面活性剂(在临界胶束浓度以下)时，内壁表面的负电荷会增加，Zeta 电势增大，从而使电渗流增大；而加入适量的溴化十六烷基三甲铵等阳离子表面活性剂(在临界胶束浓度以下)则会使内壁表面的负电荷转变为正电荷，导致电渗流方向发生反转，进而改变分离选择性。

(3) 有机溶剂的加入。加入甲醇、乙腈等有机溶剂可以降低溶液的电荷密度和黏度，从而减小电渗流。对于不溶于水的样品，当缓冲液中存在少量有机溶剂时，可以改善组分溶解度和分离度。在极端情况下，有机溶剂可以作为主体溶剂，甚至完全使用有机溶剂进行毛细管电泳分离分析，这种方法称为非水毛细管电泳技术。

9.1.2 毛细管电泳的基本原理

电渗流是毛细管电泳过程中的一种重要现象，具有显著的作用。在一般情况下，电渗流速度是带电粒子电泳速度的 5～7 倍，因此电渗流控制了组分的迁移方向和速度，直接影响分离度和重现性。

在毛细管电泳中，通常使用石英毛细管。当电解质溶液的 pH＞3 时，毛细管的内表面带有负电荷，此时电渗流的方向从阳极流向阴极。试样中带电荷粒子的移动速度 v 是其电泳速度 v_{ef} 和电渗流速度 v_{eo} 的矢量和，即

$$v = v_{ef} \pm v_{eo} = (\mu_{ef} \pm \mu_{eo})E \tag{9-10}$$

因此，毛细管内带电粒子的迁移方向和速度分别是：

正电荷粒子运动方向与电渗流一致，迁移速度 $v_+ = v_{eo} + v_{+ep}$；

负电荷粒子运动方向与电渗流相反，迁移速度 $v_- = v_{eo} - v_{-ep}$；

中性粒子运动方向与电渗流一致，迁移速度 $v_0 = v_{eo}$。

如图 9-5 所示，正电荷粒子的迁移方向与电渗流一致，其迁移速度是在电渗流速度的基础上叠加了正电荷粒子的电泳速度，因此正电荷粒子移动最快，并最先从毛细管中流出。正电荷粒子的大小、形状和电荷数不同，导致它们的流出速度也有所差异：半径越小、电荷数越高的正电荷粒子，其流出速度越快，峰值出现得越早。

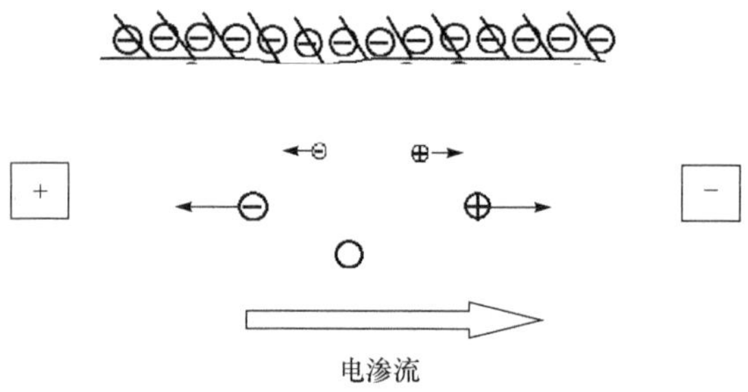

图 9-5　电渗流在 HPCE 中的作用示意图

中性粒子没有电泳作用，因此它们的迁移方向和速度与电渗流一致，随后流出毛细管。负电荷粒子的迁移方向则与电渗流方向相反。由于电渗流速度远大于负电荷粒子的电泳速度，负电荷粒子最终的迁移方向与电渗流一致，但其迁移速度是在电渗流速度基础上扣除负电荷粒子的电泳速度，因此它们会在中性粒子之后流出。同样，半径越小、电荷数越高的负电荷粒子，其流出时间越晚。

通过这种方式，样品中不同粒子得以实现分离。

综上所述，电渗流在 HPCE 中起着十分重要的作用，主要体现在：

(1) 电渗流相当于 HPLC 中高压泵作用下的流动相，依托电渗流的存在，可以一次性实现正电荷粒子、负电荷粒子和中性粒子的分离。

(2) 改变电渗流的方向和大小可以改变分离效率和选择性，这与在 HPLC 中调整流动相的流速类似。

(3) 电渗流的微小变化会显著影响毛细管电泳分析的重现性。

因此，保持电渗流的恒定对于 HPCE 分析至关重要。

9.1.3　毛细管电泳的分析参数

1. 迁移时间

HPCE 兼具电泳和色谱分析的特点，因此电泳和色谱的理论均适用。组分的保留时间是指从施加外加电压开始电泳，到组分到达检测器所需要的时间，通常称为迁移时间，用 t_R 表示。其表达式为

$$t_R = \frac{L_{ef}}{v_{ap}} = \frac{L_{ef}}{\mu_{ap} E} = \frac{L_{ef} L}{\mu_{ap} V} \tag{9-11}$$

式中，V 为外加电压；L 为毛细管的总长度；L_{ef} 为进样口到检测器口的有效长度；v_{ap} 为组分的实际迁移速度；μ_{ap} 为组分的表观淌度。

2. 分离效率

在 HPCE 中，柱效也是用塔板数 n 或塔板高度 H 表示，根据这些数据的大小表达分离效率，即

$$H = \frac{L_{ef}}{n} \tag{9-12}$$

$$n = 5.54\left(\frac{t}{W_{1/2}}\right)^2 = 16\left(\frac{t}{W}\right)^2 \tag{9-13}$$

式中，t 为迁移时间；$W_{1/2}$ 为半峰宽；W 为峰底宽。

HPCE 中的柱效表达式为

$$n = \frac{(\mu_{ef} + \mu_{eo}) V L_{ef}}{2DL} = \frac{\mu_{ap} E L_{ef}}{2D} \tag{9-14}$$

式中，D 为组分的扩散系数，分子量越大的组分扩散系数越小，柱效越高，这是毛细管电泳更适合分离分析生物大分子的理论依据。

毛细管电泳中，影响柱效的因素也可以用速率理论中的范第姆特方程阐述，即

$$H = A + \frac{B}{u} + Cu \tag{9-15}$$

式中，涡流扩散项 A 和传质阻力项 C 可以忽略，HPCE 中的峰展宽主要是由纵向扩散引起的。此外，还有进样塞长度、焦耳热引起的温度梯度、毛细管内壁的吸附作用、组分与缓冲溶液之间的电导不匹配而引起的电分散作用等。

具体来说，影响毛细管电泳柱效的因素有以下几方面。

1) 纵向扩散

在 HPCE 中，纵向扩散引起的峰展宽表达式为：$\sigma^2=2Dt$，即组分的峰展宽由其扩散系数 D 和迁移时间 t 决定。与小分子相比，大分子的扩散系数小，可获得更高的分离效率，这是毛细管电泳适合于大分子生物试样分离的理论基础。

2) 进样

如果进样塞长度太大而引起的峰展宽大于纵向扩散，则分离效率明显下降。理论上进样塞长度 W_{inj} 应为

$$W_{\text{inj}} = \sqrt{24Dt} \tag{9-16}$$

实际样品分析时，进样塞长度一般不大于毛细管总长度的 1%。

3) 焦耳热与温度梯度

电泳过程产生的焦耳热计算表达式为

$$Q = \frac{VI}{\pi r^2 L} = \Lambda_{\text{m}} c_{\text{b}} E^2 \tag{9-17}$$

式中，Λ_{m} 为电解质溶液的摩尔电导；I 为工作电流；c_{b} 为电解质浓度。

分离过程中，毛细管中心的温度高，而靠近管内壁的温度较低，这形成了的温度梯度。该温度梯度破坏了塞流形状，使流动趋向于层流，从而导致区带展宽和柱效下降。可以通过减小毛细管内径或控制散热的方法改善焦耳热引起的柱效下降。

4) 管壁对组分吸附作用

毛细管内壁对样品中不同组分的吸附作用或疏水作用存在差异，这会导致谱带展宽。相对于小分子，多肽和蛋白质等生物组分含有更多的疏水基团和带电荷基团，因此更容易被毛细管内壁吸附。特别是石英毛细管内表面的硅羟基解离所产生的负电荷吸附位点与多肽和蛋白质分子中的正电荷基团之间的静电作用，会加剧吸附现象。此外，为了促进散热而使用的细内径毛细管柱具有更大的比表面积，进一步增加了大分子的吸附量。这也是毛细管电泳在分析生物大分子时面临的主要挑战之一。

目前，改善毛细管对样品组分吸附的方法有：

(1) 在缓冲溶液中加入添加剂：通常是在溶液中加入浓度比溶质高 100～1000 倍的两性离子以替代强电解质，从而减少吸附量。这里的两性离子是指同时含有正电荷基团和负电荷基团的离子，如阴离子或阳离子表面活性剂。其目的是使正电荷基团与毛细管内管壁负电荷位点发生作用，从而抑制内壁对蛋白质等生物大分子的吸附，同时不影响溶液的电导，电渗流基本保持不变。此外，也可以在缓冲溶液中添加中性添加剂，如甲基纤维素，这些添加剂通过氢键作用在内壁形成覆盖层，从而减少吸附作用。

(2) 调整缓冲溶液的酸度和盐度：通过控制毛细管内壁的解离度，影响其对样品组分的吸附特性。

(3) 通过物理涂渍或化学键合：在毛细管内壁形成涂层，改变内壁结构，降低吸附作用。

5) 其他因素

(1) 电分散作用的影响：如果溶质区带与缓冲溶液区带的电导不同，也会导致谱带展宽。因此，尽量选择与样品淌度相匹配的电解质溶液，以减少电导差异对分离效果的影响。

(2) 层流现象对谱带展宽的影响：除了温度梯度会引起层流现象外，毛细管两端液面高度不同时，会在毛细管两端产生压力差，从而导致样品抛物线形的层流问题。因此，在分析过程

中，建议保持毛细管两端缓冲溶液高度一致，以避免因压力差引起的层流效应。

3. 分离度

毛细管电泳的分离度 R 是指表观淌度相近的两组分之间的分离程度。这里 R 的含义和表达式与色谱理论相同，即

$$R=\frac{2(t_{R2}-t_{R1})}{W_1+W_2} \tag{9-18}$$

式中，下标 1 和 2 分别表示分离图谱中相邻的两个组分；W 为峰底宽。

相邻组分的峰底宽相近，而且峰底宽 W 和峰标准差 σ 的关系为 $W=4\sigma$，因此

$$R=\frac{\Delta t_R}{W}=\frac{\Delta t_R}{4\sigma} \tag{9-19}$$

两组分保留时间差 Δt_R 与其迁移速度差 Δv 成正比，因此保留时间差 Δt_R 与两组分迁移距离平均值(毛细管有效长度 L_{ef})的比值等于两者迁移速度差 Δv 与其迁移速度平均值 $\bar{v}$ 的比值，即

$$\frac{\Delta t_R}{L_{ef}}=\frac{\Delta v}{\bar{v}} \tag{9-20}$$

将式(9-20)代入式(9-19)得

$$R=\frac{L_{ef}}{4\sigma}\times\frac{\Delta v}{\bar{v}}=\frac{\sqrt{n}}{4}\times\frac{\Delta v}{\bar{v}} \tag{9-21}$$

而

$$\frac{\Delta\mu}{\bar{\mu}}=\frac{\Delta v}{\bar{v}} \tag{9-22}$$

故

$$R=\frac{\sqrt{n}}{4}\times\frac{\Delta\mu}{\bar{\mu}} \tag{9-23}$$

这里

$$\Delta\mu=\mu_{ap1}-\mu_{ap2}=\mu_{ef1}-\mu_{ef2} \tag{9-24}$$

$$\bar{\mu}=\frac{\mu_{ap1}+\mu_{ap2}}{2} \tag{9-25}$$

将式(9-14)代入式(9-23)，整理得

$$R=\frac{1}{4\sqrt{2}}\times\frac{\Delta\mu}{\bar{\mu}}\sqrt{\frac{\mu_{ap}VL_{ef}}{DL}}=0.177\times\frac{\Delta\mu}{\bar{\mu}}\sqrt{\frac{\mu_{ap}VL_{ef}}{DL}} \tag{9-26}$$

注意，这里组分的表观淌度是其有效淌度和电渗流淌度的加和，即

$$\mu_{ap}=\mu_{ef}+\mu_{eo} \tag{9-27}$$

对于相邻出峰的两组分，组分的表观淌度相近，可以视为两组分的平均淌度，则

$$\mu_{ap}=\mu_{ef}+\mu_{eo}=\bar{\mu}$$

将该表达式代入式(9-26)，得

$$R = 0.177\Delta\mu\sqrt{\frac{VL_{\text{ef}}}{DL(\mu_{\text{ef}} + \mu_{\text{eo}})}} \tag{9-28}$$

可见，影响毛细管电泳分离度的主要因素有工作电压 V、毛细管有效长度与总长度之比、相邻组分的有效淌度差、组分的有效淌度及电渗淌度等。实际分析中，分离度的大小通常是根据谱图数据，由分离度定义式(9-18)计算得到。

扫一扫 视频 9.1 毛细管电泳的理论基础

9.2 毛细管电泳仪

毛细管电泳仪的基本部件包括直流高压电源、缓冲溶液储液槽、毛细管及检测器(数据记录处理装置)，如图 9-6 所示。毛细管电泳的分离分析过程是在毛细管柱内充入缓冲溶液，毛细管的两端分别置于两个缓冲溶液储液槽中，高压电源与两个储液槽中的铂电极连接，通过加压或从毛细管出口处减压，迫使试样从毛细管一端进入毛细管，并迁移到另一端的检测器进行信号采集和数据处理。在实验过程中，必须保持两个缓冲溶液储液槽中的液面高度一致，且毛细管两端插入液面下的深度也应相同，以避免两端压力差引起的液体流动。此外，缓冲溶液必须定期更换，且储液槽应具备良好的机械稳定性和化学稳定性。

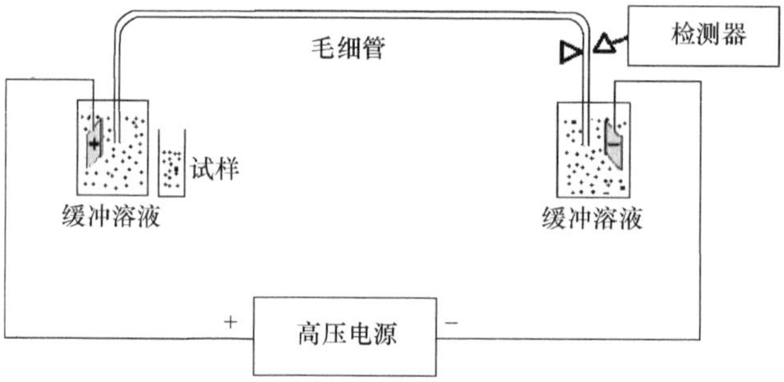

图 9-6 毛细管电泳仪基本构成

可见，毛细管电泳仪比高效液相色谱仪的构成简单，操作简便，易于实现分离分析过程的自动化控制。

1. 高压电源

毛细管电泳仪使用直径为 0.5～1mm 的铂丝电极，采用稳定、连续可调的直流高压电源，输出电压范围为 5～30 kV，电压稳定性在 ± 0.1%以内，电流范围为 200～300 μA。该电源能够实现恒压、恒流和恒功率输出，且电源极性易于转换。

2. 毛细管柱

(1) 材料：毛细管电泳的毛细管柱必须具备以下特性：化学惰性、电绝缘性、良好的透光性、优良的机械性能和柔韧性，以及良好的导热性能。目前可用的材料包括聚丙烯空心纤维、聚四氟乙烯、玻璃或石英等。其中，玻璃材质的电渗性能较好，但其杂质含量较高；而石英材料的透光性能(尤其是紫外光透过率)优异，但其表面的硅羟基容易解离，形成双电层，从而导致电渗流的产生。因此，在毛细管电泳中，石英毛细管常被广泛使用。熔融石英毛细管相对易折断，因此通常在毛细管外壁涂覆一层聚酰亚胺保护层，以增加其柔韧性并降低折断的风险。然而，聚酰亚胺材料不具透光性，因此需要通过强酸腐蚀、高温灼烧或刮除等方式，将检测口处外壁 2～3 mm 的聚酰亚胺剥离，以满足信号检测的要求。

(2) 规格：细柱毛细管具有快速散热和高柱效的优点，但过细的毛细管容易发生严重的吸附，并且在进样、检测和清洗过程中存在困难。一般情况下，使用内径为 25～100 μm、外径为 350～400 μm 的毛细管柱，其中最常用的内径为 50 μm 和 75 μm。当毛细管柱过长时，电流会减小，导致分离分析时间延长；而过短的毛细管柱则柱效较低，并且容易产生热过载。因此，常用的毛细管长度为 10～100 cm。

(3) 形状：在毛细管电泳中，毛细管柱可以是圆形、矩形或扁方形。商品化和使用最广泛的是圆形毛细管，也有采用矩形或扁方形毛细管的情况，这些形状主要利用其进样量大、检测光径长、散热良好及分离效率高等优点。

(4) 改性：通常用物理涂渍或化学键合的方式对毛细管内壁进行涂层处理和修饰改性，以控制电渗流、减少毛细管内壁对组分的不可逆吸附，并改善分离重现性。物理涂渍方法简便易行，但其涂层的稳定性较差。相比之下，化学键合方法通常是将有机硅烷键合在石英毛细管内壁的硅羟基上，这种方法具有较高的热稳定性和良好的重现性。

(5) 恒温：恒温控制主要是减少焦耳热的温度效应，提高分离的重现性。

3. 缓冲溶液储液槽

储液槽是指两个容积为 1～5 mL 的带螺口的小玻璃瓶或塑料瓶，分别配有细铂丝电极。储液槽中充满缓冲溶液，充满溶液的毛细管两端分别放置在两个储液槽中，接通外电源后，形成电流回路以进行分离。因此，储液槽必须具备化学惰性和良好的机械稳定性。

4. 样品瓶及进样

HPLC 的常规进样方法存在较大的死体积，从而影响柱效。而在毛细管电泳中，细毛细管总体积仅为 4～5 μL，进样量为纳升级，占毛细管长度的 1%～2%。毛细管电泳的进样通常是将毛细管一端放入样品瓶中，依靠电场力、重力或扩散等方式驱动样品溶液进入毛细管。常见的进样方式包括电动进样、流体力学进样和扩散进样等。

(1) 流体力学进样：包括在进样端施加压力、在毛细管出口端抽真空或采用高差虹吸进样等。适宜的进样量通常可用以下公式表示：

$$Q = \frac{\Delta p \pi r^4 c}{128 \eta L} t \tag{9-29}$$

式中，Δp 为毛细管两端压力差；r 为毛细管内径；c 为组分的浓度；t 为进样时间；η 为溶液的黏度；L 为毛细管长度。

(2) 电动进样：是指将毛细管一端插入样品瓶中，然后在两端施加 5 kV 的短脉冲，持续数秒。利用电迁移和电渗流的作用，使 5～50 μL 样品进入毛细管。然而，电动进样存在电歧视现象，即淌度大的离子进样量相对较大，而淌度小的离子进样量则较小，导致进样不均匀。此外，某些淌度较大的离子，若其电迁移方向与电渗流相反，可能无法进入毛细管，从而导致离子的丢失。

电动进样适宜的进样量可以表示为

$$Q = \frac{(\mu_{eo} \pm \mu_{ef})V\pi r^2 c}{L}t \tag{9-30}$$

式中，μ_{eo}为电渗淌度；μ_{ef}为组分的电泳淌度；V为毛细管两端电压；r为毛细管内径；c为组分的浓度；t为进样时间；L为毛细管长度。

电动进样适合于黏度大的试样分析。

(3) 浓差扩散进样：将毛细管进样口插入样品瓶中，样品组分通过浓差扩散作用自样品瓶进入毛细管的柱端口。该进样方式一般需要 10～60 s，属于普适性的毛细管电泳进样方法。

5. 检测器

检测器是决定毛细管电泳法灵敏度的重要部件之一。常规的光学检测器通常位于毛细管柱的尾端进行检测。由于细毛细管的光程较短，因此毛细管电泳需要高灵敏度的检测器。与液相色谱在分离过程中流动相对样品的稀释效应不同，毛细管电泳可以保持到达检测器时组分的浓度与原样品一致，甚至可以采用电堆积等技术实现样品的 10～100 倍浓缩。因此，HPCE 具有更高的检测灵敏度。

毛细管电泳仪常用的检测器见表 9-1。

表 9-1　毛细管电泳仪常用检测器的检测限及其特点

检测器类型	浓度检测限(进样 10 μL)/(mol · L^{-1})	质量检测限/mol	特点
紫外光谱	10^{-8}～10^{-5}	10^{-16}～10^{-13}	柱上检测，通用，对紫外有吸收的化合物，二极管阵列提高光谱信息
荧光光谱	10^{-9}～10^{-7}	10^{-17}～10^{-15}	柱上检测，灵敏度高，常需衍生化
激光诱导荧光光谱	10^{-16}～10^{-14}	10^{-20}～10^{-18}	柱上检测，灵敏度极高，常需衍生化
质谱	10^{-9}～10^{-8}	10^{-17}～10^{-16}	柱后检测，灵敏度高，提供结构信息
电导	10^{-8}～10^{-7}	10^{-16}～10^{-15}	柱后检测，通用，常需电改性
安培	10^{-11}～10^{-10}	10^{-19}～10^{-18}	柱后检测，灵敏度高，对电活性化合物

1) 紫外检测器

与 HPLC 类似，紫外检测器也是毛细管电泳仪常用的检测器类型。这类检测器具有结构简单、价格便宜和操作方便等优点。在毛细管柱出口端去除 2～3 mm 长的外壁保护层后，紫外检测器可以直接对准紫外检测光路以采集信号。紫外检测器的类型包括固定波长检测器、可调波长检测器和二极管阵列检测器等。其中，固定波长检测器和可调波长检测器具有较高的灵敏度，而二极管阵列检测器能够提供丰富的光谱信息。

毛细管柱的内径相对较细，通常不超过 100 μm，这导致检测光程较短，从而限制了紫外检测器的灵敏度。因此，在毛细管电泳分析中，需要通过一些方法进行优化，以提高灵敏度，如选择最佳检测波长、增加光强、采用光聚焦或设置光路狭缝等方法降低噪声，以及提高信号放大比例等。此外，将毛细管检测口改造成“Z”字形或扁方形以增加光路长度，也是有效改善灵敏度的措施。这种设计可以延长光在样品中的路径，从而提高检测的灵敏度和准确性。

2) 荧光检测器

荧光检测器也是毛细管电泳中常用的检测器之一，其检测限比紫外检测器降低三至四个数量级，具有高灵敏度和选择性，特别适合于痕量组分的分析。然而，对于没有荧光性能的待测组分，通常需要进行衍生化处理以增强其荧光特性。

(1) 普通荧光检测器：普通荧光检测器通常使用低波长紫外区的氘灯、紫外区至可见区的氙弧灯和可见区的钨灯作为光源，其检测限可以达到 $ng \cdot mL^{-1}$ 级别。

(2) 激光诱导荧光检测器：激光因其光强度高、单色性好和相干性强，是理想的荧光检测器的激发光源，能够有效提高信噪比并显著增强检测灵敏度。常用的激光器包括氩离子激光器(488 nm)和氦-镉激光器(325 nm)。

3) 质谱检测器

毛细管电泳(CE)由于其流动相和样品体积较小，非常适合与质谱(MS)联用，从而提高毛细管电泳的定性分析能力、选择性和灵敏度。CE-MS 联用的接口能够有效保证毛细管电泳的高效分离与质谱的分析要求。常用的接口主要包括鞘液接口和无鞘液接口等多种类型，具体细节可参见 9.6 节。

4) 电化学检测器

相对于光学检测器，电化学检测器具有更高的灵敏度、良好的选择性和更宽的线性范围，不受细内径毛细管光路段的限制。然而，毛细管电泳中存在的大电流和高盐浓度，使得电化学检测器的商品化面临挑战。常用的电化学检测方法包括电导法、安培法和电位法等。

(1) 电导检测器：在毛细管柱的尾端，使用激光钻孔技术开两个小孔，分别插上两根铂电极，然后进行封闭，可以实现电导检测。

(2) 安培检测器：在毛细管内插入超微电极，可以构建安培检测器，以获得非常高的检测灵敏度。

5) 其他检测器

毛细管电泳中还有多种其他检测器，包括折射率检测器、同位素检测器、核磁共振检测器、化学发光检测器和激光圆二色谱检测器等。其中，折射率检测器的信号与组分的浓度变化成正比，而不是与浓度本身的绝对值成正比。这使得折射率检测器具有良好的通用性和简单易行的特点，广泛应用于毛细管电泳中。然而，其检测限较低，约为 $10^{-7}\ mol \cdot L^{-1}$。同位素检测器具有良好的选择性和高灵敏度，适用于复杂样品的分析，其检测限约为 $10^{-9}\ mol \cdot L^{-1}$。

扫一扫　视频 9.2　毛细管电泳仪

9.3　毛细管电泳法的分类及应用

按照分离原理和分离介质的不同，毛细管电泳可以分为毛细管区带电泳、毛细管凝胶电泳、胶束电动毛细管色谱、毛细管等电聚焦电泳和毛细管等速电泳等类型。各种类型具有不同的分离原理和应用范围。

9.3.1 毛细管区带电泳

毛细管区带电泳(capillary zone electrophoresis，CZE)是一种基于样品中组分质荷比差异进行电泳分离分析的方法，又称为毛细管自由电泳。这是最基本且应用最广泛的毛细管电泳技术，并且是其他各种电泳方法的基础。

CZE 的分离原理是利用背景电解质溶液中各组分的电泳淌度差异，使其以不同速度迁移，形成各自的组分带。带电粒子的迁移速度是其电泳速度和电渗流速度的矢量和。具体来说，在阳极端进样，阴极端进行出峰检测，组分的流出顺序通常是：大质荷比的正电荷粒子、小质荷比的正电荷粒子、中性粒子、小质荷比的负电荷粒子，以及大质荷比的负电荷粒子，如图 9-5 所示。CZE 最大的特点是操作简单，但它无法分离中性组分。

CZE 的实验条件主要有外加电压、缓冲溶液的组成、浓度及酸度、添加剂等因素。

(1) 外加电压。外加电压需要经过优化选择。电压过低会导致迁移速度缓慢；而电压过高虽然会加快迁移速度，但同时会增加焦耳热，从而降低溶液的黏度，可能导致柱效下降。

(2) 缓冲溶液的组成、浓度和酸度。这些因素直接影响电渗流的大小以及带电粒子组分的电泳行为，进而影响迁移时间、柱效和分离度等。因此，应选择在所需 pH 条件下具有较大缓冲容量、本底干扰小且自身淌度小的缓冲溶液体系。在毛细管电泳中，常用的缓冲溶液包括硼酸盐缓冲溶液和三羟甲基氨基甲烷(Tris)缓冲溶液等。

(3) 添加剂。缓冲溶液中的添加剂也能够有效提高分离的选择性。例如，大浓度的中性盐、适量的表面活性剂以及少量的有机溶剂等，都能增强分离效果，具体情况可参见 9.1.1。

CZE 主要用于分离样品中带电荷的组分，包括无机阴阳离子、有机酸、胺类化合物、氨基酸和蛋白质等，是目前分离带电荷粒子的有效方法。然而，该方法不适合分离中性化合物。例如，在使用 254 nm 的紫外检测波长及 50 μm 内径毛细管柱进行 CZE 分析时，可以在 3 min 内分离分析 30 种无机阴离子和有机阴离子的混合试样。这显示了 CZE 在快速分离和分析复杂样品方面的潜力。

9.3.2 毛细管凝胶电泳

毛细管凝胶电泳(capillary gel electrophoresis，CGE)是一种将多孔凝胶填充在毛细管柱中作为支持介质的电泳方法。该技术利用凝胶的筛分效应，根据样品组分的大小和形状进行分离，广泛应用于生物分子(如 DNA、RNA 和蛋白质)的分析和鉴定。

常用的凝胶毛细管柱是通过交联制备的聚丙烯酰胺或琼脂糖凝胶柱，其中聚丙烯酰胺凝胶应用最为广泛。凝胶的主要特点包括：

(1) 凝胶具有良好的化学稳定性和高机械强度，透明且不溶于水。

(2) 电中性：凝胶本身呈电中性，不易吸附溶质，减少了对分析结果的干扰。

(3) 多孔性：聚丙烯酰胺凝胶的孔径范围为 3～30 nm，类似于分子筛，能够根据分子大小对样品进行有效分离，这一特性体现了筛分机制。

(4) 高黏度和强抗对流性：凝胶的高黏度和强抗对流性有效减少了组分的扩散，限制了谱带的展宽，从而使组分的峰形更加尖锐，达到了很高的柱效。这一特性使得在较短的毛细管柱上也能实现良好的电泳分离效果。

在 CGE 中，凝胶毛细管柱的制备难度较大，容易出现堵塞，导致其使用寿命短。为了解决这一问题，可以采用低黏度的线型聚合物溶液来代替高黏度的交联聚丙烯酰胺凝胶，这种方法称为无胶筛分技术。例如，可以使用未交联的聚丙烯酰胺、甲基纤维素及其衍生物、葡聚糖、聚乙二醇等线型聚合物，直接注入毛细管中进行重复使用。这种类型的毛细管柱具有成本较低、制备简单和使用寿命长等优点。然而，实际应用中需要对线型聚合物的种类和浓度进行优化选择，以确保最佳的分离效果。

CGE 广泛用于蛋白质、寡聚核苷酸、RNA 及 DNA 片段的分离与分析。这是由于蛋白质和 DNA 等生物大分子的质荷比与其分子的大小并无直接关系，采用常规的 CZE 模式进行分离时，往往难以获得满意的效果。而 CGE 由于其独特的筛分机制，能够有效实现不同大小分子之间的良好分离。此外，CGE 在 DNA 测序中扮演了重要角色。通过在凝胶基质中分离 DNA 片段，研究人员能够准确分析和鉴定 DNA 序列，为基因组研究、遗传学及生物技术的发展提供了有力支持。CGE 的高分辨率和良好的重复性，使其成为生物分子分离与分析的理想选择。

例如，采用部分交联聚丙烯酰胺作为毛细管凝胶电泳的分离筛分介质，对 4 种碱性蛋白质进行电泳分离，包括溶菌酶、细胞色素 c、核糖核酸酶 A 和胰蛋白酶。实验所使用的毛细管为内径 100 μm、有效长度 45 cm 的聚丙烯酰胺内涂层熔融石英毛细管。电泳电压设置为 10 kV，柱温控制在 15℃，0.12 mol · L^{-1} Tricine-0.042 mol · L^{-1} Tris 混合液为缓冲溶液，确保电泳过程的稳定性和重复性。

在上述条件下，成功实现了 4 种碱性蛋白质的基线分离，分离结果如图 9-7 所示。这一研究结果表明，部分交联聚丙烯酰胺在毛细管凝胶电泳中展现出良好的分离性能，为碱性蛋白质的分析提供了一种有效的技术手段。

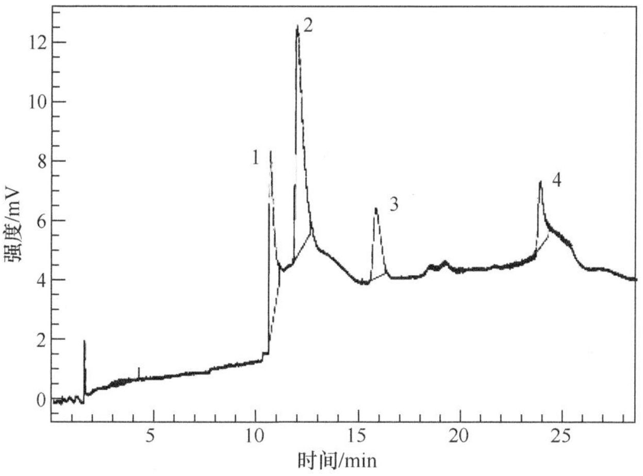

图 9-7　4 种碱性蛋白质混合溶液的毛细管凝胶电泳图谱(周瑾等，2008)
1. 溶菌酶；2. 细胞色素 c；3. 核糖核酸酶 A；4. 胰蛋白酶

9.3.3　胶束电动毛细管色谱

胶束电动毛细管色谱(micellar electrokinetic capillary chromatography，MECC)简称电动色谱，是一种将电泳法与色谱法有效结合的新型分离技术。该方法于 1984 年首次提出，随后在理论、仪器及应用研究方面逐步发展，实验技术也不断提升。

MECC 的分离原理基于胶束增溶和毛细管电动迁移现象。具体来说，在缓冲溶液中加入超过临界胶束浓度的表面活性剂，表面活性剂分子之间的疏水基团聚集形成胶束，构成分离体系的固定相。在电场作用下，样品组分会在相当于流动相的水相和相当于固定相的胶束相之间进行分配。由于各组分在这两种相中的分配系数不同，它们在高压电场中的迁移速度出现差异，从而实现分离。显然，MECC 不仅可以有效分离带电离子组分，还能够分离不带电荷的中性分子。该方法的柱效可以达到几十万，极大地拓展了毛细管电泳的应用范围，使其在药物分析、环境监测和生物样品分析等领域具有重要的应用前景。

图 9-8 展示了 MECC 的分离原理。在石英毛细管中，内壁的硅羟基解离后形成负电荷位点，导致相当于流动相的水溶液因电渗流作用从阳极向阴极移动。当十二烷基磺酸钠(SDS)阴离子表面活性剂浓度超过其临界胶束浓度时，形成表面带负电荷的胶束。尽管胶束的电泳方向是从阴极向阳极迁移，但由于电渗流速度远大于胶束的迁移速度，胶束实际上也会从阳极向阴极移动。

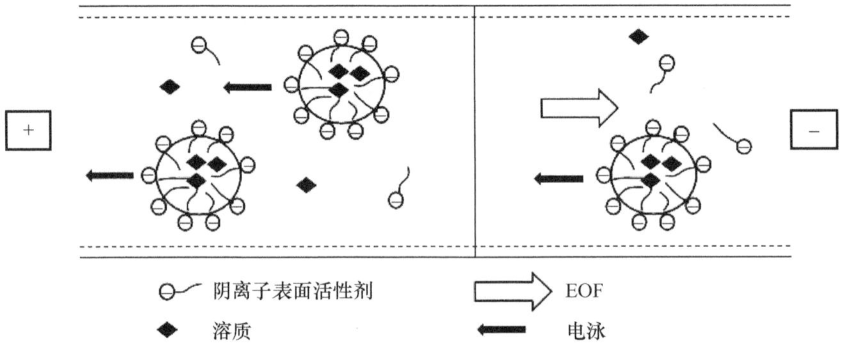

图 9-8　胶束电动毛细管色谱分离原理示意图

在这种分离过程中，溶质(包括中性化合物)会在水相和胶束之间进行分配。由于溶质分子的结构不同，其疏水性也有所差异，因此其在两相中的分配能力不同。疏水性较强的组分与胶束结合能力更强，因而更多地停留在胶束中，又由于胶束的迁移速度较小，从而延长了组分的保留时间。相对而言，极性较大的组分更倾向于溶解在水相中，随着电渗流迁移，因此其保留时间较短。显然，MECC 是电泳和色谱的有机结合，具有色谱法的分离原理。不同之处在于，胶束作为固定相实际上是一种移动的固定相，也称为准固定相。MECC 的主要特点包括：

(1) 适合于中性组分的分离。MECC 分离那些在水相中具有一定溶解度的中性化合物特别有效。

(2) 分离快速，柱效高。该方法充分利用电渗流进行分离，具有塞流的流型和低扩散特性，柱效可超过 10^5，显著提高分离效率。

(3) 大体积进样，灵敏度高。MECC 可以处理大体积的样品进样，从而提高分析的灵敏度和准确性。

(4) 适合于水溶性样品分析。MECC 更适合分离和分析在水中有一定溶解度的样品，因为有机溶剂可能会导致胶束的崩解，进而影响分离结果。

根据构成胶束的物质种类不同，MECC 又分为以下几种类型：

(1) 以表面活性剂构成的 MECC。

阴离子表面活性剂胶束：如十二烷基硫酸钠(SDS)等，广泛用于分离带负电的化合物。

阳离子表面活性剂胶束：如十二烷基氯化铵(DTAC)，适合于分离带正电的组分。

两性表面活性剂胶束：如卵磷脂等，这类胶束在不同的 pH 条件下表现出不同的电荷特性。

非离子表面活性剂胶束：如聚氧乙烯(POE)衍生物，通常用于分离中性分子。

(2) 以环糊精构成的环糊精电动色谱：利用环糊精的环状结构，可以有效地包裹和分离各种有机分子，特别是疏水性化合物。

(3) 离子交换电动色谱：采用阴离子或阳离子的离子交换性胶束作为准固定相，能够进行离子型化合物的分离，利用不同离子的交换能力实现高效分离。

(4) 微滴乳状液电动色谱：这种方法利用微滴乳状液的特性进行分离，适合于分析复杂的样品体系，具有良好的分离效果。

MECC 结合了毛细管区带电泳的高效性和凝胶液相色谱的高选择性，因此在化学、医学、药物、食品和生物等领域得到广泛应用。

例如，以胶束电动毛细管色谱技术为基础，研究了食品中多种人工合成色素的同时测定，包括碱性嫩黄 O、苏丹红Ⅰ～Ⅳ(苏丹红Ⅲ、Ⅳ未分离)、酸性橙Ⅱ、酸性红 92、酸性红 1、荧光素二钠、日落黄、亮蓝、诱惑红、靛蓝、赤藓红，共计 13 种色素，如图 9-9 所示。实验中使用规格为 75 μm×58.5 cm 的未涂层弹性石英毛细管柱。缓冲溶液选用 40 mmol · L^{-1} 硼酸-氢氧化钠(pH 9.5)，同时加入 20 mmol · L^{-1} 十二烷基磺酸钠(SDS)和 30%乙腈作为改性剂。检测波长设置为 220 nm，分析电压为 25 kV，毛细管温度保持在 25℃，进样压力为 50 MPa，进样时间为 5 s。该方法成功应用于卤翅、腐竹、番茄酱、辣椒面等样品的分析，其回收率为 98%～104%，检测限为 3.0～16.0 mg · L^{-1}。

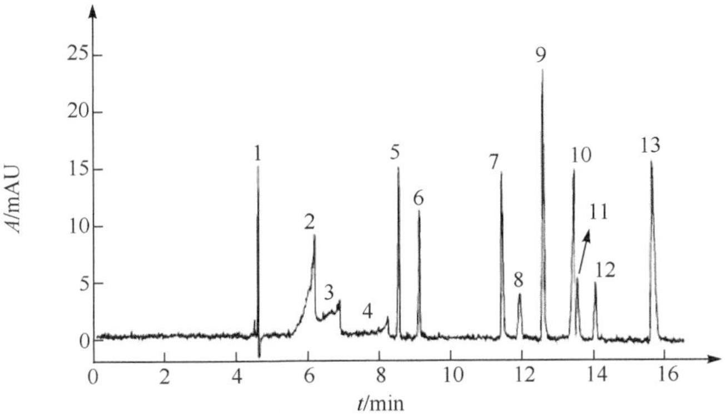

图 9-9　13 种人工合成色素混合标准溶液的胶束电动毛细管色谱图(龙巍然等，2012)

1. 碱性嫩黄 O；2. 苏丹红Ⅱ；3. 苏丹红Ⅰ；4. 苏丹红Ⅲ、Ⅳ；5. 酸性橙Ⅱ；6. 亮蓝；7. 酸性红 92；8. 赤藓红；9. 荧光素二钠；10. 诱惑红；11. 酸性红 1；12. 靛蓝；13. 日落黄

9.3.4　毛细管等电聚焦电泳

毛细管等电聚焦(capillary isoelectric focusing，CIEF)是一种高分辨率电泳技术，通过在毛细管内实现等电聚焦，利用生物大分子等电点的不同进行分离和分析。

CIEF 的分离过程如下：

(1) 电介质注充：在毛细管内注入不同等电点范围的混合脂肪族多胺基多羧酸两性电介质。

(2) 电场应用：施加 6～8 V 的直流电压后，带正电荷的电介质朝向阴极流动，而带负电荷的电介质朝向阳极移动。此过程导致阴极端 pH 升高，而阳极端 pH 降低。

(3) pH 梯度形成：不同组分的电介质根据其等电点滞留在与自身等电点相符的 pH 位置。这一过程在毛细管内形成了由阳极到阴极逐步升高的 pH 梯度。

(4) 蛋白质迁移：蛋白质作为典型的两性物质，其等电点是其特征之一。当溶液 pH 低于其等电点时，蛋白质分子带正电荷，并在电场作用下向阴极迁移；反之，当溶液 pH 高于其等电点时，蛋白质分子带负电荷，向阳极迁移。

(5) 聚焦与分离：不同蛋白质迁移到与自身等电点一致的 pH 位置。当电场中没有电渗流推动时，蛋白质的迁移停止，形成非常窄的聚焦带。这些聚焦带分别位于毛细管内的不同位置，从而实现高效分离。

CIEF 以其卓越的分离能力而受到广泛关注，能够有效分离等电点差异小于 0.01 pH 单位的不同蛋白质。同时，CIEF 非常适合于分析微量样品，这在生物医学和临床诊断中尤为重要，能够满足对样品量的严格要求；通过施加较大的电压，CIEF 能够显著缩短分离时间，提升分析效率；CIEF 也可以与多种检测技术联用，实现在线实时监测，极大地提高了分析的便捷性和时效性。

在实际应用中，电渗流通常被视为一种不利因素。电渗流可能会干扰分离效果，导致分离带的扩散并降低分辨率。因此，在 CIEF 实验中，应采取相应措施减小或消除电渗流的影响，以确保最佳的分离性能。

毛细管等电聚焦主要包括以下三个关键过程：

(1) 混合进样：在此阶段，将脱盐样品以 1%～2%的含量与两性电介质混合，并注入毛细管中。毛细管两端分别插入盛装稀磷酸的阳极槽和盛装氢氧化钠稀溶液的阴极槽。这一过程确保了样品的均匀混合，为后续的等电聚焦过程奠定基础。

(2) 等电聚焦：在此阶段，毛细管两端施加 500～700 V · cm^{-1} 的高压，持续时间为 3～5 min，直至电流降低到较小值。此时，两性电介质在毛细管内形成 pH 梯度。不同的蛋白质分别停滞在与自身等电点相等的 pH 处，并形成各自的聚焦带，如图 9-10 所示。这一等电聚焦过程实际上相当于样品的浓缩，这与 CZE 存在明显不同。

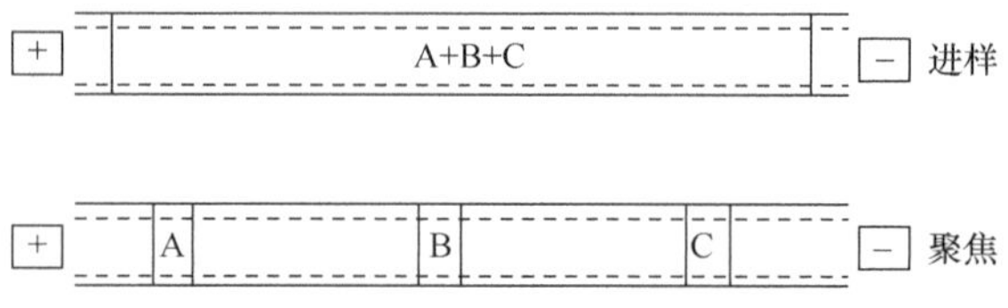

图 9-10　毛细管等电聚焦示意图

(3) 迁移检测：采用不同的方法将聚焦带移动到毛细管尾端的检测器进行信号检测。第一种方法是在阴极槽中加入氯化钠，毛细管两端施加 6～8 kV 高压，使氯离子进入毛细管。这会导致阴极端的 pH 降低，从而引起电泳迁移，聚焦的蛋白质依次通过检测器进行检测。第二种方法是在毛细管有检测器的一端抽真空或用泵在毛细管另一端加压，利用流体动力学原理促使毛细管内的物质移动，最终使样品到达检测器。第三种方法是电渗迁移，即聚焦的同时通过检测器进行实时检测，确保在样品聚焦的过程中能够获取相关信号。

CIEF 的应用主要是分离分析氨基酸、多肽、蛋白质等，以及用于疾病诊断的临床研究等。

例如，以 20 mmol · L^{-1} 磷酸溶液为正极电解液，20 mmol · L^{-1} 氢氧化钠为负极缓冲溶液。预处理后的熔融石英毛细管长度为 40 cm，内径 100 μm，外径 375 μm。在 20 kV 电压下，使用两性电介质 Cas 进行 10 min 的聚焦，从而制备等电聚焦柱。在完成等电聚焦柱的制备后，将牛血清白蛋白和血红蛋白的混合溶液进样。随后，在 17 kV 的电压下聚焦。最终，利用机械泵施加压力推动聚焦区带，采用 254 nm 波长的紫外吸收检测器进行信号监测。实验结果显示，在 1.5 min 内所有样品均顺利出峰，表明两种蛋白质的分离效果理想，如图 9-11 所示。

9.3.5　毛细管等速电泳

毛细管等速电泳(capillary isotachophoresis，CITP)是一种基于不同组分有效淌度差异，在不连续介质中进行等速电泳的方法。这种技术是早期的毛细管电泳方法之一，具有重要的历史意义。

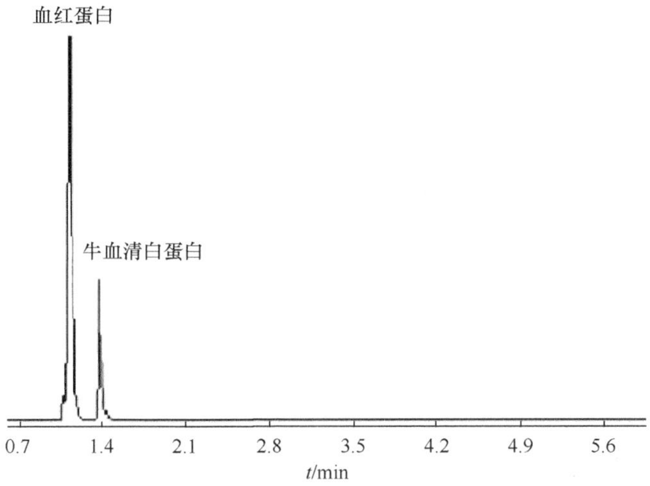

图 9-11　0.005 mg · mL^{-1} 牛血清白蛋白和血红蛋白混合样等电聚焦电泳图(尹开吉等，2006)

CITP 是 20 世纪 70 年代发展起来的，作为一种微量分析技术，该方法利用两种有效淌度差异显著的缓冲溶液分别作为前导离子和尾随离子。前导离子加入毛细管及其检测端的缓冲溶液储液槽中，而具有一定缓冲能力的尾随离子添加到另一端的缓冲溶液储液槽中。样品则置于前导离子和尾随离子之间，样品中组分离子的淌度全部位于前导离子和尾随离子之间。当施加外加电压时，样品中迁移速度最大的离子迁移速度最快，但是在前导离子之后；而样品中迁移速度最小的离子迁移速度最慢，但是在尾随离子之前。结果是具有不同淌度的组分实现电泳分离。在等速电泳的稳态条件下，各组分的迁移区带相互连接，并保持相同的迁移速度。这一特性使得 CITP 在分析复杂样品时表现出极高的分离效率。

例如，在毛细管等速电泳过程中，假设样品中含有三种阴离子 A^-、B^-和 C^-，并且它们的有效淌度 $A^- > B^- > C^-$。施加外加电压后，各离子从负极向正极的迁移速度存在显著差异，导致毛细管内溶液中的离子浓度从负极到正极逐渐增加。在此过程中，电导率与电位梯度成反比，即当离子浓度增大时，电导率也相应增大，这会导致电位梯度逐渐减小。因此，从负极到正极，电位梯度的变化趋势是逐渐减小的。离子的迁移速率与电场强度成反比。迁移速度最快的 A^-由于位于电场强度较弱的区域，其迁移速度会逐渐减慢。相对而言，迁移速度最慢的 C^-则位于电场强度较强的区域，其迁移速度会加快。最终三种离子(A^-、B^-和 C^-)及前导离子将以相同的速度迁移。在电泳过程中，如果任何离子迁移速度过快或过慢，则在恒流模式下，它们会遭遇到更弱或更强的电场强度，迅速“归队”至相应的迁移区带。这一机制保证了各组分的有效分离，并维持了电泳系统的稳定性，参见图 9-12。

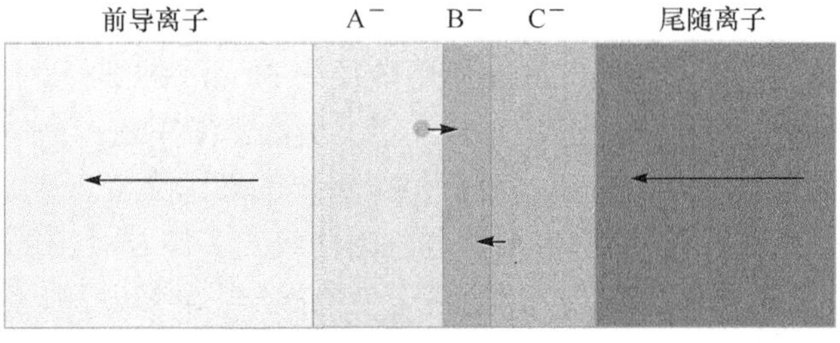

图 9-12　毛细管等速电泳示意图

毛细管等速电泳的特点包括：

(1) 等速移动：在 CITP 过程中，所有组分的迁移区带以相同的速度移动。这种特性确保了各组分在电泳过程中的均匀性，使得分离更加高效和可预测。

(2) 区带自锐化：在稳态条件下，如果有离子扩散到相邻的前或后区带，电场强度的变化会导致这些离子的迁移速率发生改变。当离子进入电场强度较小的区域时，其迁移速度会减慢；相反，当离子进入电场强度较大的区域时，其迁移速度会加快。这一机制促使离子迅速“归队”到原有的区带中，从而形成各组分区带之间鲜明的界面。这种自锐化现象有助于提高分离的分辨率。

(3) 区带浓缩：在 CITP 中，前导离子的浓度决定了组分区带的浓度。当前导离子的浓度保持一定时，各区带内离子的浓度也会达到一个固定值。因此，浓度较小的组分会在电泳过程中浓缩富集。这种浓缩效应使得 CITP 在分析微量样品时展现出优越的灵敏度和分离能力。

毛细管等速电泳以其卓越的浓缩痕量组分能力著称，因其分离分析速度快、灵敏度高和成本低廉，广泛应用多个领域，主要包括制药、食品、化工、环境、生物和医学等。特别是无机离子、生物碱、有机酸、抗生素、氨基酸、多肽和蛋白质等组分的定性定量分析。例如，应用于人工肾血液透析溶液中的 K^+、Na^+、Ca^{2+}和 Mg^{2+}的测定，相对标准偏差(RSD)小于 3.3%；应用于氨基糖苷类抗生素分析，相对标准偏差(RSD)小于 2%；应用于烟酸、吡哆醇、烟酰胺和抗坏血酸等组分分析，相对标准偏差(RSD)小于 2%。

扫一扫　视频 9.3　毛细管电泳法的分类及应用

9.4　毛细管电色谱的理论基础

毛细管电色谱法(capillary electrochromatography，CEC)是一种结合了毛细管电泳和传统色谱技术的分析方法。其基本原理是在熔融石英毛细管内填充固定相颗粒，或采用物理涂渍、化学键合及整体柱固定相的制备。通过电渗流或电渗流结合压力驱动，流动相在毛细管中流动。CEC 依赖于样品中的中性或带电荷粒子在固定相和流动相之间的不同吸附或分配系数，以及它们电泳速度的差异而进行分离。

CEC 是分析化学领域的一项重要技术，其发展历程如下：20 世纪 50 年代，穆奥尔德(Muold)首次在薄层色谱中引入外加电场，利用电渗流作为薄层色谱的流动相，成功地在胶棉中分离了多糖组分。1974 年，比勒陀利乌斯(Pretorius)首次建立了毛细管电色谱法，发现了 CEC 分离效率高的特点。1981 年，乔根森在内径为 170 μm 的毛细管中填充细颗粒的 C_{18} 键合硅胶，成功实现了多环芳烃的高效分离。1982 年，都田(Tsuda)使用内径为 30 μm 的细径开管柱，在高压条件下实现了芳香化合物的毛细管电色谱高效分离。1985 年，奥法雷(O’Farrell)阐述了毛细管电色谱中柱内富集的条件，为后续优化 CEC 的分离过程提供了重要的理论支持。1991 年，诺克斯(Knox)在理论研究的基础上，进一步描述了影响毛细管电色谱柱效的多种因素。经过多年的发展，毛细管电色谱法的理论逐步建立和完善，现已广泛应用于生物医学、环境监测、药物分析和食品安全等领域。这项技术因其高效性、灵敏性和适应性，成为现代分析化学中的一种重要分离手段。

CEC 是一种将毛细管电泳和高效液相色谱有机结合、相互完善的快速高效分离新方法。

该技术结合了两种分离技术的优点，有效克服了传统毛细管电泳在分离中性组分方面的不足，同时充分利用了高效液相色谱在固定相和流动相选择方面的多样性。电渗流驱动下塞流运行方式克服了峰展宽，使得 CEC 对中性组分和带电荷组分的分离均具有高柱效。

比较 CEC 和 CZE，两者在分离理论和仪器构成上有相似之处，但 CEC 的毛细管柱引入了色谱的固定相，这使得该方法结合了 CE 和 HPLC 的分离机理，能够对中性物质和带电荷物质实现理想的分离效果。

具体来说，CEC 的优点有以下几点：

(1) 操作简单，分析快速，适合于高通量实验。

(2) 样品用量少，溶剂消耗少，成本低，符合绿色化学的要求。

(3) 分离效率高，通常比 HPLC 高 5～10 倍，能够实现更高的分离度。

(4) 能够有效分离带电荷和不带电荷的物质，特别适合于复杂样品的分析，如生物样品和环境样品。

(5) 可用于组分的富集和预浓缩，增强了分析的灵敏度和准确性。

当然，与 HPLC 相比，CEC 在迁移时间重现性、进样准确度和检测灵敏度方面还有待改进。随着 CEC 方法的理论和技术的不断完善，这种快速高效的分离分析方法将展现出重要的发展潜力。

从分离原理来看，CEC 综合了电泳和色谱的分离机制，其组分的保留机理包括了 HPLC 中的固定相和流动相间分配以及 CE 中的电迁移。类似于 CE，电渗流是影响分析重现性的重要参数；而 CEC 的柱效可以用速率理论中的范第姆特方程来阐述，分离程度也可以通过分离度 R 来衡量。

从操作条件来看，CEC 的实验条件包括操作电压、缓冲溶液酸度、盐度和添加剂等。此外，CEC 还可以采用 HPLC 的梯度洗脱模式，以改善分离效果并缩短分离时间。这种灵活性使得 CEC 在处理复杂样品时具备了更大的优势。

扫一扫　视频 9.4　毛细管电色谱的理论基础

9.5　毛细管电色谱法的分类及应用

毛细管电色谱法是毛细管电泳和高效液相色谱有效结合的一种新型分离分析方法，无论理论还是应用都具有很大的发展潜力。毛细管电色谱法可以根据流动相驱动力、毛细管柱和分离机理等进行分类。

1. 按照流动相驱动力分类

1) 电渗流驱动

电渗流驱动的毛细管电色谱与一般毛细管电泳的仪器构成和操作方法相似，但其毛细管柱中具有高选择性的固定相，从而提高了分离效率。同时，这种方法避免了压力驱动引起的区带展宽，因此分离柱效较高。然而，电渗力驱动的一个缺点是无法清除毛细管中在电泳过程中产生的气泡，这可能导致电流中断，使实验无法进行而失败。

2) 电渗流+压力驱动

压力驱动可以使用高压泵或在毛细管两端施加压力，其主要目的是清除电泳过程中产生的气泡，或利用高压使气泡溶解消失。将电渗流与压力驱动相结合，可以增加流动相的平均线速度，从而缩短分析时间。同时，这种组合也避免了单一压力驱动造成的区带展宽问题，进一步提高了分离效率。此外，压力驱动的应用还提高了实验的重现性，使结果更为可靠。

2. 按照毛细管柱分类

毛细管柱是 CEC 的核心部分，而制柱技术则是影响 CEC 分析的关键因素。根据固定相的不同，CEC 可以分为填充柱、开管柱和整体柱(连续床)三种类型。

1) 填充柱

填充柱毛细管电色谱是指将高效液相色谱分离柱的填料装填入毛细管柱中，以电渗流或电渗流结合压力为驱动力进行电泳分离分析的方法。填充柱是 CEC 中应用最广泛的毛细管柱类型，其主要优点在于能够使用多种类型的 HPLC 固定相，基于组分与固定相之间相互作用能力的差异，实现高效的电泳分离。

图 9-13 展示了填充柱的基本结构，主要包括入口柱塞、填充部分、出口柱塞、检测口和开管部分。其中，柱塞、填料和填充技术共同决定了填充柱的分离重现性、选择性和稳定性等性能指标。

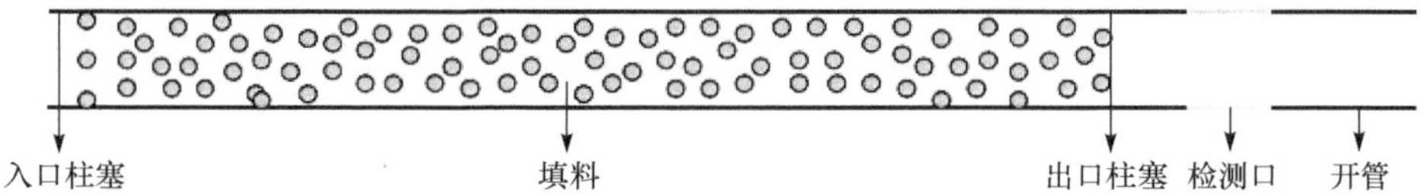

图 9-13　填充柱的基本结构

在填充柱毛细管电色谱中，毛细管柱内没有压降，流动相呈现塞流状态，导致区带展宽小，柱效显著提高，理论塔板数可高达每米数十万。然而，该方法也存在一些局限性，包括填充柱制备过程的复杂性、电极反应的问题，以及填料与空柱之间存在的速度差异导致气泡产生的现象。

2) 开管柱

开管柱毛细管电色谱是指毛细管内壁化学键合或物理涂渍固定相，以电渗流或电渗流与压力联合驱动流动相的毛细管电泳方法。该方法有效结合了电泳与色谱的分离机制，展现出良好的应用前景。

与填充柱相比，开管柱的主要优点在于制备过程简单，无需烧制柱塞，且气泡产生较少，避免了涡流扩散，因此柱效显著提高。然而，开管柱的缺点在于柱容量较低，因为键合或涂渍的固定相的容量约为填充柱的 1/350。

开管柱的制备有多种方法：通过管壁交联聚合制备的开管柱稳定性良好且柱容量较大，但传质阻力降低会影响柱效；化学键合法制备的开管柱则具有良好的稳定性和较高的柱效；而溶胶-凝胶法制备的开管柱虽然柱效较高，但可选择的固定相种类较少。

3) 整体柱

整体柱(也称为连续床)是近年来广泛应用的新型材料，其主要特点是在柱内直接聚合，从而形成与柱内空腔形状一致的整块多孔交联聚合物。这种材料具有结构骨架连续性和孔道的连续性，且大、中、小孔分布均匀，渗透性很好。同时，整体柱具有优异的热稳定性、机械稳定性和化学稳定性，使用寿命较长。此外，毛细管整体柱制作简单，无需制作柱塞，成本较低。

在整体柱毛细管电色谱法中，组分能够在流动相与固定相之间快速分配，从而实现高速、高效的电泳分离分析。

3. 按照分离机理分类

与 HPLC 类似，毛细管电色谱根据分离机理的不同可以分为正相、反相、离子交换和体积排阻等类型。

1) 正相毛细管电色谱

正相毛细管电色谱是指流动相的极性小于固定相的极性，其分离机理主要基于组分与固定相极性基团之间的作用力差异。具体来说，极性较弱的组分先出峰，而极性较强的组分后出峰，从而实现分离。这种模式应用相对较少。

2) 反相毛细管电色谱

反相毛细管电色谱是指流动相的极性大于固定相的极性，其分离机理主要基于组分与流动相和固定相之间的作用力差异。在此模式中，极性强的组分先出峰，极性弱的组分后出峰，从而实现分离。与反相高效液相色谱类似，反向毛细管电色谱在实际工作中应用最为广泛。

3) 离子交换毛细管电色谱

离子交换毛细管电色谱是指以离子交换剂为固定相，基于组分与固定相之间的静电作用差异及组分自身的电泳作用而实现分离的方法。该方法主要用于分析离子性组分或能够转化为离子性组分的样品。

4) 体积排阻毛细管电色谱

体积排阻毛细管电色谱是利用电驱动使流动相中的样品组分依照固定相填料孔径的大小进行排阻分离。小分子组分先出峰，而大分子组分后出峰。在中性组分的体积排阻毛细管电色谱分离中，主要基于分子量或分子尺寸大小；而在离子性组分的体积排阻毛细管电色谱分离中，则同时考虑了电泳作用。

与体积排阻液相色谱类似，体积排阻毛细管电色谱主要用于大分子化合物的分离分析。

尽管毛细管电泳法是一种现代分离分析方法，发展历史较短，但该方法在理论和应用研究方面已取得显著进展。毛细管电泳法广泛应用于生物学中生物大分子(如蛋白质、核酸和糖)及内源性小分子的分析，医学领域的疾病机制、诊断和体内代谢的研究，药学中合成药物和天然药物成分的检测，食品中的营养成分、添加剂、抗生素及农药残留的分析，以及环境中有机污染物和无机污染物的检测。特别是通过在流动相中添加环糊精及其衍生物、手性冠醚、氨基酸衍生物、胆酸钠、牛磺脱氧胆酸及其钠盐、低聚糖等天然手性表面活性剂，可以实现手性化合物的有效分离。此外，该方法在仪器微型化、质谱联用及阵列毛细管凝胶电泳等前沿领域也取得了诸多研究进展。

例如，毛细管电色谱法分析和检测食品样品中痕量的多肽类抗生素。该研究以 55：45(体积比)乙腈-磷酸盐缓冲溶液(pH 5.0，10 mmol · L^{-1})为流动相，采用苯基毛细管色谱填充柱为分离柱，对牛奶和饲料中衍生化的痕量杆菌肽、多黏菌素 B 和黏杆菌素等多肽类抗生素进行分离，并采用激光诱导荧光检测。色谱图如图 9-14 所示。该方法的检测限为 5.0～10.0 ng · mL^{-1}，回收率为 72.9%～112.4%。

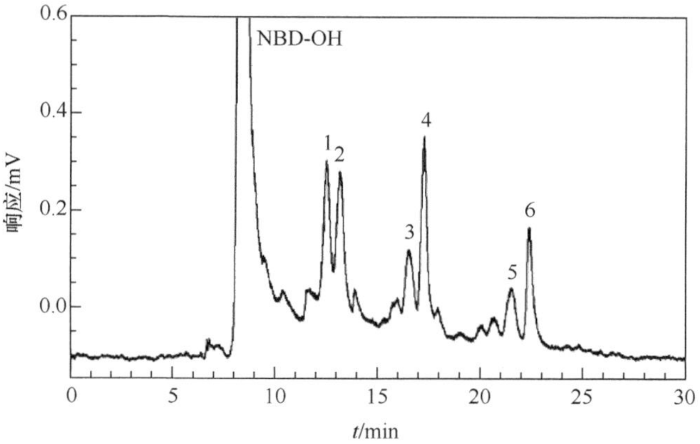

图 9-14　多肽抗生素的毛细管电色谱图(雷霄云等，2018)
1,2. 多黏菌素 B；3,4. 杆菌肽；5,6. 黏杆菌素

扫一扫　视频 9.5　毛细管电色谱法的分类及应用

9.6　毛细管电泳-质谱联用法

毛细管电泳-质谱联用法(CE-MS)结合了毛细管电泳法所需样品量少、分离速度快、峰形窄、柱效高的优势以及质谱法灵敏度高、定性能力强的特点，因此在复杂样品分析中得到了广泛应用，特别是在实际生物样品中对氨基酸、多肽和蛋白质的分析及单细胞分析等领域。

然而，毛细管电泳的紫外检测器存在光程短、灵敏度低，以及紫外吸收较弱或无紫外吸收化合物的检测困难等问题。随着大气压电离(API)、电喷雾电离(ESI)等现代质谱快速扫描技术的出现，这些技术恰好满足了 CE 峰形窄的特点，而 CE 所需的少量样品也符合 MS 的进样要求。因此，两者均能够有效分离和分析小分子及大分子化合物，使得 CE 与 MS 联用相得益彰。1987 年，首次将 MS 用作 CE 的检测器，建立了 CE-MS 联用方法，并迅速发展成为混合物分离分析研究的重要工具。

1. 毛细管电泳-质谱联用法的分类

毛细管电泳的不同模式均可与质谱联用，包括毛细管区带电泳(CZE)、毛细管凝胶电泳(CGE)、胶束电动毛细管色谱(MECC)、毛细管等电聚焦(CIEF)电泳、毛细管等速电泳(CITP)、毛细管电色谱(CEC)及非水毛细管电泳等。其中，最常用的是 CZE-MS，而在 MECC 中，由于表面活性剂形成的胶束会抑制样品离子的信号，因此 MECC-MS 应用相对较少。

能与毛细管电泳联用的质谱技术包括电喷雾电离质谱(ESIMS)、大气压化学电离质谱(APCIMS)、快原子轰击质谱(FABMS)以及电感耦合等离子体质谱(ICPMS)等。质量分析器有离子阱(IT)、三重四极杆(TQ)和飞行时间(TOF)等，也可以实现离线联用。其中，最成熟且最常用的组合是 CE-ESIMS，CE-ICPMS 主要用于金属或含金属元素化合物的分离分析，这也成为生物分析领域的重要方法，并逐渐成为研究的热点。

2. 毛细管电泳-质谱联用仪

CE-MS 联用仪包括 CE 系统、联用接口和 MS 检测器三个部分。其中，联用接口是关键部件。需要指出的是，CE 与 MS 的离线联用不涉及接口部分，只需收集 CE 分离的样品，进行处理后再进行 MS 检测。CE-MS 在线联用技术真正实现了联用方法的自动化，且分析速度快、样品利用率高，但需要接口组件将 CE 分离的组分快速且高效地离子化，并完全转移到质谱仪中。

与其他联用方法一样，接口在 CE-MS 联用法中起着至关重要的作用，以获得稳定的雾流和高效的离子化。

电喷雾电离(ESI)是与 CE 相连的质谱中最常用的电离方式。由于 CE 的缓冲溶液具有较高的离子强度和较低的挥发性，这对 ESI 的雾化和离子化产生不利影响，因此接口装置旨在解决这一矛盾。目前，CE-ESIMS 接口主要有鞘液接口和无鞘液接口等多种形式。

鞘液接口是最早商品化且最常用的类型，其设计是将一个不锈钢毛细管套在电泳毛细管末端，鞘内充有鞘液。此外，在不锈钢套外还有一个同心的钢套，鞘内通入鞘气。在毛细管末端，鞘液与电泳缓冲溶液在混合的同时被鞘气雾化。由于鞘液的流量显著高于 CE 的流速，通常在每分钟纳升至微升之间，因此喷雾的稳定性得以提高。虽然鞘液的混合对样品具有稀释作用，但在喷雾过程中，鞘液会完全雾化，并不会显著降低检测灵敏度。

无鞘液接口则具有多种设计形式，其中一种设计是将 CE 末端改造成尖细状，并在外层套上一个同心套管，内部通入鞘气，以提升雾化的稳定性。此外，毛细管末端可以粘上金丝或镀一层金，以保持 CE 与 ESI 之间的电路循环。无鞘液接口对样品没有稀释作用，因此其灵敏度相对较高。

3. 毛细管电泳-质谱联用法的应用

CE-MS 联用技术拓展了 CE 的应用范围，特别在生物学、医学和药学领域的研究中，有效解决了复杂混合物的分离分析问题。

1) 生物学应用

CE-MS 广泛应用于多肽、蛋白质、核苷酸及其酶解产物的定性和结构分析，特别是在蛋白质组学研究中展现出较大的潜力。

2) 药学

该联用方法在中药和西药的成分分析、手性药物分离以及药物代谢规律研究中应用较为广泛。

3) 食品

CE-MS 也应用于食品成分分析、农药和兽药残留、污染物的定性定量分析等领域。

4) 环境分析

该技术在环境样品中的农药残留和无机物分析等方面也发挥着重要作用。

例如，以毛细管电泳-质谱联用法分析测定猪肝中克伦特罗和沙丁胺醇残留，如图 9-15 所示。实验中使用含 10%甲醇的 60 $mmol \cdot L^{-1}$ 甲酸铵溶液作为缓冲溶液，分离过程采用内径为 50 μm、长度 82 cm 的未涂层毛细管柱。施加电压为 25 kV，毛细管的温度为 25℃，质谱的雾化气压力为 138 kPa，干燥气的温度为 310℃，采用 ESI 正离子扫描模式。在 6 min 内完成出峰，检测限分别为 0.4 $\mu g \cdot kg^{-1}$ 和 0.3 $\mu g \cdot kg^{-1}$。

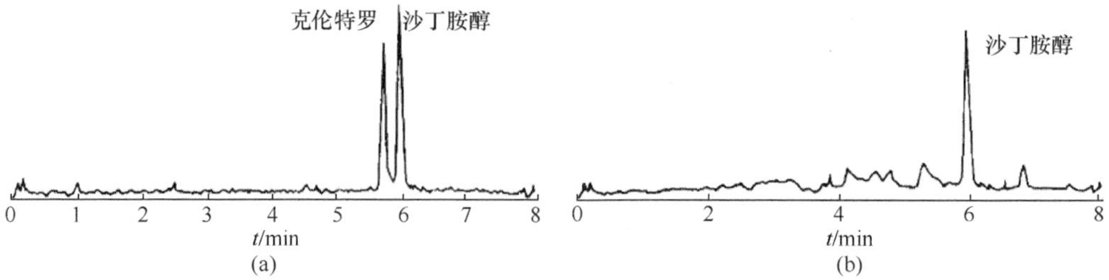

图 9-15　克伦特罗、沙丁胺醇标准溶液(a)和猪肝样品(b)的毛细管电泳-质谱联用总离子流图
(颜流水等，2006)

与 LC-MS 相比，CE-MS 联用技术还不够成熟，尚未实质性地克服 CE 的缺陷。此外，并非所有毛细管电泳模式均能与质谱联用，接口技术也亟需不断完善，且 MS 对 CE 缓冲溶液的要求较为严格。在 CE-MS 的研究中，提高方法灵敏度、改善接口技术及拓展应用将是该联用技术未来发展的重点。

思　考　题

1. 名词解释：

(1) 淌度	(2) 电渗现象	(3) 电渗流
(4) 塞流	(5) 层流	(6) 迁移时间
(7) 毛细管等电聚焦	(8) CE-MS 接口	

2. 阐述电渗流的产生及其在毛细管电泳中的作用。
3. 相对于传统电泳，毛细管电泳主要的改进之处有哪些？
4. 毛细管电泳法的进样方法有哪些？
5. 在 CE 中，毛细管柱的材质有哪些？如何对毛细管进行改性？
6. 毛细管电泳仪的检测器有哪些？它们各有什么特点？
7. 毛细管电泳法有哪些分类？各类方法的应用对象是什么？
8. 描述毛细管电泳与高效液相色谱方法的异同点，并指出它们各自的优缺点。
9. 毛细管电色谱的毛细管柱有哪些类型？
10. 毛细管电色谱与毛细管电泳的区别是什么？它们有哪些优缺点？
11. 毛细管电泳-质谱联用法有哪些特点？主要应用于哪些领域？
12. 查阅相关文献，预测毛细管电泳法未来的发展趋势。

第 10 章　超临界流体色谱法

超临界流体色谱法(supercritical fluid chromatography，SFC)是以超临界流体为流动相，以固体吸附剂或聚合物键合的载体(或毛细管内壁)为固定相的色谱方法。超临界流体是指高于临界压力与临界温度时物质的一种存在状态，既不是液体，也不是气体，性质介于液体和气体之间。超临界流体的性质参见 4.9 节。

1962 年，克莱斯珀(Klesper)首次报道了以超临界二氟二氯甲烷和二氟一氯甲烷为流动相分离镍卟啉不同异构体的超临界流体色谱方法。1981 年，诺沃特尼(Novotny)和李(Lee)首次公布了毛细管超临界流体色谱法。1985 年，第一台商品化的超临界流体色谱仪问世。2015 年版《中国药典》增加了超临界流体色谱法。

超临界流体色谱法兼具 GC 和 HPLC 的优点，适合分离分析各种结构类似物(手性异构体、位置异构体、顺反异构体)、脂溶性化合物、热不稳定的挥发性化合物等，而且比 HPLC 柱效和分离效率更高。但是，超临界流体的性质(黏度、扩散系数、密度等)与温度、压力密切相关。这要求在 SFC 运行过程中精确稳定地控制温度和压力，对色谱泵及仪器开发提出了较大挑战。因此，直到 20 世纪 90 年代后，在超高压液相色谱泵等技术的支持下，SFC 商品化仪器才获得了重要突破。

10.1　超临界流体色谱法的基本原理

与其他色谱法相同，超临界流体色谱法也是基于不同组分在固定相和流动相之间分配系数的不同而实现分离。

SFC 的流动相有超临界流体 CO_2、N_2O 和 NH_3 等。SFC 的固定相一般是硅胶等固体吸附剂或键合到载体(或毛细管壁)上的聚合物，既可以使用 HPLC 的填充柱，也可以使用毛细管柱，即 SFC 分为填充柱超临界流体色谱和毛细管超临界流体色谱两种。其分离机理都是基于目标组分在固定相上的吸附和超临界流体流动相的溶解洗脱而实现分离。从功能和应用来看，超临界流体色谱又分为分析型超临界流体色谱和制备型超临界流体色谱。

与毛细管电泳容易产生焦耳热的温度效应类似，超临界流体色谱中会产生压力效应。超临界流体色谱的“柱压降”约比毛细管色谱的大 30 倍，造成柱前端与柱尾端分配系数相差很大，从而影响分离。克服这种压力效应对分离效果影响的办法是控制系统压力超过临界压力的 20%，此时柱压降对分离的影响较小，因为超临界流体密度在临界压力处受压力影响最大。

当然，也可以利用压力效应缩短分离时间。SFC 压力变化对容量因子影响显著，超临界流体密度随压力增加而增大，密度增大可以提高溶剂效率，缩短淋洗时间。例如，某实验结果显示，以 CO_2 超临界流体流动相分离 $C_{16}H_{34}$ 时，压力从 7.0 MPa 增加到 9.0 MPa，淋洗时间由 25 min 缩短到 5 min。

对于组成复杂的实际样品，与 GC 的程序升温、HPLC 的梯度洗脱类似，SFC 也可以采用程序升压和程序升温的模式，调整组分保留值以改善分离。

扫一扫　视频 10.1　超临界流体色谱法的基本原理

10.2　超临界流体色谱仪

超临界流体色谱仪具有与高效液相色谱仪类似的精密压力控制系统，也有与气相色谱仪类似的精确控温系统，以及反压装置(或称为限流器)以控制色谱柱的压力并转换超临界流体状态。这里需注意，HPLC 的高压输液泵只在色谱柱的流动相入口加压，而 SFC 的整个色谱柱系统(流动相入口和出口)都处于高压高密度状态。

超临界流体色谱仪的主要部件有高压泵、进样系统、色谱柱、限流器和检测器，如图 10-1 所示。

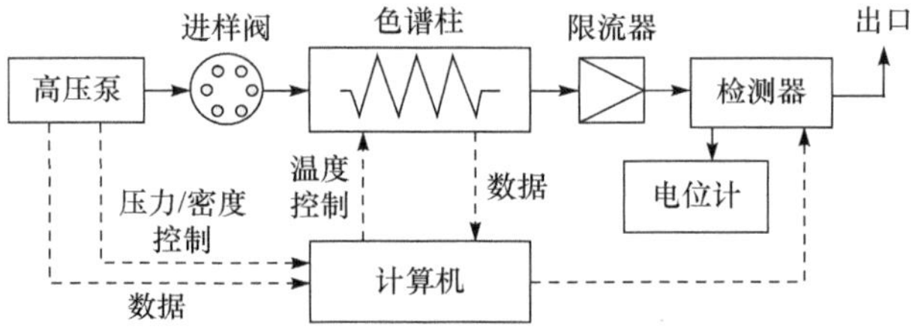

图 10-1　超临界流体色谱仪的基本构成

1. 高压泵

高压泵的作用是输送流动相。螺旋注射泵和往复柱塞泵是超临界流体色谱仪常用的高压泵。SFC 对高压泵的要求是：

(1) 压力脉动小，重现性好。

(2) 工作压力≥ 40 MPa。

(3) 流量在 0.01～5.00 mL · min^{-1} 稳定可调，适合快速程序升压或程序升密度。

(4) 耐腐蚀。

SFC 常用的流动相是超临界流体 CO_2、N_2O、NH_3 和乙烷等。其中，最常用的是 CO_2(临界温度、临界压力分别为 31℃、7.4 MPa)，因为 CO_2 无色、无味、无毒、对各类有机物溶解性好、化学惰性无腐蚀性、安全、价廉、易纯化。而且，CO_2 在紫外光区没有吸收，与常用的紫外检测器匹配。同时，CO_2 超临界流体允许对温度、压力有较宽的选择范围。但是 CO_2 极性太弱，只适合于非极性到中等极性化合物的分离分析，对极性化合物的分离选择性有限，常加入少量(1%～10%)甲醇或乙醇、苯等有机溶剂作改性剂，或采用二元或多元流动相以调整分离选择性。

2. 进样系统

进样系统的作用是将试样引入分离系统。六通进样阀适合于填充柱超临界流体色谱，而动态分流及微机控制开启进样阀时间的定时分流进样适合于毛细管超临界流体色谱。进样时，温度和压力等实验条件也需要严格控制，以保证进样和分析的重现性。

3. 色谱柱

超临界流体色谱必须精确控制色谱柱和流动相的温度。色谱柱的种类较多，如 HPLC 填充柱、毛细管柱(填充毛细管柱或开管柱)等。其中，毛细管柱具有更高的分离效率，应用较广。

与 HPLC 色谱柱一样，SFC 填充柱内径为 2～4.6 mm，柱长为 10～20 cm，而且 HPLC 的二醇基与氰基键合硅胶的正相色谱柱、烷基键合硅胶的反相色谱柱等几乎都可以应用于 SFC。填充毛细管柱内径为 250～530 μm，填料粒径为 3～10 μm，柱长为 20～100 cm。内壁交联修饰的开管柱内径为 50～100 μm，厚度约为 0.25 μm 到数微米，柱长为 10～20 m，主要修饰材料是聚甲基硅氧烷(如 SE-30、SE-33、SE-54、OV-1、SB-Phenyl-30 等)、苯基甲基聚硅氧烷和交联聚乙二醇等，或者用环糊精类等分子修饰以实现 SFC 手性分离。

4. 限流器

限流器位于检测器的前面或后面，需要根据检测器的类型决定。例如，检测器为 GC 的氢火焰离子化检测器时，限流器位于色谱柱和检测器之间，其作用是使色谱柱流出的流动相与组分从超临界流体状态发生相变成为气体并转移，以保持分离系统流动相的超临界流体状态而检测器在常压气态工作。显然，限流器是超临界流体色谱仪中实现在线检测时不可缺少的关键部件，相当于分离柱后延伸了一个物态转换和控制器，用以维持分离过程的超临界流体合适的压力，又通过这个部件转换为气体进行后续的检测。

限流器由细内径毛细管和细内径喷嘴或烧结微孔玻璃喷嘴组合而成。其中，毛细管内径、长度及喷嘴孔径直接影响限流器所控制的压差大小、流动相及组分的相变和转移效率。限流器的温度一般控制在 250～450℃，以保证更好地实现流动相和组分的相变吸热膨胀过程。

5. 检测器

GC 和 HPLC 所用的检测器都可以应用于超临界流体色谱仪，如紫外检测器、荧光检测器、氢火焰离子化检测器、火焰光度检测器(FPD)和蒸发光散射检测器等。其中，应用最多的是高灵敏度的氢火焰离子化检测器，这正是超临界流体色谱法的一个突出优点。但是，流动相中添加有机改性剂时，因严重干扰而不适合用 FID 检测。蒸发光散射检测器是一类通用型的检测器，适用范围广，但灵敏度低。另外，电子捕获检测器(ECD)、火焰光度检测器和氮磷检测器(NPD)等都可以应用于多氯联苯、有机磷、硫和氨基甲酸酯等农药的测定。

同样，SFC 可以与 MS、FTIR、NMR 等波谱仪联用，也可以与荧光光度计、等离子体发生光谱仪及电导仪等联用，以提高分析能力。

扫一扫　视频 10.2　超临界流体色谱仪

10.3　超临界流体色谱的分离条件

尽管超临界流体色谱仪与高效液相色谱仪、气相色谱仪有类似的构成，但分离条件有很大的不同。

1. 压力控制

SFC 比 GC 的操作压力高，一般达到 7～45 MPa。在固定温度下，流动相的压力和密度增加时，组分的容量因子 k 值降低，保留时间缩短。

2. 温度控制

SFC 比 HPLC 的柱温高，从常温到 250℃。

实际上，SFC 常应用程序压力或程序温度操作模式，如线性压力/密度程序、非线性压力/密度程序、线性温度程序和非线性温度程序等。对于实际复杂样品，超临界流体色谱可以采用同步密度和温度的程序化，以实现理想的分离效率。

10.4　超临界流体色谱的应用

超临界流体色谱综合了气相色谱和高效液相色谱的优点，分离效率高、分析时间短，CO_2 为超临界流体流动相时无毒、环保、成本低，可分析 GC 难以分析的不易挥发、热稳定性差、强极性和强吸附性的化合物，包括生物大分子化合物等，而分离柱效和分离速度比 HPLC 优越，还可以分离分析无紫外吸收的各种天然产物和高聚物等。该方法是气相色谱法和液相色谱法的重要补充，已在药物、食品、环境、石油和生物等领域得到应用，既可以应用于样品的分离和纯化，也可以应用于定性定量分析，以及物质的热力学性质和理化常数测试等，如手性药物和非手性药物分离分析、代谢组学研究、食品农残和多环芳烃毒素分析、环境微污染物残留分析等。

例如，以超临界流体色谱法同时分析测定运动饮料中邻苯二甲酸二甲酯(DMP)、邻苯二甲酸二乙酯(DEP)、邻苯二甲酸二丙酯(DPRP)、邻苯二甲酸二丁酯(DBP)、邻苯二甲酸二戊酯(DPP)、邻苯二甲酸丁基苄基酯(BBP)、邻苯二甲酸二(2-乙基己基) 酯(DEHP)、邻苯二甲酸二辛酯(DNOP)共 8 种邻苯二甲酸酯类塑化剂。色谱柱为 C_{18} 键合硅胶相(规格为 250 mm×4.6 mm，5 μm)，以添加 3%(体积分数)甲醇的超临界流体 CO_2 为流动相，采用等度洗脱模式，检测波长为 225 nm，6 min 内实现分离分析，如图 10-2 所示。该方法的检测限为 7.5～15 μg · L^{-1}，回收率为 91.7%～100.2%。

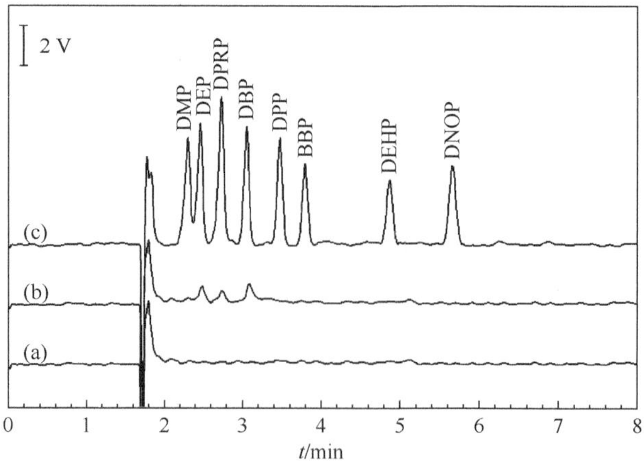

图 10-2　空白样品(a)、运动饮料样品(b)和加标(2 mg · L^{-1})饮料样品(c)的超临界流体色谱图

(韦俊芳等，2018)

超临界流体色谱-质谱联用法兼具超临界流体色谱和质谱的优点，是实际复杂样品分离分析的有力工具，在食品营养化学成分、痕量毒素残留分析及药物分析中具有应用优势。

例如，以超临界流体色谱-质谱联用法同时测定中成药和保健食品中的 12 种抗过敏化学药物。使用 ACQUITY UPC2Trefoil CEL1 色谱柱(规格为 150 mm×3.0 mm，2.5 μm)，流动相为超临界流体 CO_2(A)和 0.1%氨水甲醇溶液(B)的梯度洗脱方式：0～0.2 min，95% A；0.2～10.0 min，95% A～45% A；10.0～12.0 min，45% A；12.0～14.0 min，45% A～95% A。采用 ESI 离子源，以正离子或负离子扫描的多反应检测模式(MRM)进行质谱分析，10 min 内完成分离分析，如图 10-3 所示。12 种化学药物的检测限为 0.141～0.262 $\mu g \cdot L^{-1}$，平均回收率为 46.1%～112.5%，相对标准偏差(RSD)小于 8.3%。

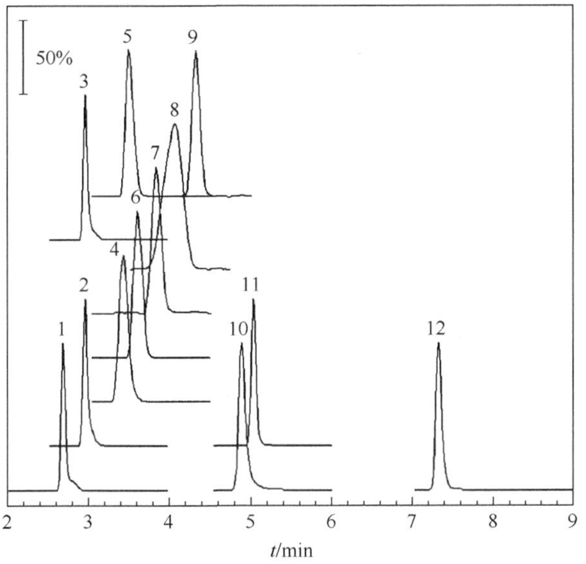

图 10-3　12 种抗过敏化学药物的超临界流体色谱-质谱的总离子流色谱图(杨直等，2018)

1. 苯海拉明；2. 马来酸氯苯那敏；3. 曲吡那敏；4. 异丙嗪；5. 富马酸氯马斯汀；6. 去氯羟嗪；7. 赛庚啶；8. 氯雷他定；9. 茶苯海明；10. 地氯雷他定；11. 安他唑啉；12. 阿司咪唑

扫一扫　视频 10.3　超临界流体色谱的分离条件与应用

思考题

1. 与 GC、HPLC 相比，SFC 的特点有哪些？
2. 用方框图描述超临界流体色谱仪的基本构成，并说明每个部件的作用。
3. 简述超临界流体色谱仪中限流器的结构和作用。
4. 超临界流体色谱法中程序化模式的目的和意义是什么？
5. 描述超临界流体色谱法发展的局限。

第 11 章 离子色谱法

离子色谱法(ion chromatography，IC)是指用电导检测器对阴、阳离子混合物进行分离分析的色谱方法。该方法起源于经典的离子交换色谱法(ion exchange chromatography，IEC)，二者均以离子交换剂作为固定相，通过离子性组分与固定相之间的静电作用力实现离子交换，从而实现分离。

离子交换色谱法是高效液相色谱法的一个重要分支，采用具有离子交换基团的固定相和具有淋洗功能的流动相进行离子性组分的分离分析。其分离机理基于离子之间的静电引力、离子-偶极相互作用或纯粹的吸附作用。该方法主要应用于离子性物质或能够转化为离子性组分的物质的分离。随着 HPLC 方法的发展，IEC 得以产生并广泛应用。然而，该方法需要使用具有特定酸度和盐度的缓冲溶液作为流动相，以实现无机离子和有机离子组分的淋洗分离。这包括常见的无机阴离子、阳离子以及氨基酸、多肽、蛋白质和核酸等分析对象。然而，当流动相为强电解质溶液时，电导检测器无法使用，因为流动相的高背景电导会严重干扰待测离子的电导信号。这种情况下，只能使用紫外、荧光等光检测器进行信号检测，从而限制了可分析对象的范围，也影响了该方法的发展和应用。

1975 年，斯莫尔(Small)应用离子抑制方法有效去除了流动相高背景电导对待测离子电导信号的干扰，成功使用电导检测器进行色谱分离分析，从而建立了离子色谱法。这一方法的建立促进了离子交换色谱法的全面发展，解决了复杂阴离子混合物的色谱分离分析问题，同时拓展了 HPLC 方法的应用范围。本章将在学习了离子交换色谱法的基础上介绍离子色谱法，因此有关离子交换色谱法的相关知识不再重复介绍。

11.1 离子色谱法的基本原理

传统的离子交换色谱法使用高浓度洗脱液作为流动相，这不仅导致洗脱时间长，而且缺乏快速灵敏的在线检测器对组分进行分析检测。紫外检测器在紫外光区对某些有机离子有效，但不适合于无机离子的分离分析。针对带电荷的离子组分，电导检测器是一个比较理想的选择，其优点包括简单、廉价、便于维修且耐用。此外，电导检测器对离子组分具有通用性，灵敏度也较高。然而，由于离子交换色谱法的流动相往往采用高浓度的电解质溶液以保证良好的洗脱效果，这会对离子组分的电导信号造成严重干扰，降低了检测灵敏度，甚至可能无法进行有效检测。因此，在离子交换色谱法的应用中，需要克服高背景电导的影响，以提升分析的准确性和灵敏度。

离子色谱法仍然基于静电作用的离子交换原理。与传统离子交换色谱法相比，其改进之处在于采用细颗粒且交换容量较低的离子交换树脂作为固定相。同时，通过高压输液泵输送低浓度的洗脱液，或者在分离柱后串联抑制柱，以消除高浓度洗脱液所造成的高本底电导影响。最终，利用电导检测器对组分信号进行检测。因此，离子色谱法可分为抑制柱法和无抑制柱法两类。

为了解决高浓度洗脱液带来的本底电导干扰问题，在离子交换柱后串联一个另一类型的离子交换柱，即抑制柱。这一设计能够有效将流动相中的强电解质转化为低电离的中性分子，从而使电导检测器可以用于离子组分的信号检测。这种抑制离子干扰的离子色谱法称为双柱型离子色谱法，也称为化学抑制型离子色谱法。

与此相对，不使用抑制柱的离子色谱法称为单柱型离子色谱法。由于不使用离子抑制柱，单柱型离子色谱仪的结构更加简单。为了减少洗脱液的影响，单柱型离子色谱低交换容量的离子交换剂作为固定相，并使用低电导洗脱液作为流动相，以尽量扩大离子组分与洗脱液离子之间电导的差异，从而减少流动相的干扰。

各种抑制装置及无抑制方法的出现促进了离子色谱的发展。由于单柱型离子色谱法的灵敏度相对较低，其应用范围受到限制，因此双柱型离子色谱法得到了更广泛的应用。

与其他分离方法相比，尤其是与离子交换色谱法相比，离子色谱法的特点有：

(1) 分析速度快。离子色谱法能够在数分钟内完成多种离子组分的分析。例如，对于常见的无机阴离子(包括 F^-、Cl^-、Br^-、NO_2^-、NO_3^-、SO_3^{2-}、SO_4^{2-} 和 PO_4^{3-} 等)，可以在 10 min 内实现高效分离分析。

(2) 分离能力强。在特定条件下，离子色谱法可以有效分离多组分离子混合物，且选择性好。这一方法特别适用于阴离子组分的分离分析，双柱型离子色谱法通常可以在十几分钟内完全分离近 10 种阴离子。

(3) 灵敏度高。离子色谱的检测范围一般可以达到 $\mu g \cdot L^{-1}$ 至 $mg \cdot L^{-1}$ 级。使用电导检测器进行分析时，对于常见阴离子的分离分析，其检测限通常可以达到 $\mu g \cdot L^{-1}$ 级。

(4) 适用性广。离子色谱的分离柱填料具有良好的耐酸碱性，可以通过改变强酸或强碱洗脱液来分离不同组分的混合物样品。

(5) 耐腐蚀。离子色谱仪的部件采用全塑件和玻璃柱，以有效防止洗脱液的腐蚀。

扫一扫　视频 11.1　离子色谱法的基本原理

11.2　离子色谱仪

与高效液相色谱仪类似，离子色谱仪的基本部件也包括高压输液系统、进样系统、分离系统和检测系统(包括数据采集、收集、处理和显示)等。其中，高压输液系统和进样系统与高效液相色谱仪类似，而分离系统的色谱柱内填装细颗粒的离子交换剂，以确保高效的分离性能。流动相是电解质溶液，分析检测通常采用电导检测器。此外，通常采用柱后衍生化的方法，也可以使用紫外或荧光检测器等，这进一步扩大了离子色谱法的应用范围。

1. 双柱型离子色谱仪

图 11-1 展示了双柱型离子色谱仪的基本构成。

在双柱型离子色谱仪中，分离柱中填充的是阴离子交换树脂或阳离子交换树脂颗粒，其交换容量通常为 0.01～0.05 $mmol \cdot g^{-1}$ 干树脂。抑制柱中填充的是高交换容量的阳离子交换树脂或阴离子交换树脂(抑制柱内的洗脱反应是分离柱内离子交换反应的逆反应)。其离子抑制原理

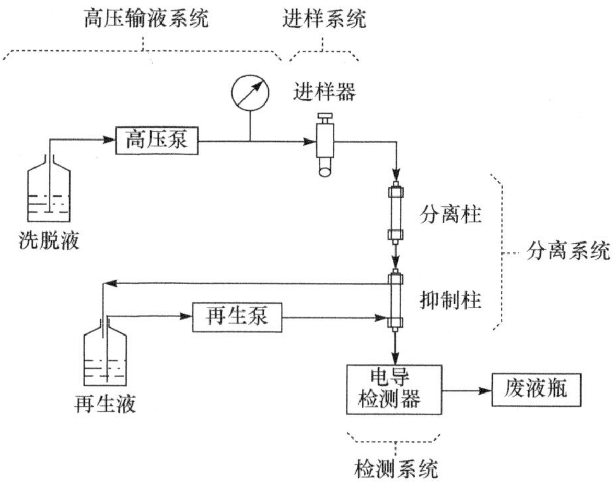

图 11-1　双柱型离子色谱仪的基本构成

与离子交换柱的离子交换原理相同，也是利用静电作用力进行离子交换，达到将强电解质转化为弱电解质的目的，从而消除洗脱液中高浓度的离子对待测组分电导信号的干扰。

离子抑制柱的原理和作用举例说明如下。

对于阴离子组分 X^-的离子色谱分离分析，分离柱中以阴离子交换树脂(R—OH)为固定相，待测阴离子 X^-因离子交换作用被保留在固定相中。如果使用 NaOH 稀溶液作为流动相对离子交换柱中的待测阴离子 X^-进行洗脱，则色谱柱的洗脱液(X^-的 NaOH 溶液)进入以阳离子交换树脂填充的抑制柱。在抑制柱中，NaOH 中的 Na^+与高容量的阳离子交换树脂中的磺酸基之间存在静电作用，发生阳离子交换反应。因此，Na^+在静电作用下被保留在树脂上，交换出等量的 H^+。与此同时，流动相中与 Na^+等量存在的 OH^-刚好与 Na^+交换反应产生的 H^+等量中和，从而转化为电导值极小的水，即

$$R-SO_3^-H^+ + Na^+OH^- \longrightarrow R-SO_3^-Na^+ + H_2O$$

待测离子 X^-在抑制柱不发生反应，与水一起进入电导检测器，因此消除了洗脱液中 NaOH 本底对检测 X^-的干扰。抑制柱的抑制原理如图 11-2 所示。

尽管抑制柱中使用的是高容量的离子交换树脂，但在使用一段时间(10 h 左右)后，树脂上的离子交换位点可能会达到吸附饱和，导致其抑制作用减弱。在这种情况下，需要定期对其再生，以恢复其酸性或碱性。通常通过使用再生泵将再生液泵入抑制柱中以实现树脂再生。目前，新型离子色谱仪中普遍采用能够自动连续再生的抑制柱。例如，磺化纤维管抑制柱由 8 根磺化聚乙烯空心纤维捆绑在一起，管内流动着洗脱液，而管外逆向流动着硫酸再生液。纤维管壁相当于半透膜，仅允许 Na^+透出和 H^+进入，阴离子无法进出。此外，平板微膜抑制柱也是一种自动连续再生的抑制柱，由两片渗透性的离子交换膜和三片网格构成，具备快速的抑制作用。最新型的离子色谱抑制柱则利用电解产生的 H^+或 OH^-，在不中断操作和不添加试剂的情况下，自动再生抑制柱内的离子交换剂。

2. 单柱型离子色谱仪

双柱型离子色谱仪通过串联分离柱和抑制柱进行分析，虽然可以有效分离离子，但其操作相对复杂，且死体积较大，可能影响柱效。为了解决这些问题，1979 年杰尔德(Gjerde)等提出了单柱型离子色谱法。这一方法采用电导值较低的低浓度、低电离度的弱电解质作为流动相，

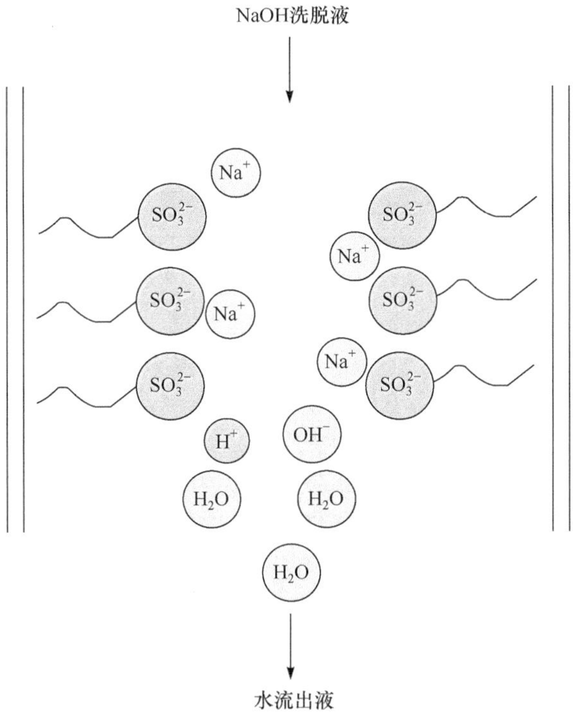

图 11-2　磺化纤维管抑制柱作用机理示意图

直接对待测离子进行洗脱。由于这种洗脱液不会产生电信号的干扰，因此可以省略抑制柱，这种方法称为非抑制型离子色谱法。然而，由于低浓度弱电解质对离子的洗脱能力有限，单柱型离子色谱需要使用低容量的离子交换固定相。这种设计尽管在一定程度上降低了分析的灵敏度，但能够保证洗脱的快速进行。整体而言，单柱型离子色谱简化了仪器操作，并且适用于需要快速分析的场合，但在灵敏度和分离效果方面可能不如双柱型离子色谱。

单柱型离子色谱法在分离和测定阴离子组分时，通常使用交换容量(0.007～0.07 mmol · g^{-1}干树脂)较低的大孔阴离子交换树脂填充的分离柱。流动相一般为低浓度的有机弱酸及其盐类，如 0.1～0.5 mmol · L^{-1} 苯甲酸和苯甲酸盐等，以洗脱待测阴离子组分。该流动相的背景电导信号很低，因此对痕量的 F^-、Cl^-、NO_3^- 和 SO_4^{2-} 等阴离子的电导检测信号不会产生干扰。测定阳离子组分时，常用表面轻度磺化的聚苯乙烯填充的分离柱，并以 1～2 mmol · L^{-1} 稀 HNO_3 或乙二胺盐溶液作为洗脱液分离金属阳离子或有机阳离子组分。

与常规的高效液相色谱相似，分离柱后的洗脱液直接进入检测器进行分析。因此，单柱型离子色谱法可以使用普通的高效液相色谱仪进行分离分析，只需选用离子交换色谱柱和电导检测器，而不是普通高效液相色谱仪中使用的硅胶键合色谱柱和紫外检测器等。此外，洗脱液通常是强酸或强碱物质的溶液，因此对仪器部件的耐酸耐碱能力要求更高。由于仪器和操作相对简单，且价格较为便宜，可以用普通高效液相色谱仪改装。同时，由于减少了抑制柱带入的死体积，分离效率较高，因此单柱型离子色谱法比较受欢迎，并迅速发展。

3. 电导检测器

电导检测器的基本构造包括电导池、电子线路、灵敏度调节装置和数字显示仪等。其中，电导池是电导检测器的核心部件，又称为电导传感器，能够对微升或纳升级样品进行电导信号的检测。如图 11-3 所示，电导池位于分离柱(单柱型离子色谱)或抑制柱(双柱型离子色谱)后，依靠流出液中的两根电极获得溶液的电导率。

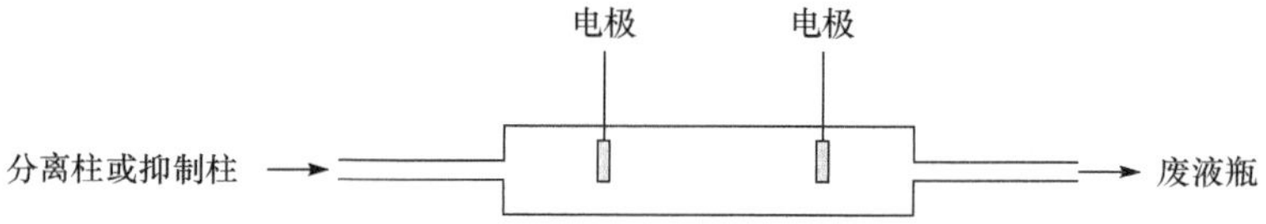

图 11-3　电导池的构造示意图

11.3　离子色谱法的应用

离子色谱法具有快速、灵敏和高选择性的特点，广泛应用于多种离子混合物的分离分析，特别适合于痕量阴离子组分的测定，是仪器分析方法中阴离子分析的首选方法，涵盖低浓度无机或有机阴离子分析。另外，离子色谱法还可以应用于碱金属、碱土金属、重金属和稀土金属等无机组分，以及有机酸、胺和铵盐等有机组分的分析。

(1) 水分析：应用于高纯水、矿泉水、饮用水和雨水的离子成分定性和定量分析，以及工厂废水分析等。

(2) 工业分析：包括食品工业产品分析，纸浆和漂白液的离子组分分析，以及生物体液中离子或能够转化为离子的成分的分析。

(3) 环境保护：主要针对环境样品中离子成分的分析。

例如，利用离子色谱法同时测定火场爆炸残留物中的 9 种典型阴离子(Cl^-、NO_2^-、ClO_3^-、NO_3^-、CO_3^{2-}、SO_4^{2-}、$S_2O_3^{2-}$、SCN^-、ClO_4^-)。如图 11-4 所示，采用阴离子交换柱 IonPac AS20 (250 mm×4 mm)作为色谱柱，氢氧化钾溶液为流动相，并采用梯度洗脱模式，在 25 min 内实现 9 种典型阴离子的分离分析。该方法的回收率为 92.5%～101.3%，相对标准偏差小于 2.8%。该方法分离快速，灵敏度高，选择性好。

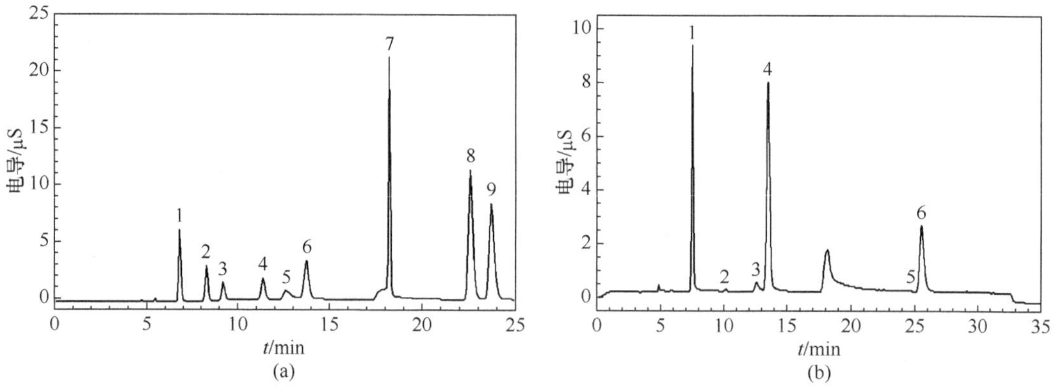

图 11-4　9 种阴离子混合标准溶液(a)和火场爆炸残留物样品(b)的离子色谱图(甘子琼等，2018)

1. Cl^-；2. NO_2^-；3. ClO_3^-；4. NO_3^-；5. CO_3^{2-}；6. SO_4^{2-}；7. $S_2O_3^{2-}$；8. SCN^-；9. ClO_4^-

为了实现对离子组分的灵敏、快速和高效分析，离子色谱法未来的发展方向主要包括新型低交换容量离子交换树脂的制备、洗脱液种类的优化选择以及高灵敏度检测器的研发等。这些进展旨在满足实际复杂阴离子和阳离子混合物的分离分析需求。

扫一扫　视频 11.2　离子色谱仪与应用

思　考　题

1. 从原理、仪器和应用三个方面描述离子色谱法和离子交换色谱法的异同点。
2. 双柱型离子色谱法和单柱型离子色谱法各有哪些优缺点?
3. 阐述双柱型离子色谱法中抑制柱的工作原理。
4. 单柱型离子色谱仪与普通高效液相色谱仪有哪些区别?
5. 相对于其他检测器，电导检测器的特点是什么?
6. 查阅相关文献，举例说明离子色谱法的主要应用及发展趋势。

第 12 章　其他现代分离分析方法

现代分离分析方法在实际复杂样品的分析中得到了有效应用，解决了许多科研和生产中的基础和前沿问题。而伴随着相关学科的发展，对分离分析方法又提出了更多更高的要求，促使分离分析方法快速发展，日新月异。

本章主要简单介绍多维色谱法、微径柱高效液相色谱法和手性色谱法。

12.1　多维色谱法

色谱法是分离分析实际复杂样品的有效方法，使用一根分离柱的一维色谱方法能够进行数百个组分混合样品的分析，特别是应用分离能力很强的新型色谱分离柱，可以实现复杂样品或难分离组分的分离分析。但是，生物、食品、环境和化工等实际样品的复杂性难以估测，样品组成十分复杂，成千上万种成分共存，并且存在结构和性质非常相近的成分，同时，一维色谱的柱容量有限，所以在一维色谱中难以进行更加复杂的样品分离分析。

多维色谱法(multidimensional chromatography)是指将同种色谱不同选择性的分离柱或不同类型色谱方法进行组合而构成的新型色谱联用方法。这种色谱方法的联用可以有效提高色谱方法的分离分析能力，是分析微量和复杂体系样品的理想方法，同时多个检测器的联合使用也为色谱定性分析提供了更丰富的信息。当然，多维色谱与双流路色谱或多级色谱不同，不仅涉及两根或多根色谱柱和多个检测器的使用，还包括多通阀的应用或流动相流向的改变，这些都是为了实现多维分离的效果，从而增强分离能力。

多维色谱起源于传统的平面色谱。在早期的纸色谱分离研究中，研究者发现基于液液分配理论的分离过程中，可以在不同的方向上用不同的洗脱剂进行组分的洗脱，这就是多维色谱法的雏形。20 世纪 50 年代，柯克纳(Kirchner)开始了二维薄层色谱的研究。1975 年，奥法雷建立了二维凝胶电泳法，用于从细菌培养液中分离上千种蛋白质。该方法已经成为分离蛋白质和 DNA 的常用方法。1978 年，二维气相色谱法诞生。此后，二维液相色谱-气相色谱、二维液相色谱等逐步建立，促进了多维色谱的发展和应用。

多维色谱技术的核心优势在于其对复杂样品中多组分的分离分析能力的显著提升，这种方法通过合理组合具有不同分离机理的二维或多维系统，有效解决了一维色谱峰因容量有限而产生的峰重叠问题，从而实现复杂样品的高通量分离分析。

多维色谱的组合有以下几种方式：

(1) 同种色谱但选择性不同的色谱柱进行组合：包括二维气相色谱、二维高效液相色谱、二维超临界流体色谱和二维毛细管电泳等。

(2) 不同类型色谱的组合：包括高效液相-气相二维色谱、高效液相-毛细管电泳二维色谱和高效液相-超临界流体二维色谱等。

与一维色谱相比，多维色谱最突出的特点是分离能力强、选择性好、分辨率高，峰容量大、样品的分析信息量非常大。目前，二维色谱是多维色谱中研究最多、应用最广的类型。与其他联用方法类似，商品化的二维色谱配置有连接两色谱系统的切换阀或压力平衡装置为串联接口，调整流动相的流路，将前置分离柱没有分离的混合组分全部或部分选择性地引入第二个分离柱系统，从而进行进一步分离。

下面主要介绍几种二维色谱方法。

12.1.1　二维气相色谱法

二维气相色谱(2D-GC)分为普通二维气相色谱法(GC-GC)和全二维气相色谱法(GC×GC)两种。GC-GC 是基于气相色谱而发展起来的方法，以多阀、多分离柱切换的中心切割技术进行待测组分的分离分析。这种联用方法的初始 GC 色谱峰较宽，第二维 GC 的分辨率不高，总峰容量仅是两个色谱峰容量的加和，不适合进行复杂样品的全分析。

1991 年，刘(Liu)和菲利普斯(Phillips)建立了全二维气相色谱法，将分离机理完全不同的两根 GC 分离柱串联，中间装有一个调制器。样品流出第一根 GC 分离柱后，以调制器进行浓缩聚焦，使初始谱带缩小并以脉冲的形式进入第二根 GC 分离柱，最后进入检测器进行检测。如此，第一维色谱柱没有完全分离的组分可以在第二维色谱柱中实现进一步分离，构建了完全正交分离系统，如图 12-1 所示。

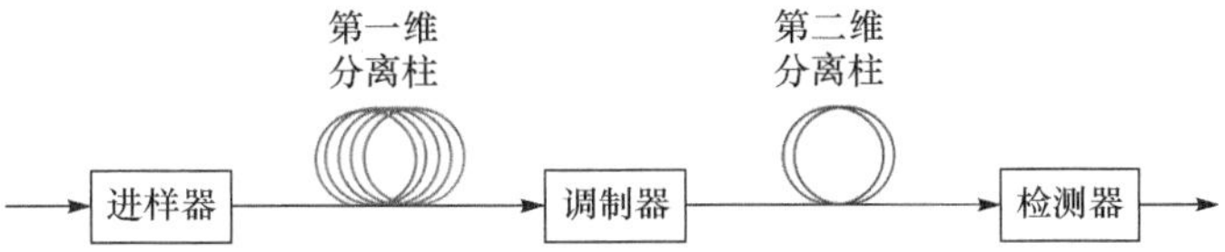

图 12-1　全二维气相色谱仪基本构成示意图

全二维气相色谱最大的优势是峰容量大和分辨率高。在相同的分离条件下，全二维气相色谱峰容量可以达到一维色谱的 10 倍左右。这得益于调制技术的关键作用，即第一维分离柱流出的每一个组分相互独立地分时间段进入第二维分离柱中，进行二次分离，使得全二维气相色谱的峰容量是前后两个分离柱峰容量的乘积，而不是简单加和，如图 12-2 所示。此外，全二维气相色谱还具有更高的灵敏度，这是因为通过调制器的聚焦作用，可以提高检测器的信噪比。通过两根色谱柱的独立程序升温控制，可以提升组分的分辨率和灵敏度，分析时间小于一维气相色谱，准确度高，适合于实际复杂样品的分离分析。

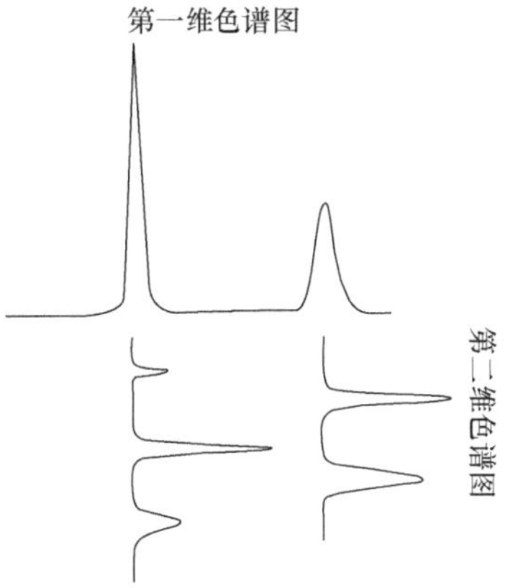

图 12-2　二维色谱示意图

当前，全二维气相色谱法是较为成熟的多维色谱方法，商品化的全二维气相色谱仪已经得到广泛应用，包括食品农药残留、添加剂检测，环境有机污染物等有害成分分析，石油化工中的油品分析、产品分析，日用品中杂质、香料等添加剂分析，生物学中的代谢组学研究，天然产物指纹图谱质量控制研究等。

例如，二维气相色谱法分析测定汽油中的乙酸乙酯、乙酸仲丁酯和碳酸二甲酯 3 种酯类化合物。以非极性预填充柱将汽油中沸点低于正辛烷的轻组分保留进入分析柱，重组分反吹放空，轻组分和酯类化合物经一个装填有强极性固定相的色谱柱分离分析，如图 12-3 所示。该方法不需要样品前处理，检测限为 5 mg · L^{-1}，灵敏度高，准确高效。

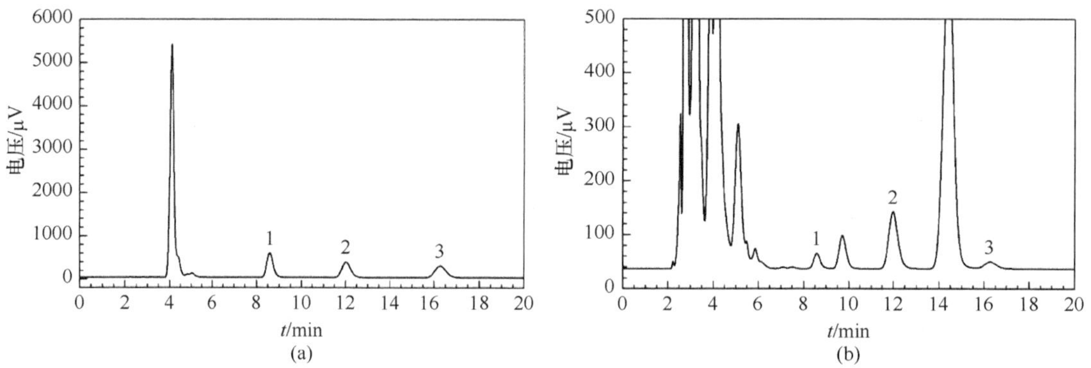

图 12-3 3 种酯类化合物混合标准溶液(a)和加标汽油样品(b)的二维气相色谱图(赵彦等，2014)
1. 乙酸乙酯；2. 乙酸仲丁酯；3. 碳酸二甲酯

12.1.2 二维液相色谱法

与二维气相色谱类似，二维液相色谱(2D-LC)是指把分离机理完全不同的两根液相色谱分离柱进行串联而构建的二维色谱分离系统。1967 年，吉丁斯开展的 2D-LC 理论研究结果表明，2D-LC 的峰容量是两个一维液相色谱峰容量的乘积，而其分离度是两个一维液相色谱分离度平方和的平方根。1978 年，埃米(Emi)和弗赖(Frei)首次应用二维液相色谱法进行混合物分离分析。1990 年，乔根森以全二维液相色谱法进行了蛋白质的分离，展示了多维色谱的优势和在组学研究中的巨大应用潜力。

1. 二维液相色谱的分类

2D-LC 有多种类型，可以从不同角度进行分类。

按照组分在第一维和第二维输送方式的不同，2D-LC 分为离线二维液相色谱和在线二维液相色谱。其中，离线模式是指人工收集或收集器收集馏分后，再输入第二维体系进行分离检测。该操作方法灵活、简便，但是没有实现自动化，也容易造成组分的损失或污染。在线模式是在第一维和第二维体系之间通过联用接口直接将第一维色谱体系的馏分进行切换，全部或部分输入进入第二维色谱体系进行分离。该模式全部采用自动化操作而实现快速分离，减少了样品的损失或污染。然而，系统中切换阀和输液管等的死体积可能会导致谱峰展宽，同时需要综合考虑溶剂的兼容性等因素。

按照组分转移的多少，2D-LC 分为中心切割的普通二维液相色谱(LC-LC)和全二维液相色谱(LC×LC)两类。其中，LC-LC 是指从第一维分离柱后，针对目标组分，在适当的切割时间段内将目标组分所在的馏分引入第二维色谱体系进行分离分析，其他馏分可以不进入第二维色谱体系，从而实现快速分离分析。这种方式适合于对特定组分进行深入研究。而 LC×LC 是将第一维体系中全部馏分的所有组分通过接口引入第二维色谱体系，最终得到的是样品中全部组分的分析结果，适合于更复杂的样品分离分析。这种方式提供了更高的分离能力和峰容量。

按照分离机理可以针对不同组成的样品，分别建立正相色谱、反相色谱、离子交换色谱和尺寸排阻色谱等组合而成的二维液相色谱，以解决更复杂样品的分离分析问题。目前的组合方式有正相色谱法×反相色谱法、反相色谱法×反相色谱法、离子交换色谱法×反相色谱法、尺寸排阻色谱法×正相色谱法和尺寸排阻色谱法×反相色谱法等。

2. 二维液相色谱法的应用

相对于一维液相色谱，二维液相色谱具有更大的峰容量、更宽的动态范围、更高的分辨率和更强的分离能力，特别是以质谱为检测器快速高通量采集样品的信息，应用潜力大，如在生物学中的蛋白质组学和代谢组学研究，中药材中的苷类、生物碱类等活性成分分析，中药质量控制，食品中蛋白质、维生素、添加剂及农药残留、兽药残留分析，临床血药浓度检测，以及药物筛选、杂质分析与质量控制等得到了广泛应用。

例如，二维液相色谱测定绿豆芽中赤霉素(GA)、6-苄基腺嘌呤(6-BA)、4-氯苯氧乙酸(4-CPA)和 2,4-二氯苯氧乙酸(2,4-D)等植物生长调节剂。以 ZB-10 C_{18} (ODS-AP，10 mm× 10 mm)为第一维色谱柱，甲酸-甲醇-水(1 ∶ 10 ∶ 89，体积比)为流动相，采用等度洗脱模式进行绿豆芽样品的前处理净化。再以 Supersil ODS(2.5 μm，4.6 mm × 150 mm)第二维色谱柱分离，甲醇-0.1%甲酸水溶液为流动相，采用梯度洗脱模式，254 nm 处进行紫外检测，实现了 4 种植物生长调节剂混合标准溶液和绿豆芽实际样品的分离分析，如图 12-4 和图 12-5 所示。与赤霉素、6-苄基腺嘌呤、4-氯苯氧乙酸和 2,4-二氯苯氧乙酸等植物生长调节剂标准品二维色谱(图 12-4)中的保留时间对比进行定性分析，以外标法进行定量分析。该方法的检测限为 0.03～2.4 mg · L^{-1}，回收率为 95%～104%。

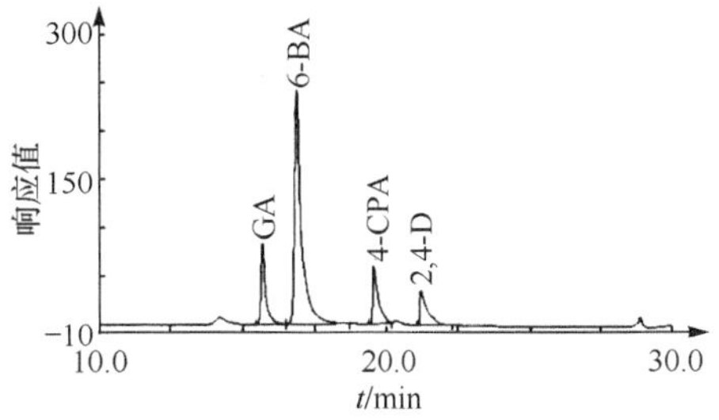

图 12-4　4 种植物生长调节剂混合标准溶液的二维液相色谱图

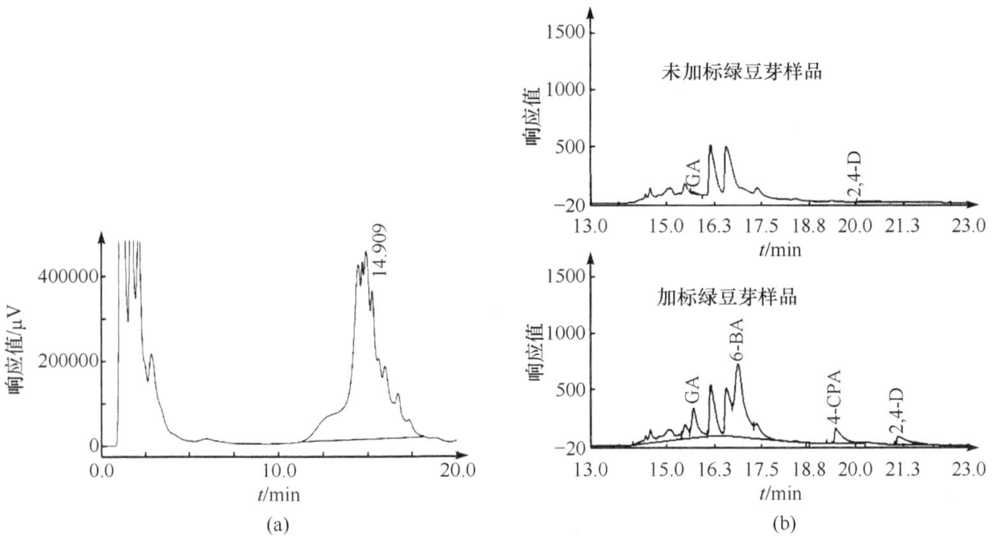

图 12-5　绿豆芽样品的一维(a)和二维(b)液相色谱图(高宗林和曹旭妮，2019)

伴随着柱间接口技术的改进、自动化程度的提高、芯片技术的融合、仪器的微型化以及与质谱等仪器的联用等研究的逐步深入，二维液相色谱将具有更大的应用潜力。

12.1.3　高效液相色谱-气相二维色谱法

高效液相色谱-气相二维色谱法(HPLC-GC)是在高效液相色谱分离柱出口和气相色谱分离柱入口安装连接两色谱的石英弹性毛细管接口。在一定温度条件下，该接口将 HPLC 柱后液态馏分加热汽化，使溶剂挥发，待测组分富集于 GC 分离柱入口固定相中，再继续分离分析。

HPLC-GC 综合了 HPLC 的分离选择性好和 GC 的分离效率高、灵敏度高等优点，展示出更大的峰容量，是实现样品有效分离、富集和净化的新型联用技术。当然，HPLC-GC 不同组合模式的接口技术、液态馏分汽化后组分的挥发损失及样品量的匹配问题等有待进一步解决和完善。

HPLC-GC 在石油化工、环境监测、食品安全等多个领域都有重要的应用。例如，在环境监测中，HPLC-GC 可以用于分析空气和水样品中的挥发性有机化合物(VOCs)和多环芳烃(PAHs)。在生物制药领域，HPLC-GC 有助于纯化和分析蛋白质和多肽，确保生物制药产品的质量和疗效一致性。

扫一扫　视频 12.1　多维色谱法

12.2　微径柱高效液相色谱法

微径柱高效液相色谱法(microbore column high performance liquid chromatography，micro-HPLC 或 μ-HPLC，nano-HPLC)是指以小粒径颗粒填料的填充柱或细小内径的色谱柱为分离柱的高效液相色谱微分离方法，简称微柱高效液相色谱法。依据色谱基本理论，填料粒径小而填充紧实均匀的色谱柱能够获得较小的塔板高度，即柱效高；而细小内径的分离柱可以有效降低组分的纵向扩散，减小峰的展开，也能够提高柱效，提高分离分析的灵敏度。其中，细小粒径填料色谱分离柱主要应用于超高效液相色谱法中，参见 8.2 节，这里不再赘述。微径柱高效液相色谱法更确切的定义是指以细小内径色谱柱为分离柱的高效液相色谱法，即分离柱的内径为 1～2 mm 细内径填充柱和内径＜1 mm 的毛细管填充柱、整体柱和开管柱等，又称为高效毛细管液相色谱法，这也是本节介绍的主要内容。

20 世纪 70 年代至今，高效液相色谱法的产生、发展和广泛应用，使得该方法逐步成熟。该方法优点显著，如分离效率高、灵敏度高、重现性好、快速等。高效液相色谱法的多种分离模式具有各自的特点，拓展了高效液相色谱法的应用范围，解决了生物、药学、食品、环境、材料和化工等几乎所有自然科学中的理论和应用研究中的问题。但是，该方法对流动相要求高且价格昂贵，流动相的消耗量很大，特别是大部分高效液相色谱法使用毒性较大的有机溶剂，存在成本高而毒性大的问题需要解决。

1967 年，霍瓦特(Horvath)就提出了内径为 0.5 mm、长度为 1 m 的不锈钢毛细管填充柱高效液相色谱方法。1973 年，伊希尔(Ishill)自制聚四氟乙烯微柱，有效地分离了多种多环芳烃，加速了微径柱高效液相色谱法的发展。随着新材料的制备和应用以及精密加工和微加工技术的提升，1976 年第一台微径柱高效液相色谱仪面世并商品化，之后该方法的理论研究和应用逐步深入，并受到分离科学界研究者的广泛关注。

根据分离机理的不同，微径柱高效液相色谱可分为正相色谱、反相色谱、离子交换色谱和手性色谱、亲和色谱等，分别适合于分离测定不同的组分。

1. 微径柱高效液相色谱法的原理

微径柱高效液相色谱法是在普通高效液相色谱法的基础上建立和发展起来的色谱微分离

方法，其基本原理与 HPLC 相同，都是基于溶质在固定相和流动相之间的分配差异进行分离。然而，由于分离柱内径更小，微径柱高效液相色谱法在分离过程中会产生比较突出的管壁效应、柱外效应和稀释效应。

1) 管壁效应

与 HPLC 相比，微径柱高效液相色谱分离柱内径很小，柱内壁面积相对较大，则管内径方向样品组分的纵向展宽会导致更加突出的管壁效应而降低分离柱效。这种效应在大内径柱中不太显著，但在微径柱中，由于其高柱效，即使是较小的管壁效应也可能成为限制因素。通过使用经过良好处理的色谱柱和优化的流动相条件，可以将管壁效应的影响最小化。

2) 柱外效应

柱外效应是指由进样器、检测器及连接这些部件的管路体积引起样品组分峰展宽，进而造成柱效下降的现象，即除分离柱填充床层或分离介质以外的因素而造成对分离效率影响的因素。

通常，进样体积和检测体积越小，连接管越短且内径越小，由此引起的样品组分的扩散越少，对柱效的影响越小。柱外效应往往是影响微径柱高效液相色谱柱效的主要因素，因此微径柱高效液相色谱对仪器的设计要求很高。

3) 稀释效应

与常规 HPLC 一样，样品的分离过程都存在稀释效应，从而影响分离分析方法的灵敏度。为了减少稀释效应，可以采用高灵敏度的检测器，如质谱或荧光检测器，以及优化流动相和梯度洗脱程序来提高分析灵敏度。

2. 微径柱高效液相色谱仪

与常规高效液相色谱仪相似，微径柱高效液相色谱仪也有高压输液系统、进样系统、分离系统和检测系统四个部分的基本部件，但是其对每个部件的要求更高。

1) 高压输液系统

高压输液系统的作用是在整个色谱系统以高压形式连续输送流动相，是高效液相色谱最核心的部件。该部件的性能直接影响基线的平稳度和分析结果的重现性、准确度等。在微径柱高效液相色谱仪中常用往复柱塞泵或螺旋注射泵输送流动相，因为流动相在微径柱中的流量小，所以流速比较低，一般为 50～150 $\mu L \cdot min^{-1}$，可以采用二元、三元或四元系统进行等度或梯度洗脱。采用分流法或使用新型输液泵也可以提供每分钟微升级或纳升级的低流量和更低的输出压力，较好地解决了高压微流量输液问题。

2) 进样系统

进样系统的作用是将样品注入色谱柱进行分离，一般用进样阀完成进样。微径柱的进样量为纳升级到微升级，由进样阀中样品的扩散而引起峰展宽的影响更明显，因此进样体积不能太大，进样时间应尽量短。

进样阀中配置合适的定量环，可以进行数十纳升至微升级的直接进样。如果进样量只需要纳升级，常在进样阀后和分离柱前加装一个三通进行分流，或者采用流动注射、静态分流等方式。显然，进样量太小会影响检测器的检测，可能导致方法的灵敏度下降。可以应用大体积进样而在柱头浓缩的方法，提高检测灵敏度。

3) 分离系统

微径柱高效液相色谱的分离柱一般使用石英毛细管、不锈钢管和内衬石英或玻璃不锈钢管等，这些材料提供了不同的化学稳定性和机械强度，以适应各种分析需求。分离柱材料有填充柱和整体柱两种，其中比较常用的是填充柱。

在填充柱中，比较常用的是 3 μm 和 5 μm 的 C_{18} 反相键合相填料。填料颗粒的结构和粒径对分离效率有显著影响，填充技术则决定了柱床的结构和均匀度，进而影响分离性能。现有的填充方法有干法、湿法(匀浆法)和电动填充法。其中，电动填充法是用水或乙醇将填料制作成悬浊液，在高压电场下将填料填装进入毛细管中。该方法相对比较简单，制作的填充柱填料均匀，柱效高，而且可以同时填充多根色谱柱，应用广泛。

整体柱则以其制备简单、成本低廉，以及具有优良的骨架结构和多孔双连续性、高渗透性和低背压而在微径柱高效液相色谱中展现出巨大的应用潜力。整体柱的种类繁多，包括聚合物整体柱、硅胶整体柱和以填充柱为基础的整体柱。其中，原位聚合法合成的聚合物整体柱耐酸碱性好，包括无机聚合物整体柱、有机聚合物整体柱和无机-有机杂化整体柱等多种类型。同时，还可以对整体柱材料进行各类修饰改性，因此整体柱在微径柱高效液相色谱中的应用较广。

4) 检测系统

微径柱高效液相色谱仪可以使用与常规液相色谱仪或毛细管电泳仪中一样的检测器，如紫外-可见检测器、荧光检测器、示差折光检测器、电化学检测器、化学发光检测器、蒸发光散射检测器和质谱检测器等。

紫外-可见检测器是微径柱高效液相色谱最常用的检测器。常规 HPLC 的紫外-可见检测器流通池体积≤ 8 μL，而微径柱对应的流通池体积为纳升级或微升级，以降低峰展宽。对于石英毛细管分离柱，通常是在毛细管尾端的柱上检测，入射光垂直照射[图 12-6(a)]，光程 0.1～0.5 mm，比较短，严重影响灵敏度。一般可以采用 Z 形直角结构池[图 12-6(b)]或泡形池[图 12-6(c)]，以增加光程，灵敏度随之成倍增加，但这些方式可能会降低分离度和柱效。例如，Z 形池可以增加光程 100 倍左右，灵敏度也就可以提高 100 倍；泡形池可以增加光程 3～5 倍，同样检测灵敏度也可以成比例提高。

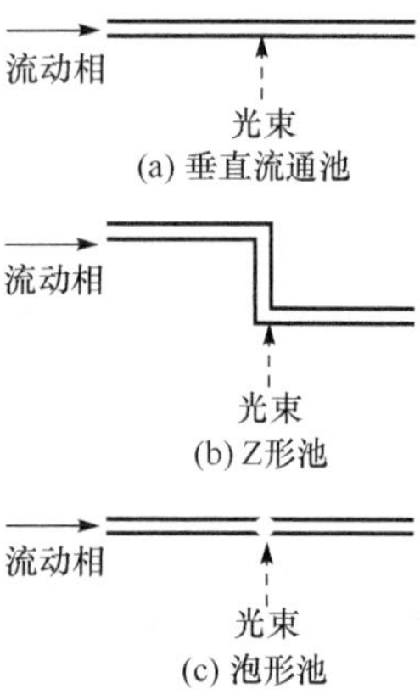

图 12-6　常用流通池结构示意图

二极管阵列检测器比常规的紫外-可见检测器灵敏度稍低，但提供光谱信息，增加了定性分析能力，还可以进行峰纯度检测等。

经过改造的荧光检测器具有灵敏度高、选择性好的特点，特别是激光诱导荧光检测器的检测限可以达到 10^{-13}～10^{-9} mol · L^{-1}。

安培、极谱、库仑和电导等电化学检测器价格便宜、选择性和灵敏度高，易于微型化，可以应用于微径柱高效液相色谱仪，其中以安培检测器应用较广。

示差折光检测器和蒸发光散射检测器是典型的物理信号检测器，普适性广，但灵敏度和选择性有限。

此外，气相色谱仪中的常用检测器在微径柱高效液相色谱仪中也有较好的应用，如氢火焰离子化检测器、热离子检测器(TCD)、火焰光度检测器和电子捕获检测器等，显著提高了方法的灵敏度或选择性。

微径柱高效液相色谱-质谱联用法就是以质谱为检测器的微径柱高效液相色谱方法，是仪器分析中备受关注的前沿方向之一。微径柱高效液相色谱进样量少，流动相流量小，可以不需要分流而全部直接进入质谱进行检测，样品的利用率和离子化效率高，两种方法的匹配度高，应用广泛，特别适合于中药复杂样品分析、生物样品中的多肽、蛋白质分子量和序列分析等。

此外，微径柱高效液相色谱还可以与其他分析技术联用，如微径柱高效液相色谱-核磁共振波谱联用技术、微径柱高效液相色谱-色谱(气相色谱、液相色谱、超临界流体色谱或高效毛细管电泳)联用技术，这些多维色谱技术具有较大的发展前景。

3. 微径柱高效液相色谱法的特点

(1) 用样量少：样品用量约为常规 HPLC 的 10%，适合于生物活性物质、样品来源少和价格昂贵的样品分析。

(2) 成本低：固定相和流动相比常规 HPLC 节省约 95%，特别是流动相流量低，有机溶剂用量少，比较环保。而固定相用量少，渗透性好，背压低，泵压低，分析时间短。

(3) 柱效高：理论塔板数可以达到 1×10^5～$3\times10^5\ m^{-1}$，展现出高效的分离效率。

(4) 易联用：与质谱等检测技术具有很高的匹配度，易于实现联用，这对于复杂样品分析尤为重要。

(5) 高通量、高灵敏度：适合于复杂样品分析，能够提供高灵敏度的检测，这对于检测低丰度或微量样品非常关键。

尽管微径柱高效液相色谱具有这些优点，但在实际应用中也面临一些挑战，如对高压泵的稳定性、进样技术的精确性和检测器的灵敏度要求较高。

4. 微径柱高效液相色谱法的应用

微径柱高效液相色谱法由于其高灵敏度、高分辨率和低样品消耗的特点，在众多的自然科学领域中发挥着重要作用。特别是在化学、生物、药物、医学、食品和环境等领域能够解决许多前沿学科问题，包括蛋白质组学及代谢组学研究、药物开发中的药物筛选、中药活性成分分析、手性化合物分离和工业聚合物及添加剂分析等。

例如，微径柱高效液相色谱法检测奶酪中的 15 种生物胺。借助 C_{18} 固相萃取小柱对奶酪样品溶液进行在线预处理，以 Zorbas SB-C_{18} 柱(150 mm × 0.5 mm，5 μm)为分离柱，乙腈和水为流动相，采用梯度洗脱模式，紫外检测波长为 245 nm，42 min 内实现了 15 种生物胺的良好分离，并以内标法进行了定量分析，如图 12-7 所示。该方法的检测限为 0.05～0.25 mg · L^{-1}，加标回收率为 79.6%～118.7%。可见，该方法可以实现多种难分离生物胺的快速分离和分析。

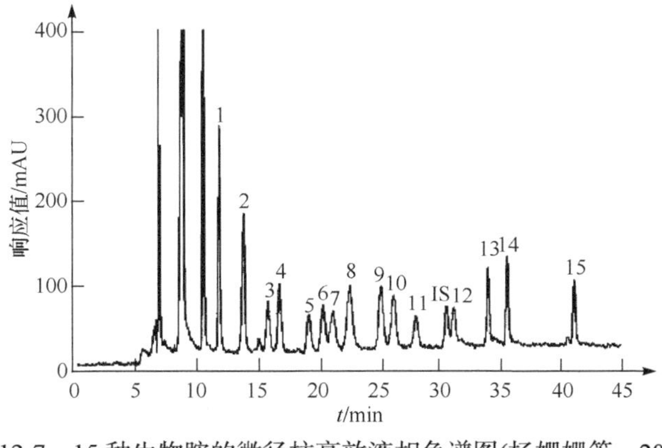

图 12-7　15 种生物胺的微径柱高效液相色谱图(杨姗姗等，2016)

1. 甲胺；2. 乙胺；3. 色胺；4. 丁胺；5. 苯乙胺；6. 3-甲基丁胺；7. 戊胺；8. 腐胺；9. 尸胺；10. 组胺；11. 章鱼胺；12. 5-羟基色胺；13. 酪胺；14. 亚精胺；15. 精胺

扫一扫 视频 12.2 微径柱高效液相色谱法

12.3 手性色谱法

手性色谱法(chiral chromatography)是指以手性固定相(chiral stationary phase，CSP)、手性流动相(chiral mobile phase，CMP)或手性衍生化试剂(chiral derivatization reagent，CDR)分离分析手性化合物对映异构体的色谱方法。其中，CSP 和 CMP 属于直接手性色谱分离法，而 CDR 属于间接手性色谱分离法。

手性色谱法产生于 20 世纪 80 年代。因为气相色谱分离过程的高温操作可能会导致手性固定相或手性化合物外消旋化，所以气相色谱法用于手性化合物的分离分析受到限制。目前，手性色谱法属于高效液相色谱法的一个重要分支。

手性化合物是指分子组成相同但空间结构互为镜像的化合物，又称为对映异构体。通常是含有不对称碳原子的手性结构分子构成对映异构体，分为 *R* 和 *S* 对映体两种，两者等量混合时构成外消旋体。手性异构体可能具有不同的生理活性或药理活性，而对于物理化学性质几乎完全相同的手性化合物的拆分，分离难度非常大，因此手性化合物的分离是现代分离科学备受关注的研究领域。

手性色谱法的基本原理就是利用固定相上的手性选择性作用位点或流动相的手性选择性试剂，使手性异构体化合物产生空间和特异性的相互作用，甚至使有的异构体发生作用，另一种异构体不发生作用，这种作用的差异拓展了手性异构体化合物的结构和性质的不同，再进行高效液相色谱的分离分析。

现有的手性高效液相色谱法主要有手性固定相法(手性固定相-非手性流动相)、手性流动相法(非手性固定相-含手性添加剂流动相)和手性衍生化法(非手性固定相-非手性流动相，以手性衍生化试剂对手性化合物进行衍生化处理)等不同分离模式。在这些方法中，手性固定相法因其具有操作简便、分离效率高、适用于不含活泼反应基团的化合物等优点而应用较多。然而，流动相手性添加剂和手性化合物的手性衍生化试剂种类较少，可能限制了其应用范围。手性色谱法在药物分析、生物活性物质研究、食品和农产品分析、环境监测及化学合成等领域有着广泛的应用。

1. 手性固定相法

手性固定相法是指将手性试剂物理涂渍或化学键合在固定相载体表面，待分离的手性异构体混合物与固定相表面的手性位点以静电、氢键、偶极、π-π、疏水、缔合或立体镶嵌等分子间相互作用能力不同，选择性地形成稳定性不同的非对映异构体配合物或复合物，导致对映异构体色谱行为不同，从而实现对映异构体的拆分。

常用的手性固定相按照作用机制分为吸附型、模拟酶转移型、配体转换型和电荷转移型等多种；按照固定相材料结构不同分为蛋白质类、氨基酸类、多糖类、环糊精类、聚酰胺类和冠醚类等。商品化的手性固定相已经有 100 多种，其中比较常用的是蛋白质类、多糖类和环糊精类等吸附型手性固定相。

1) 蛋白质手性固定相

蛋白质手性固定相是指将牛血清白蛋白(BSA)、人血清白蛋白(HBA)、α-酸性糖蛋白(AGP)或蛋白酶通过其中的氨基或二醇基键合固定在硅胶上而制备的手性固定相。这种固定相的手性识别分离机理比较复杂，主要是利用这些蛋白质分子结构中的 L-氨基酸提供的手性作用位点与手性异构体产生的静电、氢键、离子对或疏水作用的差异而实现分离。

该类固定相一般应用于反相液相色谱分离体系，流动相组成通常是 pH 为 4～7 的磷酸盐缓冲溶液，有时还会添加 5%以内的有机溶剂以改善分离度。

蛋白质手性固定相分离选择性好，应用较广，特别适用于许多药物外消旋体的拆分，如西酞普兰对映异构体和萘普生对映异构体的分离。

2) 多糖手性固定相

多糖手性固定相是指纤维素及其衍生物物理涂渍或羟基与有机硅偶联缩合而化学键合在硅胶颗粒上制备的手性固定相。该手性固定相与手性异构体化合物之间的作用机理比较复杂，可以由多糖的特殊结构推测为固定相中多糖及其衍生物分子的螺旋型空穴的立体配合包结作用、氢键、偶极作用等。

多糖手性固定相会因为流动相中的水对纤维素及其衍生物的溶解而被破坏，而且以多糖手性固定相为分离介质、以水/甲醇溶液为流动相的反相液相色谱分离选择性不好，因此多糖手性固定相通常用于正相液相色谱分离模式中，应用正己烷等极性较小的有机溶剂为流动相。

3) 环糊精手性固定相

环糊精手性固定相是指将环糊精通过氨基或酰胺键修饰键合到硅胶上制备的固定相，又称为空穴型固定相。

环糊精是 D-葡萄糖单元通过 α-1,4-糖苷键连接的带有空穴结构的环状分子。由 6、7 和 8 个葡萄糖单元构成的环糊精分别称为 α-、β-和 γ-环糊精，其内空穴直径大小依次增加。α-环糊精适合于分子量较小的对映异构体的分离分析，β-环糊精对许多有机小分子具有合适的空腔大小，分子识别性能好，适合于多数对映异构体的分离分析，γ-环糊精则适合于较大分子对映体分析。其中，以 β-环糊精及其衍生物应用最为广泛。

环糊精手性固定相的分离选择性体现在环糊精及其衍生物疏水性内空腔的包结配位作用、腔外空穴开口处羟基与手性异构体化合物的氢键作用及 π-π 作用、偶极作用等，这种多重相互作用的分子识别加强了该类固定相的手性异构体分离能力。

2. 手性流动相法

手性流动相法是指将手性分离试剂添加到流动相中，使其与待测物形成非对映体复合物，依据复合物的稳定性不同，实现手性异构体的分离。有两种方式实现手性流动相法的手性异构体分离，一是手性异构体与流动相中的手性试剂形成非对映异构体，由于各自的分配系数不同，其保留时间不同，从而实现分离；二是流动相中的手性试剂在分离柱内形成动态的手性固定相，手性异构体与此动态固定相作用不同，进而实现分离。

常用的流动相有环糊精类试剂、手性离子对试剂和配基交换型试剂等。

1) 环糊精类试剂

与环糊精类手性固定相的分离机理类似，流动相中添加环糊精类手性试剂也是基于环糊精特殊的疏水性内空腔尺寸大小表现出的包结作用及腔外空穴开口处羟基与手性异构体化合物的分子间作用，这种物理空腔大小与化学活性位点相互作用的匹配性决定了分离的选择性。

2) 手性离子对试剂

在流动相中添加手性离子对试剂，该试剂能够与离子性手性异构体形成电中性的离子对配合物，根据离子对配合物在固定相和流动相中的分配系数差异实现手性异构体的拆分。该方法常以奎宁和奎尼丁为手性离子对试剂，用于一些有机酸或有机碱的正相色谱分离，离子对配合物的结构和浓度影响拆分的分离选择性。

3) 配基交换型试剂

在流动相中添加金属离子和合适的配位剂，二者生成二元配合物，待分离的手性异构体与该二元配合物形成不同稳定性的三元配合物，从而实现手性异构体的拆分。常用的金属离子是 Cu^{2+}、Zn^{2+}和 Ni^{2+}，氨基酸及其衍生物是常用的配基交换型试剂，常用于氨基酸及其衍生物和多巴胺等手性异构体的拆分。

3. 手性衍生化法

手性衍生化法是指在待分离的手性异构体化合物样品中加入手性衍生化试剂，该试剂能够与待分离的手性异构体化合物分别生成稳定性不同的非手性异构体产物，这些产物在固定相和流动相中的分配系数不同或者产物的结构和性质有较大差异而实现分离检测。衍生化方式有柱前衍生和柱后衍生两种。

手性衍生化法用于手性异构体的分离时，操作比较简单，手性衍生化试剂种类多，因此该方法应用广泛。常用的手性衍生化试剂有酰氯、磺酰氯、氯甲酸酯等羧酸衍生物类，具有苯环、萘环、蒽环结构的胺类，苯乙基异氰酸酯、萘乙基异氰酸酯等异硫氰酸酯和异氰酸酯类以及氨基酸类等。

综上所述，手性色谱法用于手性异构体的分离分析具有选择性好、柱效高和分离快速等特点，在生物学和药学领域具有十分重要的应用，特别是广泛应用于许多手性异构体药物的分离，为用药安全提供了保障。

例如，手性色谱法分离几种苯甲酰胺类抗精神病药物及其含量测定。应用直链淀粉-三(5-氯-2-甲基苯基氨基甲酸酯)手性固定相分离柱，以 0.1%二乙胺正己烷溶液和 0.1%二乙胺乙醇溶液为流动相，采用梯度洗脱模式对舒必利、阿米舒必利和莫沙必利三种手性药物进行拆分和定量分析，80 min 左右即实现了高效分离，如图 12-8 所示。

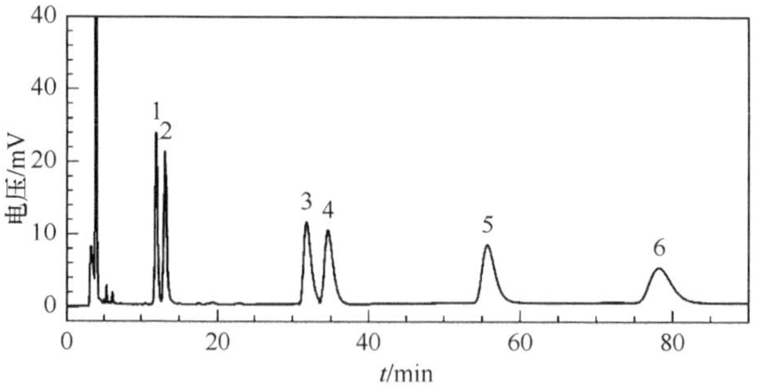

图 12-8　舒必利、阿米舒必利和莫沙必利的手性色谱图(王李平等，2012)

1. *R*-莫沙必利；2. *S*-莫沙必利；3. *S*-阿米舒必利；4. *R*-阿米舒必利；5. *S*-舒必利；6. *R*-舒必利

扫一扫　视频 12.3　手性色谱法

思 考 题

1. 与一维色谱法相比，多维色谱法的特点有哪些？
2. 常用的多维色谱法有哪些类型？
3. 描述二维气相色谱仪的基本构成和实验流程。
4. 二维液相色谱法有哪些类型？各有什么特点？
5. 简述微径柱高效液相色谱法和毛细管高效液相色谱法的异同点。
6. 与常规高效液相色谱法相比，微径柱高效液相色谱法有什么特点？为什么？
7. 微径柱高效液相色谱法中的色谱分离柱有哪些类型？
8. 在毛细管高效液相色谱中，如何解决光程短对灵敏度的影响问题？
9. 手性色谱法如何实现手性异构体的拆分？主要有几种类型？
10. 手性色谱柱有哪些类型？
11. 手性流动相法主要有哪些类型？
12. 查阅相关文献，简述手性衍生化法中的衍生化试剂主要有哪些类型。

参考文献

鲍林. 2020. 化学键的本质. 北京: 北京大学出版社

陈兴国, 何疆, 陈宏丽, 等. 2021. 分析化学. 2 版. 北京: 高等教育出版社

丁明玉. 2020. 现代分离方法与技术. 3 版. 北京: 化学工业出版社

杜小弟, 李玲, 郭丽萍, 等. 2017. 分散液液微萃取分离-气相色谱法测定水中 7 种苯系物的含量. 理化检验(化学分册), 34(1): 55-59

冯淑华, 林强. 2009. 药物分离纯化技术. 北京: 化学工业出版社

傅强. 2017. 现代药物分离与分析技术. 2 版. 西安: 西安交通大学出版社

高文杰, 白玉, 刘虎威. 2021. 功能化磁性纳米材料在糖蛋白及糖肽富集中的研究进展. 色谱, 39(9): 981-988

高永刚, 牛增元, 张艳艳, 等. 2016. 中空纤维液相微萃取-高效液相色谱法测定纺织品中 10 种含氯苯酚类化合物. 色谱, 34(9): 906-911

高宗林, 曹旭妮. 2019. 二维液相色谱测定绿豆芽中赤霉素、6-苄基腺嘌呤、4-氯苯氧乙酸和 2,4-二氯苯氧乙酸. 化学试剂, 41(1): 58-63

葛丽芹. 2021. 多功能膜材料. 南京: 东南大学出版社

何榕, 山晓琳, 董方圆, 等. 2015. 反相超效液相色谱-质谱联用分离分析食用油中的甘油三酯. 分析化学, 43(9): 1377-1382

金万勤, 刘公平, 等. 2022. 有机-无机复合分离膜. 北京: 化学工业出版社

雷霄云, 宋云萍, 李茜诺, 等. 2018. 毛细管电色谱-激发诱导荧光检测动物性食品中多肽类抗生素. 色谱, 36(3): 309-316

李永绣, 刘艳珠, 周雪珍, 等. 2017. 分离化学与技术. 北京: 化学工业出版社

廖安辉, 周光明, 陈军华, 等. 2017. 超声辅助萃取-梯度波长高效液相色谱法同时测定金樱子中 6 种活性成分. 食品科学, 38(4): 141-145

刘金龙. 2012. 分析化学. 北京: 化学工业出版社

刘腾飞, 杨代凤, 章雪明, 等. 2018. 羧基化多壁碳纳米管分散固相萃取/气相色谱-质谱法测定茶青中 18 种多氯联苯. 分析测试学报, 37(12): 1405-1411

龙巍然, 王兴益, 史振雨, 等. 2012. 胶束电动毛细管色谱同时测定食品中 13 种人工合成色素. 分析测试学报, 31(9): 1100-1104

齐美玲. 2022. 气相色谱分析及应用. 3 版. 北京: 科学出版社

宋道光, 樊鑫宁, 徐顺连, 等. 2019. 高速逆流色谱法从小叶金钱草中分离制备三种黄酮苷类化合物. 食品工业科技, 40(13): 29-33,39

宋新力, 王宁, 何飞燕, 等. 2023. 碳纳米管复合材料结合分散固相萃取-高效液相色谱-串联质谱法检测环境水样中痕量全氟化合物. 色谱, 43(5): 409-416

孙凤霞. 2004. 仪器分析. 北京: 化学工业出版社

唐芃, 刘铁, 刘德龙. 2024. 分散固相萃取/荧光检测法选择性富集和定量人体血浆中的 α-细辛醚. 分析测试学报, 43(3): 432-439

王成云, 张伟亚, 李丽霞, 等. 2014. 微波辅助萃取/气相色谱-质谱联用法同时测定皮革及其制品中 12 种乙二醇醚类有机溶剂残留量. 分析测试学报, 33(12): 1380-1386

王成云, 钟声扬, 薛晓冬, 等. 2020. 微波辅助萃取-气相色谱/串联质谱法同时测定锂离子电池电解液中 13 种有机磷阻燃剂的含量. 分析仪器, (2): 15-22

王李平, 范华均, 巫坤宏, 等. 2012. 几种苯甲酰胺类抗精神病药物的手性色谱拆分及其对映体含量的测定. 色谱, 30(12): 1265-1270

王玉枝, 宦双燕, 张正奇. 2022. 分析化学. 4 版. 北京: 科学出版社
王元兰. 2014. 仪器分析. 北京: 化学工业出版社
韦俊芳, 姜磊, 楼超艳, 等. 2018. 超临界流体色谱同时测定运动饮料中的 8 种邻苯二甲酸酯类增塑剂. 色谱, 36(7): 678-684
武汉大学. 2007. 分析化学(上、下册). 5 版. 北京: 高等教育出版社
熊伟, 陈开勋, 郑岚, 等. 2007. 西藏红景天超临界流体萃取及萃取物的 GC-MS 分析. 化学研究, 18(3): 91-94
颜流水, 温振东, 井晶, 等. 2006. 猪肝中克伦特罗和沙丁胺醇的毛细管电泳-质谱联用分析. 分析测试学报, 25(6): 43-45
杨根元. 2010. 实用仪器分析. 4 版. 北京: 北京大学出版社
杨姗姗, 杨亚楠, 李雪霖, 等. 2016. 在线固相萃取-毛细管高效液相色谱联用测定奶酪中的生物胺. 分析化学, 44(3): 396-402
杨阳, 高守红, 张凤, 等. 2022. 靶向超高效液相色谱-串联质谱联用方法同时测定结直肠癌患者血浆中 32 种氨基酸含量. 分析化学研究报告, 50(7): 1083-1092
杨直, 彭彦, 金朦娜, 等. 2018. 固相萃取-超临界流体色谱-质谱联用同时快速测定中成药和保健食品中的 12 种抗过敏化学药物. 色谱, 36(9): 889-894
姚开安, 赵登山. 2017. 仪器分析. 2 版. 南京: 南京大学出版社
叶瑞洪, 苏建峰. 2011. 分散固相萃取-超高效液相色谱-串联质谱法测定果蔬、牛奶、植物油和动物肌肉中残留的 61 种有机磷农药. 色谱, 29(7): 618-623
尹开吉, 戴荣继, 谢瑶, 等. 2006. 压力驱动的毛细管等电聚焦分离牛血清白蛋白和血红蛋白. 生命科学仪器, 4(4): 34-35
于世林. 2019. 高效液相色谱方法及应用. 3 版. 北京: 化学工业出版社
张娜, 万昕, 宋旭燕, 等. 2017. 十八烷基离子液体杂化固相微萃取整体柱用于检测咖啡中的多环芳烃. 高等学校化学学报, 38(6): 1033-1039
赵彦, 徐董育, 林浩学, 等. 2014. 二维气相色谱技术分析汽油中的 3 种酯类化合物. 色谱, 32(6): 662-665
周瑾, 徐建栋, 谢瑶, 等. 2008. 部分交联聚丙烯酰胺用于毛细管凝胶电泳蛋白质分离. 科学通报, 53(14): 1645-1649
周宛平. 2008. 化学分离法. 北京: 北京大学出版社
Chowdhury M R, Steffes J, Huey B D, et al. 2018. 3D printed polyamide membranes for desalination. Science, 361 (6403): 682-686
Jiang Z, Dong R, Evans A M, et al. 2022. Aligned macrocycle pores in ultrathin films for accurate molecular sieving. Nature, 609(7925): 58-64
Peng X, Urso M, Kolackova M, et al. 2024. Biohybrid magnetically driven microrobots for sustainable removal of micro/nanoplastics from the aquatic environment. Advanced Functional Materials, 34(3): 2307477
Yuan C, Wang Z, Xiong W, et al. 2023. Cyclodextrin incorporation into covalent organic frameworks enables extensive liquid and gas chromatographic enantioseparations. Journal of the American Chemical Society, 145(34): 18956-18967